KB016648

HOW TO COOK A GOURMET BURGER

CREATIVE RECIPES FOR GOURMET BURGERS & SIDES :
PATTY, BACON, ORIGINAL SAUCES :
INCLUDES INTRODUCTION OF 9 INNOVATIVE BURGER SHOPS IN JAPAN.

햄버거, 어떻게 조립해야 하나?

TOMOHIKO SHIRANE 지음 · SEITA YOSHIZAWA 기술감수
용동희 옮김

「수제」버거의 발전

「햄버거」와 관련된 비즈니스를 시작한 지 30년이 넘었다. 당시에는 햄버거에 대해 별다른 생각이 없었다. 패밀리 레스토랑을 운영하는 로열주식회사의 패스트푸드 부서에서 사내벤처처럼 시작한 Becker's 주식회사에 졸업하자마자 입사한 일이 첫 인연이었다.

한동안 매장에서 신입사원 생활을 하다가 어느 날 본사의 「표준화」 섹션에서 일하게 되었다. 이것이 지금까지 걸어오고 있는 햄버거 여정의 출발점이다. 표준화 섹션이란 다양한 작업을 결정하고 매뉴얼을 만드는 팀이다. 아르바이트 직원 중심으로 운영되는 업계에서는 매우 중요한 분야다. 이후 매장에서 판매하는 상품을 구체적으로 연구하는 상품개발 섹션까지 업무 범위가 넓어졌다.

매장에서의 상품 실현성을 고려한 후 개발 작업에 들어가므로 표준화 개념은 필수다. 예를 들어 미트패티의 경우, 어느 나라 소고기의 어느 부위를 어떻게 조합하여 갈고,

식육공장 업무용 기계를 사용해 내놓을지, 구매팀과 상의해서 결정하는 곳이 상품개발 섹션이다. 또한 가게에 도착한 냉동패티를 몇 ℃의 저장고에 보관하고, 소비기한을 설정하며, 몇 ℃의 철판에서 어느 정도로 어떻게 구울지 등을 결정하는 곳이 표준화 섹션이다.

감수자인 요시자와 세이타와 나는 위와 같이 기업에서 햄버거 개발에 관여한 일과 수제버거를 만드는 일, 양쪽 모두를 경험해본 몇 안 되는 이들에 속한다. 그런 기반을 가진 우리는 오랫동안 일해온 햄버거 업계의 발전에 조금이라도 도움이 되고 싶다는 생각을 갖고 있다.

음식점 입장에서, 햄버거라는 메뉴는 어떻게 보면 진입장벽이 매우 낮다. 동그란 번에 뭐든 속재료를 끼우기만 하면 메뉴가 완성된다. 단 이런 메뉴는 모양만 햄버거와 비슷할 뿐, 본래 스타일의 햄버거는 아니라고 볼 수 있다. 그래서 이런 햄버거는 「요리의 한 장르」가 되기에 어딘가 부족하다는 생각이 든다. 부담 없이 만들 수 있는 메뉴라 그런 점은 문젯거리가 되지 않는다는 의견도 있지만, 제대로 된 이론을 바탕으로 햄버거를 만들어 햄버거 문화를 활성화시키고 싶다. 그리고 작업 표준화에 근거해 재현성을 높이고 싶다는 생각에서 이 책을 기획했다.

이 책은 프로를 위한 실용서로 편집되었다. 햄버거 가게에서 독립한 사람은 이전 가게의 방식을 의심 없이 계승하고 있을지 모르고, 특별히 따로 배운 것이 아니라면 보고 익힌 대로 흉내내고 있을지 모른다. 그런 작업 하나하나에 이유를 찾아내어, 탄탄한 기반의 원조 「수제」버거를 손님들에게 선보일 수 있는 계기가 되었으면 한다.

시라네 도모히코

CONTENTS

BUILD 2 VARIATION

SIDE DISH

햄버거, 어떻게 조립해야 하나?

수제버거 맛집 #9

햄버거, 어떻게 조립해야 하나?

참고자료

이 책을 보는 방법

- 이 책에서 소개하는 분량은 햄버거(조립단계표)의 경우 1개 분량, 패티, 소스, 사이드디시의 경우 만들기 쉬운 양으로 표기하였다.
- 소고기 부위별 명칭은 p.33를 참고한다.
- 「번」은 햄버거에 사용하는 둥근 빵을 말한다. 「크러스트」는 표면의 노릇한 부분, 「크럼」은 속의 연한 부분이다. 또한 「크라운」은 위아래로 분할한 번의 윗부분, 「힐」은 아랫부분을 말한다.
- 조립단계표에서 번의 분량(100g)은 크라운과 힐을 합한 분량이다.
- 패티를 굽는 시간은 조리기구에 따라 다르므로, 일단 기준으로 삼고 활용한다.
- 1큰술은 15cc, 1작은술은 5cc, 1컵은 200cc이다.
- tap(탭)은 매장에서 사용하는 메시(mesh)가 가장 고운 향신료통의 바닥을 두드려 뿌리는 횟수와, 두드려 나오는 파우더의 양을 나타낸다.
- 이 책에 나오는 햄버거 가격은 자료 출처인 일본 조사기관의 기준이므로 그대로 엔(円)으로 표시하였다.

Welcome to Gourmet

the world of Burgers...

요시자와 세이타

요시자와 세이타는 전설의 가게 「GORO'S★DINER」의 이전 오너이자 일본 수제버거 업계의 선구자로, 지금까지의 역사를 만든 카리스마이기도 하다. 탄탄한 이론에 기초한 오퍼레이션 기술로 탄생한 햄버거는 보기 좋은 모양과 맛은 물론, 압도적인 균형감을 자랑한다. 일본에서 햄버거와 관련된 모든 사람들에게 거장으로 존경받는 요시자와를 소개한다.

「GORO'S★DINER」의 모자. 로고디자인은 비비안 웨스트우드 등의 로고를 작업한 카와이 토모야가 맡았다.

요시자와 세이타는 누구인가?

「요시자와 세이타」라는 이름을 이 책에서 처음 접한 사람도 있을지 모른다. 다시 말하지만 요시자와 세이타는 수제버거 업계의 카리스마로 불리는 햄버거 셰프다. 「GORO'S★DINER」로 이름을 바꾸기 전 「A&G DINER」라는 가게를 운영했는데, 그때 열정적으로 활동한 결과물이 수많은 전설을 탄생시켰다. 전설이란 말은 결코 과장된 표현이 아니다. 일단 햄버거 만들기에 있어 현재의 수제버거로 이어지는 다양한 아이디어와 오퍼레이션 방식을 만들어낸 장본인이며, 또한 이제 매장을 운영하고 있지 않아서 그가 만든 햄버거는 아무도 먹을 수 없게 된 일종의 '꿈의 햄버거'가 되었기 때문이다. 젊은 세대의 수제버거 오너 중에는 「A&G DINER」는 물론, 그가 마지막으로 개발한 햄버거인 「부민 Vinum 도쿄 스퀘어가든」의 토요일 햄버거 런치를 경험해보지 못한 사람도 있다. 요시자와 세이타는, 그런 의미에서 전설이다.
「GORO'S★DINER」가 탄생한 날은 2005년 4월, 당시 햄버거 전문점은 손에 꼽을 정도여서 햄버거 메뉴가 있는 가게를 포함해도 도쿄에 50곳이 있을까 말까한 정도였다. 햄버거라고 하면 사실상 패스트푸드 체인의 세계였다. 햄버거 가게를 소개하는 단행본이 대형출판사에서 나오기 시작한 2008년의 출판물에는 「맛있는 햄버거」, 「최고의 햄버거」라는 표현이 쓰였고, 2009년경 처음으로 「수제버거」라는 표현이 등장했다. 개척자들이 선례 없이 앞을 더듬어가며 길을 찾던 시대 한가운데에서, 시행착오를 거치면서 현재에 이르는 길을 열어젖힌 사람이 바로 요시자와 세이타이다.

노벨티인 다양한 배지. 요청이 많아 매장에서도 판매하고 있다. 여전히 소중한 컬렉션이다.

요시자와 세이타는 어떻게 탄생했을까?

미용전문학교 졸업여행으로 갔던 런던에서 그는 현지의 「BURGER KING」을 처음 먹어보고 충격을 받았다고 한다. 이후 「Hard Rock CAFE」라는 곳에서 당시 생소했던 미국요리를 익혔다. 그 무렵부터 개업을 염두에 두고 있었기 때문에, 서비스를 공부할 생각으로 인력소개회사에 들어가 「요코하마 로열파크호텔」의 연회 담당을 맡았다. VIP를 담당하는 등 캡틴 업무까지 맡기도 했고, 셰프와의 미팅에서 다양한 고급요리를 시식하며 조리방법과 맛에 대해 다양한 경험을 얻었다. 또한 닭날개 튀김전

문점인 「도리요시」에서 '굽기의 기술'을 마스터했다. 이후 수제버거 3대 계보 중 하나인 「FUNGO 미슈큐 본점」의 점장 시절 샌드위치 스타일의 매력에 눈을 떴고, 100가지 델리를 만드는 「news DELI」의 설립을 거쳐 「GORO'S★DINER」 창업에 이르게 되었다. 일찍이 햄버거 마니아들에게 주목받던 매장이었는데, TBS TV의 인기 프로그램 「츄보예요!(チューボーですよ！)」에 베이컨치즈버거가 나오면서 단번에 인기가 올라 세상에 알려지게 되었다.

요시자와 세이타는
왜 유일무이한 존재인가?

요시자와 세이다가 만든 햄버거를 「유일무이」라고 표현하는데, 이는 그의 햄버거뿐 아니라 그의 존재가 「일본 수제버거」의 역사 그 자체이기 때문일 것이다.
요즘 수제버거 가게 오너들에게 「영향을 받은 가게나, 가게를 시작하게 된 계기가 된 곳은 어디인가요?」라고 물으면 「THE BURGER STAND FELLOWS」, 「Baker Bounce」, 「A&G DINER」 등의 이름이 자주 거론된다. 각 가게마다 특징이 있는데 「THE BURGER STAND FELLOWS」, 「Baker Bounce」는 타입은 다르지만 숯불로 구운 미트패티의 존재감이 압도적이다. 한편 요시자와 세이타가 설립한 「A&G DINER」는 마법이 걸린 듯한 하모니로 압도적인 존재감을 선보인다. 이 존재감이 좀처럼 흉내낼 수 없는 포인트이며, 그래서 동경하고 쫓아갈 수밖에 없는 존재가 되고 만다.
이 책의 햄버거 「좌담회」(p.192)에서 패널 모두가 입을 모아 「햄버거란 입안에서 씹으면서 맛을 완성시키는 것」이라고 정의했다. 이 정의는 요시자와 세이타가 만들어낸 것이나 다름없다. 현재 수제버거 업계의 대표주자인 그들 모두 예외 없이 요시자와 세이타를 동경하며 그를 쫓은 역사가 있기 때문이다. 예를 들어 일본인이 먹는 방식의 특징 중에 「입속 조미」가 있다. 밥과 반찬을 번갈아 먹으며, 입안에 두고 흰밥에 반찬으로 맛을 내는 방식이다. 이런 방식과 마찬가지로 「입안에서 화음을 만들어내는 것」이 바로 햄버거의 정의다. 「1+1=2」가 아닌, 「1+1=3」 이상을 보여주는 방식이 요시자와 세이타가 표현하는 수제버거의 세계다. 말하자면 「타르타르 맛의 부족한 부분」이 입안에서 「마요네즈」를 만나서 이온분자가 결합하는 것처럼 맛이 완성된다. 정말 놀라운 과정이다. 지금은 선례가 있기 때문에 당연하다는 듯이 말하지만, 그 출발점은 역시 요시자와 세이타가 보여준 마법의 세계임에 틀림없다.

「GORO'S★DINER」의 직원 티셔츠는 밴드 「DRIHI」의 보컬 히로오카 히데토가 디자인했다.

요시자와 세이타의 햄버거는 왜 대단할까?

스스로 자신의 기법을 「곁눈질로 배운 것」이라고 하지만, 그동안의 경력 속에서도 기초 연구를 소홀히 하지 않고 있다. 무작정 나아가지 않고 자신이 설정한 과제를 달성하며 경력을 만들어온 결과다. 그 결과에서 도출한 이론을 바탕으로 요시자와 세이타가 도입한 「오퍼레이션 기법」은 수없이 많다. 예를 들어 가열용융공정에서 버너의 사용, 프라이팬 오퍼레이션, 다른 재료와 잘 융합되는 어딘가 독특한 타르타르소스, 미트패티에 사용하는 여러 고기 종류와 부위, 직접 손으로 다진 미트패티, 소스 별첨 구성, 얇게 슬라이스한 아보카도, 딸기 찹쌀떡 같은 미스매치(부조화 조합) 메뉴 등등. 햄버거 업계 최초가 아닌 것도 있을지 모르지만 이 모든 것이 그가 가진 지식과 경험 속에서 나왔으므로, 독창적인 것은 틀림없다. 일찍이 먼슬리 햄버거라는 연구랩에서 실험을 반복해 만든 상품 중 이 책에서 소개할 수 있는 것은 그저 일부분에 불과하다.

표지를 장식한, 요시자와 세이타가 혼신의 힘을 기울여 만든 「치즈버거」. 아름답게 조립된 모습으로 존재감이 빛나는 일품버거다.

「외적인 아름다움」 또한 돋보인다. 햄버거는 번 사이로 속재료가 나와 어떤 면에서는 거친 볼륨감을 어필하기 마련인데, 그의 작품은 견고한 탑처럼 균형 잡힌 모습이라 매력적이다. 그의 「소스 사용법」도 독특하다. 1곳뿐 아니라 조립 중간에 몇 번이고 꼼꼼히 BBQ 소스를 넣어서 여러 맛을 거듭해 낸다. 당시에는 여러 맛을 겹쳐서 '복잡한 맛'을 만드는 것이 최첨단처럼 여겨졌지만, 이 책의 촬영을 위해 레시피를 재현하는 현재의 요시자와 세이타는 「지금 이 레시피를 다시 선보이고 싶냐고 한다면 잘 모르겠다」고 말한다. 이것도 여러모로 시도해 본 결과, VIBES(p.200) 같은 심플한 「빵셈」 구성에 끌렸기 때문이다. 이는 그가 아직도 진화하고 있다는 증거일지 모른다.

「깔끔한 작업」도 눈에 띈다. 예를 들어 미트패티를 구울 때, 물 흐르듯 순조로운 과정을 거친다. 그리들을 비롯해 작업 중의 환경 그 자체도 위생적이며 매우 보기 좋다. 소금을 뿌리는 방법도 아름답고, 번에 버터를 바를 때의 모습도 예술가의 작업처럼 돋보인다. 미트패티에 뿌리는 향신료의 사용법도 독특하다. 소금·후추의 사용은 일반적이지만, 여기에 케이준스파이스와 카레파우더도 함께 사용한다. 이 책에서 소개하는 레시피를 비교해보면 「이 메뉴는 소금을 적게 뿌린다」든가, 「이 메뉴는 카레파우더를 뿌리지 않는다」 등 메뉴마다 섬세한 맛을 내기 위한 배려를 발견하게 될 것이다.
마지막으로 「세계관을 가진 햄버거」라는 점이다. 더 이상 어레인지가 필요 없다고 할까, 먹는 사람의 취향이 아니라 「요시자와 세이타의 세계를 맛보는 햄버거」이다. 예를 들어 「베이스 소스의 종류를 선택할 수 있는」 햄버거가 아니라, 소스를 햄버거별로 맞춰 사용해 「이것이 제가 내놓은 답입니다」라고 정답을 내놓는다. 이런 경지는 이 책에서 소개한 맛집들이 이제 막 겨우 도달한 레벨이다. 「햄버거는 케첩·머스터드 맛으로 먹는 것」이라는 개념은 요시자와 세이타의 등장으로 극적인 변화를 겪었다. 이제 소스의 독창성은 '상식'이 되었다.

「GORO'S★DINER」의 판촉물(노벨티) 에코백. 기념파티 참가자만의 특전이다.

요시자와 세이타가 업계에 남긴 것

햄버거는 고기를 먹는 것이라는 전통적인 생각을 깨뜨리고 「입안에서 화음을 이루는 햄버거」라는 개념을 만들었다. 이 점이 그가 햄버거 업계에 남긴 큰 공적이다.
요시자와 세이타가 만드는 햄버거는 불꽃놀이 같다. 한입 베어 물면 탁 터지고 재료 하나하나가 제 구실을 하면서, 문득 모든 것이 하나가 되는 순간이 있다. 그의 불꽃놀이는 보는 각도(먹는 방법)에 따라 다르지만, 360° 어느 각도에서 봐도 설득력 있는 모습이라서 맛의 화음이 완벽하다.
이는 마치 거물급 록밴드의 연주와 같다. 내 경우 퀸(QUEEN)이나 보위(BOØWY, 일본 록밴드)의 세계가 연상된다. 각 멤버의 솔로도 훌륭하지만 무엇보다 모든 소리가 합쳐졌을 때 그루브감과 박력, 감동을 제대로 느낄 수 있다. 수제버거는 샌드위치와 달리 재료의 덧셈이 아니라 곱셈이다. 생각한 대로의 맛이 아니라, 생각 이상의 맛을 연출한다. 이번에 이 책에서 제시한 포지셔닝 맵(p.14) 속의 「일본 햄버거」, 그 중심에 요시자와 세이타가 존재한다는 사실은 의심의 여지가 없다.

수제버거란 무엇인가?

수제버거와 패스트푸드 햄버거

햄버거란 무엇인가?

「햄버거」란 미국을 대표하는 국민음식 중 하나다. 미국 내 발상지에 대해 여러 이야기가 있지만, 미국에서 발생했다는 사실만은 틀림없다. 햄버거는 식빵, 바게트 등 사이에 햄, 채소 등의 재료를 여러 층으로 쌓아 담는, 「샌드위치」라는 음식의 한 카테고리다. 그중에서 샌드위치 캐리어(빵)에 해당하는 동그란 모양의 번, 소고기 100%의 미트패티를 사용한 것을 특별히 햄버거라고 한다. 먹는 사람의 입에 들어가, 거기서 재료가 서로 얽히는 입안 조미 요소가 중요한 것도 특징이다.
미국 연방규정집(CFR)에는 「'햄버거'란 신선한 소고기나 냉동 소고기로 구성되어야 하며, 소고기 지방이나 시즈닝을 넣어도 좋지만 소고기 지방이 전체의 30%를 넘어서는 안 된다. 그리고 물, 인산염, 결합제, 증량제는 넣지 말아야 한다. 소고기 볼살(잘린 소고기 볼살)은 규정된 조건에 따라서만 햄버거에 사용할 수 있다」(9 CFR 319.15)고 나온다. 즉 돼지고기가 들어간 다짐육이나 생선살, 닭고기, 칠면조(터키) 등 소고기 이외의 고기를 재료로 사용한다면 「햄버거」라 부를 수 없다. 이들 재료가 포함된 경우 피시 샌드위치, 터키 샌드위치 등으로 부르게 되어 있다. 단, 이들을 「버거」라고 부르는 일을 금지하지는 않기 때문에 생선, 칠면조, 닭고기 등을 일부 패티로 사용해 동그란 번 사이에 끼운 「햄버거 모양의 샌드위치」를 「○○버거」라는 이름으로 사용하는 체인도 있다. 손님 입장에서는 샌드위치 캐리어가 번인지 식빵인지 바게트인지에 따라 형태를 상상하기 쉬워서, 어떤 의미에서는 손님에게 친절하다는 견해도 있다.
일본에서는 모스버거의 메뉴에 이미 치킨버거, 피시버거 등의 이름을 사용하고 있다.

패스트푸드 햄버거란 무엇인가?

패스트푸드 햄버거는 보통 햄버거 하면 떠올리는 맥도날드나 롯데리아 등 체인스토어형의 패스트푸드점 메뉴다. 내가 예전에 공부한 체인스토어 이론에 따르면 체인스토어는 「단일자본으로 직접 설립한 매장을 11개 이상 직영하는 소매·음식업」으로 정의되며, 패스트푸드란 주문 후 단시간에 조리한 한정 메뉴가 빠르게 제공되는 간편한 식사거리를 의미한다. 이른바 확실한 모체를 가진 기업이 진행하는 비즈니스 모델 형태로, 아르바이트 직원 중심의 운영을 전제하고 규칙에 따라 운영하며 어느 매장에서 언제 누가 상품을 제공하든 균일한 품질을 내는 체인스토어 형태의 패스트푸드점이다. 일본의 식문화로는 서서 먹는 메밀국수, 규동, 주먹밥 등도 패스트푸드에 속한다. 최근에는 모든 업종의 경쟁이 치열해져서 음식점이든 편의점이든 맛없는 음식이 거의 없다. 오히려 「흔하게 맛있는」 상품이 대부분이며, 일상생활 속의 식사로 더할 나위 없는 품질을 보여준다.

수제버거와 패스트푸드 햄버거의 차이

현재 대부분 사람들은 햄버거를 「맥도날드로 대표되는 패스트푸드 햄버거 업계의 상품」으로 인식하고 있다. 먼저 정착한 것이 패스트푸드이므로 단순히 햄버거라 부를 경우 이를 가리킨다. 지금도 전 세계 기준으로 햄버거 하나의 가격은 100~400엔(기본 단품 기준) 이내다. 최근에는 편의점에서도 300엔 전후로 꾸준히 팔리는 상품 선반에 진열하기 때문에, 대략 그런 이미지가 형성되어 있다. 그래서인지 매스컴에서 수제버거를 다룰 때 쓰는 표현은 「하나에 1000엔 이상 하는 고급 햄버거」이다. 결국 당연하게도 「햄버거」라는 같은 카테고리에 속한, 패스트푸드 햄버거의 연장선상에 있는 상품으로 여겨진다.

그러나 수제버거와 패스트푸드 햄버거는 같은 음식 같지만 결코 같지 않으며 먹는 동기나 상황도 다르다. 그러고 보면 「맛있는 것」을 느끼는 방식도 사람마다 제각각이고 '미각'만이 그 판단 기준도 아니며, 어떤 사람은 「지금 여기서 저렴하게 바로 먹을 수 있는 '기능성'에 의해 맛있다」고 느낄 수도 있다. 즉 기능적 관점에서 보면, 차분히 시간을 들여 미트패티를 구워내고 취향에 맞게 조립한 수제버거는 모두가 맛있게 먹을 메뉴는 아니다.

예를 들어 맥도날드는 도심부 역 근처에서 어렵지 않게 찾을 수 있는 데 비해, 수제버거는 편리성 있는 좋은 입지에 자리 잡지 않은 곳도 많다. 수제버거 가게는 개인이 운영하는 곳이 많고, 애초에 매장 수가 적기 때문에 맛보려면 조금 노력이 필요하다. 요컨대 수제버거는 「기능적인 맛집」이 아니라는 얘기다.

외식에 있어 「기능성」이라는 구조는 「초밥」이라는 음식으로 쉽게 설명될 수 있다. 요즘은 1접시에 100엔인 체인스토어의 회전초밥도 놀랄 정도로 맛있으며, 배도 마음도 만족스럽다. 하지만 「초밥」이라는 일본의 전통음식은 회전초밥부터 미슐랭가이드에서 별 3개를 획득한 유명 노포 초밥집까지, 가격 범위도 가게 스타일도 매우 다양하다. 회전초밥 '그 너머의 세계'를 모르는 사람에게, 알고 있다 해도 수만 엔을 지불할 각오가 없는 사람에게, 노포 맛집에서의 식사를 강요하는 일은 큰 민폐일지 모른다. 「갑자기 당기는데 부담 없이 초밥이라도……」 하는 상황에서 간편하게 식사를 즐길 수 있는 회전초밥집이 근처에 있다면, 그 가게는 매우 훌륭한 기능을 하는 셈이다. 반면 「미식가인 거래처 사장님을 접대」해야 하는 중요한 자리에서는 노포 맛집을 선택하는 것이 당연하다. 재료뿐만 아니라 가게의 품격 또한 기능 중 하나이기 때문이다.

그럼 수제버거와 패스트푸드 햄버거의 경계는 어디로 정할 수 있을까? 수제버거와 패스트푸드 햄버거 사이에는 명확한 경계선이 없는데, 사실 햄버거는 그 2가지 구분이 전부가 아니다. 자세한 내용을 이제부터 살펴보자.

햄버거 스타일 포지셔닝

※ 가격은 기본 햄버거에서 비싼 햄버거까지를 범위로 설정했다.

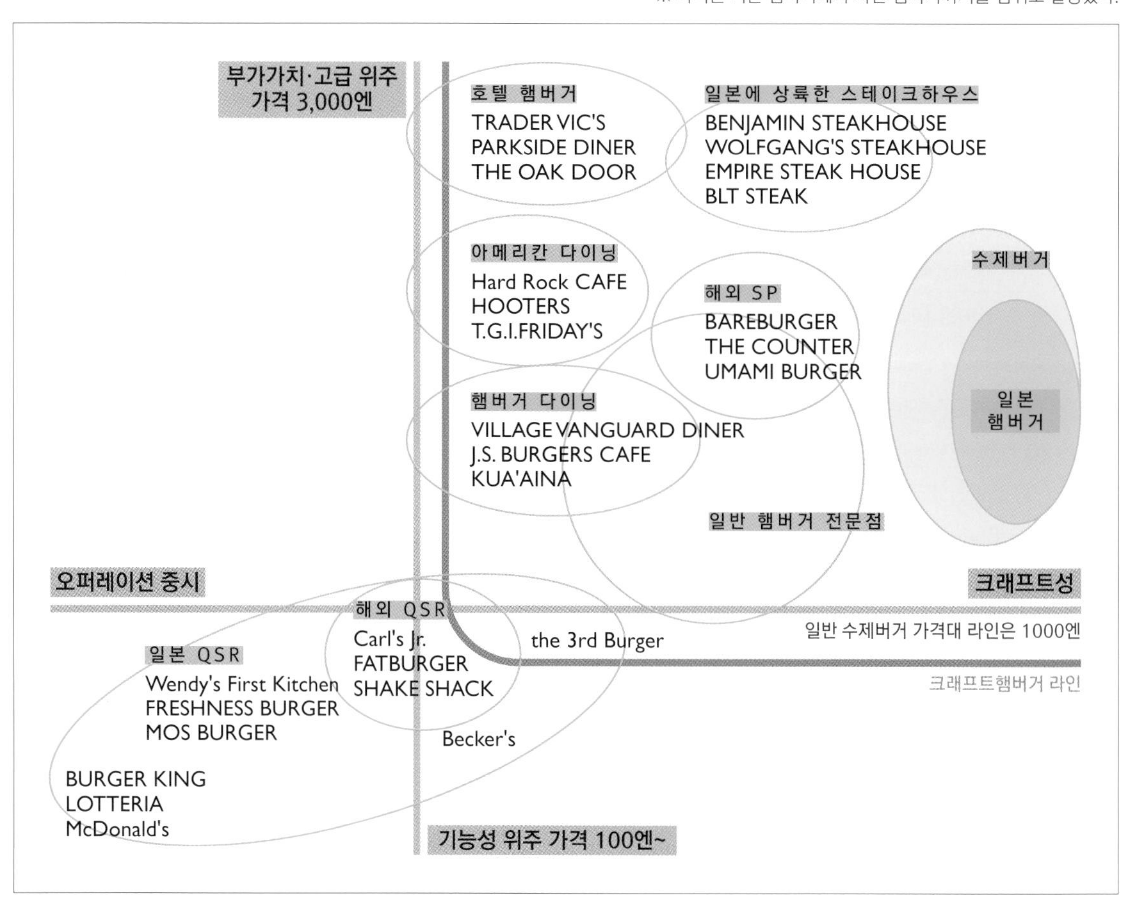

햄버거를 말할 때 맥도날드든 수제버거든 일반적인 관점에서 같아 보이는 것은, 앞에서 말했듯이 전체가 햄버거라는 큰 범위에 속하기 때문이다. 하지만 햄버거 업계를 주력상품 가격대와 오퍼레이션 스탠스에 따라 세분화하면 몇 가지로 나눠서 생각할 수 있다.

그래프의 세로축은 가격대로, 가로축은 이 책의 제목처럼 「햄버거의 조립」을 얼마나 깊게 파고들었는지 그 정도를 나타내는 「크래프트성」으로 두었다.

햄버거를 크게 수제버거와 패스트푸드 햄버거 2가지로 구분해 말해왔지만, 조금 더 자세히 살펴보면 일반적으로 수제버거라 불리는 영역 안의 가게도 여러 유형으로 나뉜다는 점을 알 수 있다. 이 책에서 정의하는 「수제버거」의 기준에는 맞지 않지만, 일정하게 평가할 수 있는 것을 분류해서 수제 느낌, 독창성, 재료의 질, 가게 스타일 등을 기준으로 그래프에 표시했다.

※ QSR : Quick Service Restaurant(패스트푸드점 등)

일본 QSR

맥도날드가 그 출발점인, 일반적인 이미지에 맞는 패스트푸드 햄버거. 맥도날드의「햄버거 100엔」부터 시작해 레귤러 메뉴의 일반 가격대는 300~500엔이다. 패티 추가 등의 커스터마이징도 가능하지만 메뉴상 최고가는 900엔 전후다. 기업자본에 의해 운영된다. 햄버거의 크래프트성은 ASSEMBLE TO ORDER(파트를 모두 만들어 놓고 주문이 들어오면 조립)로「갓 만든 느낌」에 가깝기는 하지만, 기본적으로 정해진 레시피를 매뉴얼에 따른 오퍼레이션으로 표준화하는 스타일이다.
롯데리아는 수제버거의 거장 요시자와 세이타가 상품개발 책임자로 취임했다. 재료 하나하나부터 메뉴구성에 이르기까지 전면 재검토를 진행 중이다. 앞으로 어떤 상품들이 등장할지 기대된다.

[대표매장] McDonald's Japan / LOTTERIA / BURGER KING / MOS BURGER
Wendy's First Kitchen / FRESHNESS BURGER / Becker's / the 3rd Burger

카테고리 내에서도, 오퍼레이션이 중심인 매장에서 크래프트성이 높은 매장까지 스타일이 폭넓다. Becker's는 수제번을 사용하고, 요리에 가까운 발상으로 특별 한정메뉴를 계절마다 출시한다. the 3rd Burger는 수제번과 더불어 미트패티도 매장에서 고기 덩어리를 직접 성형한다. 매뉴얼 기반 오퍼레이션으로는 궁극의 포지션에 들어서고 있다.

해외 QSR

최근 몇 년간 상륙한 햄버거 체인. 미국이 본거지이지만 이미 세계 각국에 진출했다. 매장 수도 적고, 요즘 트렌드에 맞는 포지션으로 볼 수 있다. 미트패티와 기타 재료의 볼륨감이 지나칠 정도로 강하다. 식재료의 안전성을 중시하지만, 볼륨면에서 건강은 먹는 사람의 책임이다. 레귤러 메뉴의 평균 가격대는 약 800엔이 넘고 사이드메뉴, 음료를 합친 세트가 2,000엔에 가깝다. 매뉴얼에 따른 오퍼레이션으로 관리하며 TO ORDER(주문 후 조리)로 완성하므로 커스터마이징이 어떻게든 가능하지만, 크래프트성이 높은 것은 아니다.

[대표매장] SHAKE SHACK / Carl's Jr. / FATBURGER Japan

일찍이 STARBUCK'S COFFEE로 일본에 카페문화를 정착시켰던 The SAZABY LEAGUE가 SHAKE SHACK을 어떻게 일본에 정착시킬지 주목된다. Carl's Jr.는 미국 햄버거 베스트 10에 들어가는, 매장 수가 많은 체인이다. 강한「미국식」(미국에서 대중적, 일상적으로 먹는 요리) 세계관을 가졌다. FATBURGER는 투자형 크라우드펀딩으로 생겨나 최근 상륙한 매장이다. FAT이라고 하면 지방이 많은 풍성한 이미지가 연상되는데, 사실「Fresh, Authentic, Tasty」라는 의미도 있다. 매장에서 성형하는, 살코기 중심의 미트패티를 판매하며 젊은 층을 타깃으로 건강한 볼륨감을 선보인다.

해외 스페셜 햄버거

전국적 규모로 미디어를 떠들썩하게 한 꽤 비싼 햄버거가 중심인 레스토랑. 외국인도 많이 다니는 고급스런 입지에 입점해, 일상적인 이용을 추구하고 있지는 않다. 메뉴 종류를 보면 하나하나 엄선된 파트가 QSR 햄버거에 비해 깊이가 있으며, 재료 조합을 커스터마이징해서 자신만의 스타일로 햄버거를 만들 수 있는 편집숍 구성이다. 레귤러 메뉴의 평균 가격대는 약 1,500엔 전후로 다이닝처럼 먹을 수 있다.

[대표매장] THE COUNTER / BAREBURGER / UMAMI BURGER

THE COUNTER는 「100만 가지 이상의 커스터마이징을 즐길 수 있다」는 강점을 내세운다. 이 책에서 표현하는 「일본 햄버거」와 정반대의 방향성을 가지며, 샌드위치처럼 기호에 맞는 맛을 더해가는 덧셈 조립법을 취한다. BAREBURGER는 「유기농 재료로 만든 햄버거」를 테마로 비건, 글루텐 프리 등 수제버거에서 좀처럼 볼 수 없는 장르까지 파고들고 있다. UMAMI BURGER는 본래 일본의 식문화인 '감칠맛'의 역수입 콘셉트다. 미국인에게 일식을 테마로 만든 메뉴들을 선보인다. BAREBURGER와 UMAMI BURGER는 패션이나 무역 등 본업이 음식업이 아닌 기업이 참여해 만든 매장이다. 일본 음식업의 상식을 깨는 접근법이 기대된다. 이 카테고리 내 모든 가게의 공통점은 「햄버거 하나하나의 퍼포먼스」가 아닌, 각각의 「스타일 속의 햄버거」라는 것이다. 일본의 수제버거와는 또 다른 일종의 치외법권 영역으로 별도의 기준을 적용할 수 있다.

아메리칸 다이닝

대기업 소유의 미국 프랜차이즈 브랜드부터 개인 가게까지 다양하다. 햄버거는 메뉴 중 일부다. 친근한 서비스와 캐주얼하게 맛볼 수 있는 본고장의 생기가 강점이며, 기본적으로 매뉴얼에 따른 오퍼레이션, QSR 햄버거 재료의 질과 양을 단순히 업그레이드한 듯한 부가가치 비즈니스 햄버거다. 단품 햄버거 메뉴가 1,500엔 안팎이다.
개인 가게는 햄버거만 메인으로 두지 않고 풀드포크나 백립 등의 아메리칸 BBQ 메뉴, 굴, 슈림프, 시카고피자 등을 테마로 전문성 높은 간판 메뉴를 내세우고 있는 매장이 많다. 크래프트 맥주도 아메리칸 다이닝에서는 대중적인 아이템이다. 일본에는 아직 알려지지 않은 브루어리 종류를 드래프트 맥주로 20탭 이상 항상 갖춘 매장도 있다.

[대표매장] Hard Rock CAFE / T.G.I.FRIDAY'S / HOOTERS

Hard Rock CAFE는 해외 레스토랑 브랜드를 20개 이상 런칭한 WDI GROUP에서 운영한다. 노포 중의 노포이며 현재 6개의 매장이 있다. T.G.I.FRIDAY'S는 이자카야 체인인 와타미사가 운영하며 약 20개의 매장이 있다. HOOTERS는 세계적으로 진출하고 있는, 건강을 중시하는 캐주얼 아메리칸 다이닝&스포츠 바로 일본에 7개의 매장이 있다.

햄버거 다이닝

햄버거 중심의 다이닝. 기업이 운영하므로 모체를 활용한 높은 트렌드성이 강점이나. 매뉴얼에 따라 오퍼레이션을 하는 부가가치 비즈니스 햄버거지만, 인테리어나 직원 유니폼 등 가게의 테마성 때문에 QSR과 달리 대접받는 느낌을 준다. 햄버거 메뉴는 1,000엔 전후다.

[대표매장] KUA'AINA / VILLAGE VANGUARD DINER / J.S.BURGERS CAFE

KUA'AINA는 하와이 오아후섬에서 시작된 햄버거 가게다. 일본에서는 포시즌사가 20개의 매장을 운영하고 있다. VILLAGE VANGUARD DINER는「놀 수 있는 서점 빌리지 뱅가드」 프로듀싱을 통해 매장마다 다양한 이벤트 메뉴를 선보인다. J.S.BURGERS CAFE는 라이프스타일 관련 사업에 진출하는 베이크루즈 그룹(BAYCREW'S GROUP)이 운영한다.「패션 속의 햄버거」라는 위치를 차지한다.

햄버거 마니아에게「좋아하는 햄버거 가게가 어디인가요?」라고 물으면 KUA'AINA라는 대답이 가장 많다. 이는 매장 수가 많다는 점과 하와이 느낌의 상품과 매장으로 꾸며져 있어 시각적인 콘셉트가 확실하다는 점 때문이라고 생각한다. 세 가게 모두 햄버거 중심의 다이닝이지만, 햄버거를 먹는 것보다 가게에 머무르는 것 자체에 의미를 두게 한다는 점이 매우 훌륭하다.

호텔 다이닝

시티호텔에는 철판구이나 스테이크 요리 같은 다이닝이 반드시 있어서, 수제버거라는 장르가 존재하지 않던 무렵부터 호텔을 대표하는 인기 메뉴에 올랐다. 매장에 따라 햄버거에 힘을 쏟는 방법이 다양한데 햄버거 메뉴는 대략 2,000~3,000엔이다. 시티호텔이라는 개념에 포함된 가게이기 때문에 햄버거 메뉴로는 가장 비싼 가격대를 보인다.

호텔 베이커리에서 구운 번, 스테이크 사양의 A5등급 와규 등 고급스러운 식재료로 일류 셰프가 취향을 잘 살려 요리하면, 재료들이 서로 잘 어우러져 더 좋은 맛을 낸다. 단 구조적으로 '덧셈'이기 때문에, 여러 요소의 '곱셈'인 수제버거와는 또 다른 스타일이다. 훌륭한 입지와 설비, 스마트한 서비스로 지금 먹고 있는 것이 햄버거라는 사실을 잊어버리게 된다. 최고의 식재료를 최고 셰프의 솜씨로 고급화시킨 햄버거는 특별한 맛을 선사한다. 그런데 (저자의 입장에서는 약간 모순되지만) 특별한 호텔 다이닝에서 햄버거라는 메뉴를 꼭 먹어야하는 걸까? 하는 의문이 들 수 있다.

[대표매장] TRADER VIC'S TOKYO (호텔 뉴오타니 도쿄) / PARKSIDE DINER (제국 호텔)
THE OAK DOOR (그랜드 하얏트 도쿄)

일본을 대표하는 특급호텔 다이닝인 만큼 언제나 최고의 퀄리티를 보여준다.

일본에 상륙한 스테이크하우스

2014년경부터, 숙성육(DAB : DRY AGED BEEF)의 본고장인 뉴욕보다 현지에서 더 유명한 레스토랑으로 손꼽히는 스테이크하우스가 일본에 잇따라 상륙했다. 물론 숙성육 스테이크가 메인 메뉴이지만, 가게마다 런치타임에는 숙성육 패티로 만든 햄버거가 메뉴에 오른다.

패티에 사용하는 고기 부위 등의 정체는 밝혀지지 않은 것도 많지만, 오리지널 스테이크소스와 같이 먹었을 때 본고장의 느낌을 조금은 맛볼 수 있다. 이 경우 어디까지나 「고기」가 주인공이기 때문에 「햄버거로서의 밸런스」를 살피는 시각은 없다. 어떻게 보면 '고기를 먹는' 미국 스타일의 정점일지 모른다. 런치타임 한정 1,800~3,000엔의 가격대를 가진다. 별도의 소비세와 서비스 요금도 들기 때문에 모두 포함된 가치를 따져볼 필요가 있다.

숙성육이 미트패티의 원재료로 적정한지 아닌지는 다루지 않겠다. 더욱이 그 가게의 메뉴 스탠스상 스테이크가 메인이고 미트패티가 서브라면, 스테이크를 먹지 않고 햄버거만 먹으러 가는 것도 가게를 이용하는 올바른 방법이 아니라고 생각한다.

[대표매장] BENJAMIN STEAKHOUSE / WOLFGANG'S STEAKHOUSE
EMPIRE STEAK HOUSE / BLT STEAK ROPPONGI

스테이크하우스마다 고기 활용법에 대한 생각의 차이는 있지만, 미트패티는 당연히 훌륭한 맛으로 완성된다.

인디햄버거

바나 맥주펍 등 알코올음료가 중심인 업계에도 수제버거 전문점에 필적할 정도로 훌륭한 햄버거를 제공하는 가게가 많다. 도쿄 히가시이케부쿠로의 「BEER PUB CAMDEN」에서 선보이고 있는 햄버거가 바로 그렇다. 미트패티의 육즙이 햄버거 발상지인 미국의 크래프트 맥주와 신기하게도 궁합이 좋다. 원래 술을 마시기 위한 가게라, 햄버거만 먹으러 간다면 가게로서는 주객이 전도된 일이지만 그래도 일부러 찾아갈 만한 맛집이다.

BEER PUB CAMDEN은 모든 햄버거 블로거들이 빠짐없이 다루는 가게다. 그 이유는 첫째로 먼슬리 햄버거가 있다는 점. 이것만으로도 매달 들러야 할 좋은 이유가 된다. 둘째로 그들 대다수가 크래프트 맥주를 좋아한다는 점. 원래 맥주펍이기 때문에 마니아도 반할 정도의 맥주 라인업을 자랑한다. 햄버거가 좀 작지만 크래프트 맥주의 안주로 나오면 절묘한 볼륨감이 느껴진다. 맛은 크래프트 맥주에 맞게 튜닝되어, 두 세트가 맛있는 화음을 선보인다.

[대표매장] BEER PUB CAMDEN / Bar Shanks

Bar Shanks는 바이면서 수제버거로도 유명한 가게다. 「텐트버거」라는, 역사에 남을 만큼 뛰어난 콘셉트를 선보였다. 손님 앞에서 텐트모양의 버거봉투를 햄버거에 씌우고 그 안에서 훈연을 하는 참신한 아이디어가 돋보인다.

「수제버거」의 정의

내가 생각하는 수제버거는, 대자본 기업이 아닌 개인이 경영하는 햄버거 전문점에서 오너 스스로 식재료를 구입하는 것부터 오퍼레이션까지 관여하며, 자신의 책임하에 영혼을 담아 햄버거 하나하나 제공하는 스타일인 가게의 메뉴다. 같은 메뉴를 많이 만들 수 있는 생산능력 유무는 애초에 가치기준이 아니다. 내놓는 햄버거는 「오늘 들어온 고기는 이렇기 때문에 이런 스타일로 준비해 구웠다」는 식으로, 좋은 의미에서 융통성(긍정적인 융통성)을 갖고 손님의 얼굴을 보며 만들어가는 작품인 셈이다.

수제버거는 만드는 이의 취향 하나하나를 '곱셈'처럼 즐길 수 있다. 그 결과는 조립순서나 번에 바르는 버터의 양에 따라서도 확연히 달라진다. 따라서 제공되는 시점에 내는 맛이 기본적으로 최고의 완성품이다. 취향에 따라 속재료를 고를 수 있거나 유명메이커의 케첩과 머스터드를 원하는 만큼 뿌려 먹는 것이 전제인 햄버거는 어떤 사람에게는 굉장히 맛있겠지만, 수제버거로 분류될 수 없다고 생각한다.

햄버거 전문점이 아닌 가게의 햄버거(예를 들면 철판구이집의 런치메뉴) 또한 아무리 퀄리티가 높아도 역시 수제버거는 아니다. 수제버거는 단순한 빵 메뉴가 아니고, 수제버거 전문점에서 나오는 메뉴가 아니면 안 되기 때문이다.

여러모로 구분해 나가는 가운데, 나는 수제버거를 포함한 하나의 큰 틀로서 「크래프트 버거」라는 개념이 있다는 것을 깨달았다. 표 안의 곡선은 개념의 경계를 의미한다. 이 경계를 조건으로, 오퍼레이션이나 재료 중 어딘가 뛰어난 요소가 있어야 한다. 아메리칸 다이닝 중에도 훌륭한 기술로 완성된 섬세한 햄버거를 제공하는 곳이 있고, 시티호텔 식당 햄버거도 엄선된 식재료 하나하나의 퀄리티가 매우 높다. 그렇지만 수제버거와는 다른 영역으로 분류된다.

이런 식의 개념에 이르게 된 데는 강렬한 경험이 있었다. 약 20년 전, 당시 등장해 화제가 된 크래프트 샌드위치(모든 파트를 커스터마이징해 주문할 수 있는 샌드위치 전문점)를 시찰하려 뉴욕까지 갔을 때 세계 최고의 스테이크하우스라 불렸던 「피터 루거」(최근 몇 년간 일본에 상륙한 스테이크하우스의 원조 격인 맛집) 햄버거를 시식했다. 아마도 스테이크에 사용하고 남은 고기 위주로 만든 미트패티와 채소를 번이라는 먹을 수 있는 그릇에 끼워서 먹는, 단순하달까 미국식으로 고기를 먹는 햄버거 스타일이다. 이 책에서 말하는 햄버거에는 못 미치지만 놀랄 만큼 훌륭했고, 세계 최고라는 이 집 스테이크의 맛을 능가할 정도로 충격적인 맛이었다. 특출난 부분이 하나 있다면 평가할 가치가 있다는 것을 그때 배웠다.

앞서 말한 수제버거의 조건 중에 「개인자본」이 있는 것은, 체인스토어 기업이 운영하는 매장은 수제버거라 부를 수 있는 메뉴를 현재로서는 제공 못하는 상황이기 때문이다. 과거에는 JR동일본푸드 비즈니스사에서 「햄버거 레스토랑 Becker's」의 상위 콘셉트로 개발한 「THE BEAT DINER」(유라쿠쵸 마리온 앞 가드레일 아래에 개점. 이전 후 현재는 폐점)가 「기업이 만든 최초의 수제버거 전문점」으로 평가받기도 했다. 이는 미트패티를 가게의 독자적인 사양으로 아웃소싱(성형기로 분할 계량하고 위생적으로 개별 포장할 수 있는 식육공장을 지정하는 방식)으로 대체한 것 외에는 수제버거 가게의 모든 과정을 그대로 진행했던 사례에 속한다.

또 하나의 염려 때문에 수제버거의 조건으로 구분 지을 수 없었던 사항이 있다. 앞서 말했듯이 「오너가 스스로 작업을 하고 오너가 지향하는 퀄리티를 실현하는 것」은 기본이라고 생각한다. 그렇다면 이런 경우 「2개 이상의 매장을 가진 브랜드」는 어떻게 구분 지어야 할까. 오너 없는 매장의 존재를 전제로 삼아야 하기 때문이다.

이번에 번 취재로 도쿄 히가시신주쿠의 「수제빵 미네야」를 방문했을 때, 다카하시 사장과 나눈 이야기 중에 확실히 납득할 만한 답변이 있었다. 다카하시 사장은 언뜻 정반대인 듯한 장인과 경영자의 면(양쪽 다 훌륭하다)이 항상 예측할 수 없이 튀어나오는 정말 흥미로운 인물이다. 「미네야 번을 제 몫을 다해 열심히 준비하고는 있지만, 혼자서는 매일 만들 수 없어요. 따라서 모두의

수제버거란 무엇인가? ／「수제버거」의 정의

힘을 빌리지 않으면 안 되는데, 요점은 힘을 빌리고 있다 해도 '내가 추구하는 수제의 감각'이 전해지는지 여부입니다. 제대로 전해지고 있다면 설령 내가 손대지 않았더라도 '수제'라고 생각해요.」

방목 중인 양들을 감시하고 무리를 보호하며 이동을 돕는 개를 목양견(sheepdog)이라 하는데, 장인이 아닌 경영자의 위치는 「양 중의 리더가 아니라, 목양견이 되지 않으면 안 된다」고 다카하시 사장은 말한다. 즉 자신이 장인인 동시에 경영자인 시점에서 양이 되기도 하고 개가 되기도 해야 한다는 함축적인 말이다.

그리고 다카하시 사장은 갑자기 「BURGER MANIA」(수제버거의 선구자 중 한 명인 모리구치 슌스케가 도쿄 시로가네, 에비스, 히로오에 3개의 매장을 운영하는, 도내 대표 수제버거 가게)에 대한 의견을 떠올렸다.

「BURGER MANIA는 오너인 모리구치의 철학이 확실히 전달되기 때문에 수제버거라고 생각해요.」

내가 답을 찾지 못한 부분이 바로 여기에 있다. 「BURGER MANIA」가 도내 수제버거 중 정상급인 것은 틀림없으며, 「본래 오너가 반드시 있을 필요는 없다는 사항을 전제로 잡아도 괜찮은가?」에 대한 대답으로 납득이 갔다. 이곳은 오너가 직접 미트패티를 굽는 가게로 창업을 시작했는데, 실적이 올라감에 따라 매장 수가 늘어났고 지금도 각 매장에서 그 마인드를 유지하고 있는 좋은 예다. 이는 많은 매장의 수평적인 관계를 추구하는 체인스토어 기업의 표준화와 사뭇 다르다. 오너의 생각이 직원에게 제대로 전달되고 오너가 인정하는 오퍼레이션 기술을 각 매장이 이어받아 상품의 재현성을 유지한다면, 오너의 존재라는 조건은 필요 없게 된다.

햄버거, 어떻게 조립해야 하나?

오퍼레이션

햄버거를 만들 때 필요한 재료, 조리, 철학을 정리했다. 요시자와 세이타가 「GORO'S★DINER」를 비롯해 수많은 햄버거 가게를 거쳐서 얻은 경험으로 개발한 이론은, 패스트푸드가 아닌 「수제버거」를 추구할 때 큰 지침이 될 것이다.

BUNS P.024
TOPPING P.064
BACON P.066
SAUCE P.054
CHEESE P.052
PATTY P.032
VEGETABLES
ONION P.044
TOMATO P.042
LETTUCE P.048

햄버거의 각 파트별 역할

햄버거를 다루면서 다양한 햄버거를 만나왔다. 그 수많은 경험을 통해 말할 수 있는 것은「보기 좋은 햄버거가 확실히 맛도 좋다」는 점이다.
사람도 햄버거도 겉모습이 주는 인상은 매우 중요하다. 겉모습이 보기 좋은 햄버거는 모델이 포즈를 취하고 있는 것처럼 곧고, 뭐라 표현하기 어려운 안정감이 있다.「뚝심이 있다」라고나 할까, 홀딱 반할 정도로 맛있어 보인다.
아름답다거나 맛있다는 표현의 바탕에는 물론 파트 하나하나의 높은 완성도가 요구된다. 신선한 채소, 녹아나오는 치즈, 풍부한 육즙의 묵직한 미트패티, 그리고 모두를 아우르는 듯한 존재감의 번. 이들 하나하나를 어떤 기준으로 선택하고, 어떻게 가공하느냐가 첫걸음이다. 그 답을 찾기 위해서는 이상적인 햄버거를 분해하고 각 파트의 완성형을 떠올리는 것이 중요하다. 이들 식재료가 바로 햄버거의 기초가 된다.
이어서 햄버거의 개성을 표현하는 것은 소스이며 베이컨이나 콘비프 같은 가공품도 있다. 직접 만들면 독창적인 맛을 인상에 남길 수 있다. 프로를 목표로 한다면 여기서 어떤 개성을 더하느냐가 승부수가 될 것이다.
어느 쪽이든 각각의 파트는 햄버거 재료로 적합한 맛, 식감, 향, 온도대가 필요하다. 사람마다 최상이라고 생각하는 지점이 다를 테지만, 우선 이 책에서 소개하는 요시자와 스타일의 발상과 레시피를 기초로 여겨주었으면 한다.

또한 햄버거란 각 파트를 단순히 더한 것이 아니며, 그 하나하나의 파트가 나눌 수 없게 결합된 것이다. 마치 밴드에서 멤버의 개성을 최대한 살리면서 하나의 곡을 완성하는 작업과 같다. 햄버거 속의 상태와 온도, 식감의 리듬, 그리고 맛의 화음은 햄버거 셰프가 의도를 갖고 프로듀싱해야 한다. 게다가 각 파트를 최고의 상태로 만들 뿐 아니라, 어떤 순서로 조립하고 어떤 비율로 균형 있게 쌓을(조립할) 것인가 하는 고려도 필요하다. 이러한 조립의 철학을 보여줌과 동시에 요시자와가「GORO'S★DINER」에서 만들어온 여러 작품을 조립단계표로 설명했다. 번, 패티, 채소, 소스, 시즈닝, 파트의 조합, 위치에 대해 요시자와가 어떻게 필연성을 탐구하면서 만들어 왔는지 알 수 있다. 이것이 바로 우리들이 말하는「수제버거」다.

BUNS

번

수제버거라는 장르가 생겨나면서 갑자기 그 존재를 주목받게 된 파트가 번이다.
미트패티를 받쳐주는 주연급 명조연이다.

「번이 맛있는 햄버거」란 지극히 일본인의 식사 스타일다운 발상이다.

햄버거가 일본에 상륙한 이래 「번」 자체는 처음에 주목받지 않았다. 수제버거가 지금처럼 발전한 것은 번이 단지 「먹을 수 있는 그릇」에서 햄버거의 중요한 구성요소가 되었기 때문이다. 또한 그 먹을 수 있는 그릇이 의미를 갖게 된 데는 「미네야」의 공적을 빼놓을 수 없다. 이제 「R-S」처럼 번에 맞춰 레시피를 만드는 햄버거 가게도 등장했다. 「번」이 이처럼 햄버거 맛의 세계를 바꾸게 될지 20년 전에는 아무도 상상 못했다.

일본 식문화에서 「초밥은 재료가 아무리 맛있어도 밥이 따라오지 못하면 맛이 없다」고 하는데, 식재료의 매칭이 얼마나 중요한지 이해할 수 있는 훌륭한 예다. 이제 수제버거에서 퀄리티 좋은 번은 필수다. 바로 이런 콤비야말로 일본이 자랑하는 식문화가 아닐까.

오리지널 번을 만들려면 먼저 「자신이 어떤 햄버거를 만들고 싶은지」에 맞춰 색, 모양, 맛, 중량 등을 생각해야 한다. 번의 주재료인 밀가루의 종류도 선택한다. 크라운(잘랐을 때 위쪽)과 힐(잘랐을 때 아래쪽) 크기의 균형, 굽는 기기에 따라서도 크러스트(표면)와 크럼(속)을 만드는 방법이 달라진다. 무엇보다 햄버거의 화음 속에서 번이 제대로 연주를 해낼 수 있는지가 중요하다.

수제버거라는 개념이 등장하기 전, 즉 번이 아직 먹을 수 있는 그릇에 불과했던 시절에는 글루텐(점성을 가진 단백질)이 잘리면서 입안에서 녹는 바삭한 식감이 주류였다. 미네야가 FIREHOUSE와 함께 「미트패티에 못지않을 정도의 맛과 식감을 가진 번」 개발에 힘썼던 시기에 들어서야 현재에 이르는 역사가 시작되었다. 천연효모인 주종을 사용해 쫄깃함과 탄력을 강화하고, 입속에서 맛을 완성시키는 동시에 녹는 식감은 남기는 구성이 되었다.

하지만 수제버거 관계자들 사이에서는 「번이 너무 맛있으면 햄버거가 번에 묻혀버린다」는 얘기가 많다. 번이 「주연급 명조연」으로 최고의 역할을 해냈을 때 멋진 화음의 햄버거가 완성되는 것이다.

크로스로드 베이커리(CROSSROAD BAKERY)

현재 수제버거 업계의 3대 원류 중 하나인 「FUNGO」계열 베이커리다. 세키 슌이치로 대표는 FUNGO 오픈당시부터 자사 내에서 번의 공급을 염두에 두고 있었다. 왼쪽부터 「6핑거」, 「8핑거」, 「10핑거」 3가지 크기의 번이다. 생지의 탄력은 강하지만, 맛있는 버터롤 같은 느낌으로 완성했다. 토핑은 없다.

바바 FLAT(馬場FLAT)

번 단독으로 먹으면 단맛이 난다. 크럼에 얇은 껍질이 1장 남는 듯한 느낌으로, 크러스트는 바삭하게 굽는다. 약간 부드러운 「가니빵(꽃게모양의 빵)」처럼 친근한 맛이다. 앙증맞은 스타일이 보기 좋다. 토핑은 없다. 지름 105㎜, 높이 55㎜.

빵 굽는 공방 ZOPF(パン焼き小屋ツオップ)

지바현 마츠도시에 위치한 유명 베이커리다. 「R- S」(p.142)에만 오리지널 번을 공급하고 있다. 가볍고 보송보송하며 씹는 느낌과 입에서 녹는 느낌이 좋고, 다른 재료의 맛을 방해하지 않는다. 조연 역할을 충실히 해내는 번이다. 호박씨를 토핑으로 사용한다. 지름 100㎜, 높이 65㎜.

신바시 베이커리(新橋 ベーカリー)

윤기가 나며, 충분히 구운 표면과 강한 단맛이 특징이다. 높은 당도와 맞물려 구운 색이 짙다. 크러스트는 조금 단단한 동시에 쫄깃하다. 참깨를 토핑으로 사용한다. 지름 110㎜, 높이 70㎜.

미요시야 그림하우스(三好屋 グリムハウス)

통통하고 가벼운, 어떤 의미로는 밋밋한 느낌이 드는 번이다. 얇은 크러스트가 좋은 악센트를 준다. 「쉐이크 트리」(p.154)에 사용하는 번은 단맛을 줄이고 재료를 잘 살릴 수 있게 만들었다. 토핑은 없다. 지름 110㎜, 높이 60㎜.

미네야(峰屋)

스페셜 번 레시피도 있지만, 사진은 레귤러 사양이다. 잡는 순간 부드럽고, 씹는 느낌도 나쁘지 않으며, 생지의 탄력도 좋다. 단맛을 줄이고 입에 녹는 느낌으로 완성했다. 참깨를 토핑으로 사용한다. 지름 120㎜, 높이 50㎜.

산와롤랑(サンワローラン)

미국 햄버거 이미지에 가까운 번이다. 번 단독으로는 단맛도 식감도 약하게 느껴지지만, 번을 굽고 살코기 위주의 미트패티를 조합하면 햄버거의 완성도가 단번에 올라간다. 참깨를 토핑으로 사용한다. 지름 115㎜, 높이 50㎜.

수제빵
미 네 야

미네야 번이 없다면 도쿄의 수제버거도 존재하지 않는다. 빵 자체의 맛을 추구하기보다, 햄버거로 만들었을 때 번이 「최고의 동반자 역할」을 할 수 있게 심혈을 기울인다.

주 소	東京都新宿区新宿 6-19-9
전 화	03-3350-4305
영업시간	10:00~19:00
정기휴일	일요일·공휴일
개점년도	1981년

수제버거 업계 발전의 주인공인 「미네야 번」. "지나칠 정도로 맛있다"는 평가를 받는 이 번을 어떻게 다루느냐는 햄버거 셰프의 역량에 달려있다.

미네야는 원래 호텔이나 레스토랑의 거래처로 유명했던 가게다. 지금도 평일에는 매일 빵을 배달한다. 도쿄의 호텔이나 레스토랑의 표준적인 맛으로 볼 수 있다.

매장에서 조금 떨어진 곳에 위치한 공장에서는 공장장의 지휘 아래 「격투기처럼 치열한 빵 만들기 과정」(다카하시 사장)이 이루어진다.

완성한 바게트. 식빵과 함께 호텔이나 레스토랑에서 좋은 반응을 얻고 있다. 토스트하면 크럼이 왠지 가벼워지는 점이 특징이다.

배달되기 전의 번 창고. 번 사양만 50가지가 된다고 하니, 실수 없이 배달하는 것은 달인의 솜씨다.

미네야 매장에서는 데니시 종류의 빵이나 최근 힘을 쏟고 있는 반미(Bánh mì) 등을 팔고 있다. 인근 주민들에게도 없어지면 안 될 가게다.

길거리에서 자주 마주치는, 익숙한 소형 밴 배송차. 배달할 때는 빵에 애정을 담아 반드시 손으로 직접 전달한다.

신주쿠구 토미히사초 근처를 일명 「미네야촌」이라 부른다. 아침 6시에 근처를 지나면 매장은 물론 공장이나 창고, 배송차, 그리고 그 사이를 누비는 직원의 등에 달린 미네야 로고가 눈에 띈다.

미네야의 햄버거 번은 도쿄 3대 수제버거 중 하나인 「FIREHOUSE」에 번을 제공하면서 시작되었다. 미네야의 다카하시 사장은 이야기를 듣다가 「주종」 사용에 대한 아이디어를 문득 떠올렸다. 주종으로 만든 번은 미네야의, 그리고 수제버거의 대명사가 되었다. 미네야가 오리지널 번을 만들어준다는 사실은 햄버거 가게로서 명예와 같다. 그야말로 「동경의 대상인 미네야 번」이기 때문이다. 당시 「미네야의 배송 루트를 벗어난 지역에는 수제버거 가게가 생기지 않는다」고 하는 사태까지 일어났다.

현재 미네야 번은 장남 겐타의 주도로 운영되고 있다. 겐타가 「이 사람을 위해 노력하고 싶다」며 특별 사양의 번 개발과 매일매일 제조에 열정을 쏟을지는, 의뢰자와의 「궁합」에 달려있다고 한다. 그 나름의 체크포인트는 납품한 번을 두는 장소이다. 「번을 두는 장소를 보면, 번을 소중히 다루고 있는지 알 수 있다」고 한다. 현재 총 50가지나 되는 레시피를 제조하고 있다.

일반적으로 빵은 갓 구웠을 때가 가장 맛있는데, 미네야의 주종 번은 좀 특이하다. 「미네야 번은 3일 정도 냉장고에 둬야 사용하기 알맞다. 3일 후에 사용할 수 있는 빵은 좀처럼 없는데, 바로 이 점이 천연효모의 특징이다. 납품일은 만든 당일이지만, 손님에게 당일 만든 번은 내지 말아달라고 전한다」고 겐타는 말한다. 미네야 손님들도 「미네야 번은 냉동한 것이 맛있다」고 말한다. 이 점에 대해 겐타는 「노화되지 않을 정도로 냉동하면 쌀(주종)이 가진 식이섬유 때문인지, 번의 수분량을 적절히 조절할 수 있다」고 한다. 이렇게 시차를 두는 특성도 있어, 겐타는 배송 루트가 아닌 지역에도 택배배송으로 상권을 넓히면서 사업을 확대해 갔다. 다카하시 사장은 「나는 생각도 못했던 일이다. 겐타가 아니면 해낼 수 없었던 발상이다」라며 기뻐한다.

최근에는 이전보다 오리지널 번의 주문이 더 많아졌다고 한다. 「자신이 만들고자 하는 햄버거의 명확한 이미지를 가져야 한다. 신념이 없으면 실패한다.」 이것이 다카하시 사장과 겐타가 이구동성으로 주장하는 것이며, 진실이다.

제조과정

1 세로형 믹서에 계량한 재료(강력분, 설탕, 소금, 라드, 버터 등)를 넣고 섞는다.

2 계량한 액체 상태의 재료(우유, 물, 이스트, 주종 등)를 넣고 다시 섞는다.

3 저속으로 시작하여 서서히 회전수를 높여가면서 섞는다.

4 날개에 붙은 생지를 떼어 합친다. 번 종류에 따라 배합이 달라지므로, 모든 재료를 남김없이 생지로 만들려면 확실한 관리가 필요하다.

5 생지 상태를 체크하고 원하는 정도에서 마무리한다.

6 믹서 과정에서 만들 수 있는 번의 분량은 약 400개까지다. 납품처의 매장 규모가 크고 작기 때문에 로트 크기도 여러 가지다.

7 완성한 생지를 대략 3㎏으로 크게 분할하고, 분할 회절기에 넣는다. 순식간에 가볍게 둥글려져서 생지 30개로 분할된다.

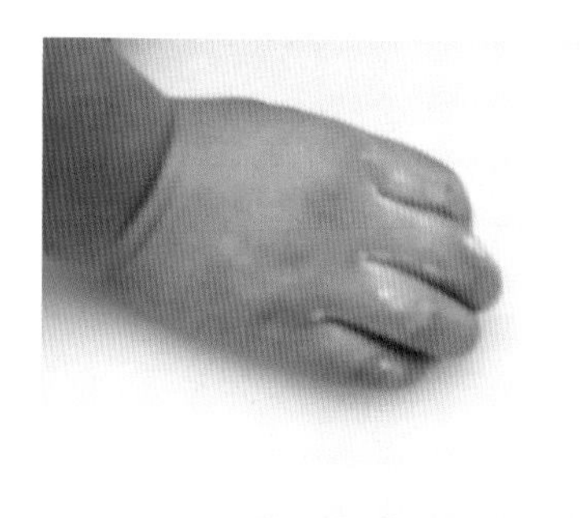

8 가볍게 둥글린 생지를 손으로 다시 충분히 둥글린다.

9 둥글린 생지를 한 철판에 12개씩 균일하게 올려서 발효기에 넣는다.

10 발효가 끝난 생지는 납품처의 용도에 따라 달걀물, 참깨, 검은깨 등으로 토핑한다.

11 번 생지를 올린 철판을 오븐에 넣고, 윗불 220℃, 아랫불 230℃에서 약 14분 굽는다. 중간마다 체크하고 굽는 위치를 바꿔가며 고르게 익힌다.

12 완성된 번. 마지막에 가루를 뿌리는 사양도 있다.

완성

보기 좋게 구워진 '미네야'만의 번.

응용

납품처의 요구에 따라 사양도 다양하다. 토핑이나 광택제는 있기도 하고 없기도 하다. 큰 사이즈와 작은 사이즈 등을 잘 구분해서 굽는다. 햄버거를 만들 때「번이 지나치게 맛있는데」하는 고민이 들 수도 있다.

밀가루

번용으로 강력분「요트」를 주로 사용한다. 식빵용인「이글」, 프랑스 밀가루「세잔」,「진마」등도 번 종류에 맞춰 배합한다.

주종

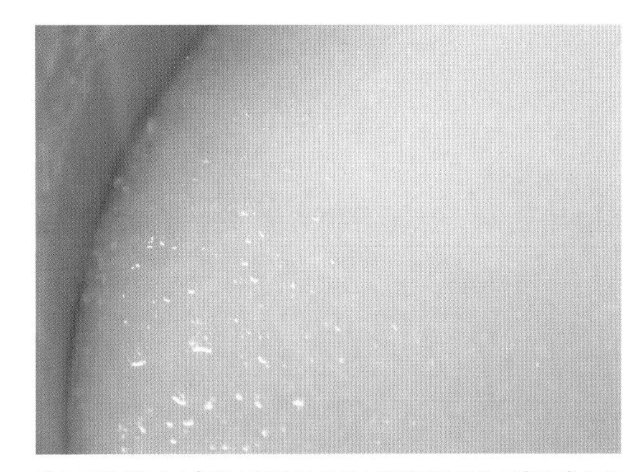

햇수로 약 28년. 1/3이 남았을 때 다시 보충해가며 계속 사용해 온 주종이다. 상온의 그늘지고 서늘한 곳에서 발효시키기 때문에 완성될 때까지 최소 1개월, 겨울철은 3개월 정도 걸린다. 번이 쫄깃하고 탄력 있는 것은 주종 덕분이다.

PROFILE

대표이사 **다카하시 야스히로** ／ 장남, 번 메인담당 **다카하시 겐타**

창업한 지 35년 된 동네 빵집이다. 지금은 도쿄의 호텔이나 레스토랑에 바게트와 식빵을 납품하는 유명가게가 되었다. 그러나 미네야를 부동의 자리에 올려놓은 것은 이 집만의 비법 '주종 번'에 있다. 다카하시 사장이 개발한「납품처의 이미지에 맞춰 커스터마이징하는 스타일」을, 장남 겐타가 뛰어난 영업센스로 한층 넓혀가고 있다.

빵 굽는 공방
ZOPF

인기 수제버거 가게 「R-S」의 「번 중심의 햄버거」는 번이 왜 까맣고 진한 색일까? 왜 호박씨가 토핑되어 있을까?

주　　소　千葉県松戸市小金原 2-14-3
전　　화　빵집／047-343-3003
　　　　　카페／047-727-3047
영업시간　6:30~18:00
정기휴일　연중무휴
웹사이트　http://zopf.jp/
개점년도　1965년
좌 석 수　18석
평　　수　8평

인기 절정의 ZOPF에서 만드는 유일한 「R-S」 전용 번이다. 진한 구운 색과 호박씨 토핑이 한눈에 봐도 알 만큼 개성이 뚜렷하다.

계절마다, 날마다, 시간대마다 여러 종류의 빵이 넘쳐난다. 「마감 직전에 와도 고를 수 있을 만큼 선반에 빵이 가득해야 손님이 즐겁다.」(우에다)

예쁘게 구워진 바게트. 인근에 ZOPF 같은 베이커리가 있다는 사실이 삶을 풍요롭게 해 준다.

매장 2층에 있는 카페 「Ruheplatz Zopf」는 하루 예약이 꽉 찬다. 주문한 음식에 맞춰서 다양한 종류의 빵을 곁들여 낸다.

제조과정

1 1차 발효(40~50분)가 끝난 번 생지. 대략 60개 분량이다. 분할기로 리듬감 있게 분할한다. 독특한 생지로, 굳이 비유하자면 버터롤에 가장 가깝다.

2 개당 100g으로 분할해 둥글린다. 이따금 섞여 있는 검은 알갱이는 생지에 넣고 반죽한 감자 껍질이다.

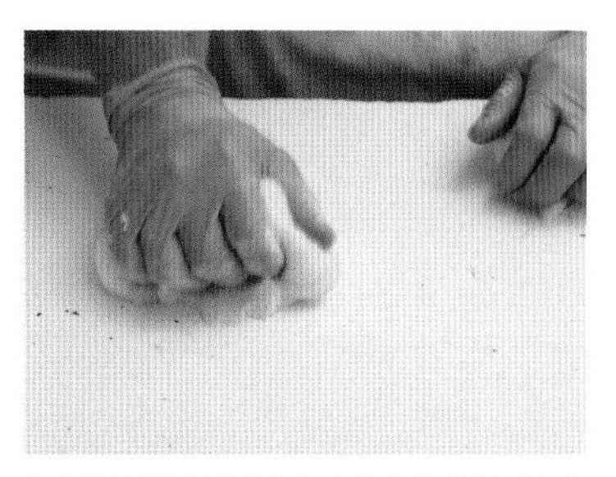

3 번 가스빼기로 「하드계열 빵과 달리, 빵 속의 층을 고르게 하기 위해 가스 상태를 균일하게 만든다.」 생지 속의 가스를 제거한다.

4 할로윈 시기에 특별히 만든 「호박 번」을 시작으로 「호박씨」를 토핑하게 되었다. 노른자가 진한 오쿠쿠지 토종닭 달갈물을 정성껏 바른다.

5 15~16분 굽는다. 오븐 안에서 앞뒤 자리를 바꾸고, 가끔씩 철판의 위치도 바꿔주어야 고르게 구워진다. 크러스트에 매우 진한 구운 색이 들면 마무리한다.

6 크럼은 단단하지 않고 쫄깃하지만, 질퍽이지 않는다. 씹으면 단맛이 난다. 함께 넣어 반죽한 매시트포테이토가 밀가루와는 다른 보수성을 더한다.

ZOPF는 마츠도시 고가네하라의 주택가 안쪽에 자리 잡은 전국적으로 유명한 베이커리다. 매일 굽는 빵 종류가 무려 300가지나 된다. 그중 하나가 바로 인근에 있는 인기 수제버거 가게 「R-S」의 스페셜 번. 매일 오후 5시경에 완성된다.

신기한 인연으로, ZOPF의 이하라 가족이 R-S의 시마모토 옆집에 이사를 와서 친해지기 시작했다고 한다. 많은 종류의 빵을 만들지만 자기 매장에서 완성해 파는 스타일이었기 때문에, 수제버거 가게의 중요한 파트인 번을 만들어 배달하는 일은 쉽지 않았다. 특별한 인연이 없었다면 아마 실현되지 않았을 조합이다.

개발 과정은 「처음에는 친분이 있던 THE GREATBURGER로부터 몇 개의 번을 나눠서 받고, 이를 참고해 만든 것을 받았다.」 (R-S 시마모토) 크러스트가 거무스름하다는 것이 그때의 번에 대한 인상이었다. 「이하라는 3일에 10종류 정도 번을 만들어주었는데, 최종적으로는 스펙보다 직감적인 취향으로 골랐다」고 한다.

보통 수제버거용 번은 식감이나 레시피에 있어 의도를 갖고 만드는데, 이하라 오너가 샘플을 참고해서 자유로운 발상으로 시험 삼아 만들어준 번이 결국 정답이 되었다. 단품으로 먹으면 햄버거 번용으로 생각되지 않을 만큼 「단품으로도 충분히 맛있는」 빵이다. 시마모토가 「번이 주인공인 햄버거」라고 말하듯이 먼저 번이 있고 그것을 베이스로 햄버거를 완성하는, 어떤 의미로는 상식을 깨고 식재료의 팀워크를 초월한 높은 차원의 개인 플레이가 콜라보레이션을 이루는 번이다. 번은 원래 너무 맛있으면 다른 파트가 살지 못하는데, 상식에 얽매이지 않는 R-S였기에 가능했던 일이 틀림없다.

참고로 토핑으로 사용한 호박씨는 「떨어지지 않아 좋고, 한 번에 우리 가게 상품인지 알아볼 수 있어 마음에 든다」고 시마모토는 말한다. 2곳의 개성을 보여주는 매력 포인트다.

PROFILE

오너 **이하라 야스토모**
총괄 **우에다 사토시(사진)**

회사원을 거쳐 2006년 ZOPF에 입사했다. 근속 12년차로 현재 총괄담당자다. 앞으로의 꿈은 ZOPF를 계속 이어나가는 것이다. 라면맛집 탐방이 취미다.

PATTY

패티

햄버거는 고기요리다. 미트패티의 모양은
햄버거 셰프가 갖고 있는 햄버거에 대한 생각을 나타낸다.

햄버거는 고기요리다. 이것이 이 책의 대전제다. 햄버거가 샌드위치에 속하는 하나의 카테고리라는 점은 틀림없지만, 결코 채소가 중심은 아니다. 「햄버거는 대체 어느 부분이 맛있는 걸까?」라고 생각한다면 결론은 역시 「고기」, 즉 「미트패티」에 있다. 이 점을 이해하지 못하면 언제까지고 맛있는 햄버거는 만들기 어려울 것이다.

햄버거 전문점이 아닌 음식점에서는 「번에 '햄버그'를 끼워 넣으면 '햄버거'」라고 이해하는 경우가 많다. 고기를 취급하는 업계에서는 번만 준비하면 철판요리를 응용해서 런치메뉴를 완성할 수 있다. 일단 번에 넣으면 「햄버거」라는 메뉴가 성립된다. 그렇다면 햄버거에 미트패티를 사용하는 것이 당연하다고 여기는 햄버거 업계에서 봤을 때, 「'햄버그'와 '미트패티'의 차이」는 어디에 있는 걸까?

이 책의 관점에서 햄버그는 단품으로 먹어도 성립되지만, 미트패티는 그것만으로 불완전하다는 점이 그 차이다. 햄버그로 햄버거를 만들어보면 햄버그를 먹는 것과 별반 차이가 없다. 그런데 미트패티를 햄버거로 만들면 실력이 바로 드러난다. 햄버거를 집중해서 먹으면 입안에서 조미되는 동안 번, 채소, 소스가 합쳐져 매우 훌륭한 화음을 이룬다.

미트패티는 일반적으로 소고기 다짐육을 결착시켜 만든다. 주로 어깨등심, 사태 등을 사용하지만, 어떤 햄버거를 만들고 싶은지에 따라 선택하는 부위도 달라진다. 기본적으로는 「싸고 맛있는 부위」, 「부드럽고 질기지 않은 부위」가 미트패티로 알맞다. 만들고자 하는 미트패티를 모르겠다면, 「요로니쿠」(도쿄 오모테산도의 유명 고깃집)의 코스처럼 다양한 부위를 시식할 수 있는 가게에서 각각의 맛과 식감의 특성을 연구하면 좋다.

요즘 수제버거 가게 중 미트패티가 맛있다는 곳에서는 「어깨」 부위를 사용하는 경우가 많다. 어깨는 활동이 많은 부위여서 감칠맛이 강한 살코기와 지방의 밸런스가 좋다고 한다. 예를 들어 어깨등심 속에 「살치살」이라는 희소부위가 있다. 살치살은 스테이크나 구이에 사용하기 때문에, 가격이 높아 다짐육으로 선택하는 일이 거의 없다. 반대로 생각하면, 일반 정육점에서 구입한 다짐육은 먼저 단품용을 자르고 남은 부위가 된다. 「그러면 어깨등심을 덩어리로 구입해 내 마음대로 준비해보자」는 발상이 고기를 좋아하는 전문가들 사이에서 생겨나, 손으로 직접 다지게 된 것이다. 이 방법이라면 살치살을 비롯해 단품으로 판매되는 부분은 스테이크로 상품화하고, 나머지는 원하는 크기로 자르거나 원하는 만큼 살치살이 들어간 다짐육도 만들 수 있다. 손으로 직접 다지기 때문에 가능한 경우의 수가 무한대로 늘어난다.

다짐육으로도, 덩어리로도 맛있는 햄버거를 만들 수 있다. 그런 과정이 이야기가 되어 차별점이 생긴다. 햄버거는 이런 점이 재미있다.

나라별 부위 명칭

컷차트(Cut Chart)라 불리는, 원산국별 부위 구분법이다.
나라마다 이 차트에 근거해서 유통하고 있기 때문에
같은 부위라도 나라마다 불리는 이름이 다르다.
차이점을 확실히 알아두도록 하자.

미국

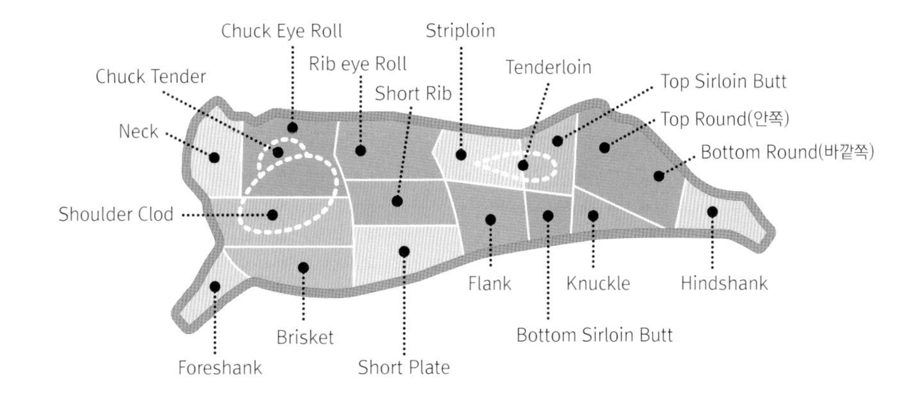

호주

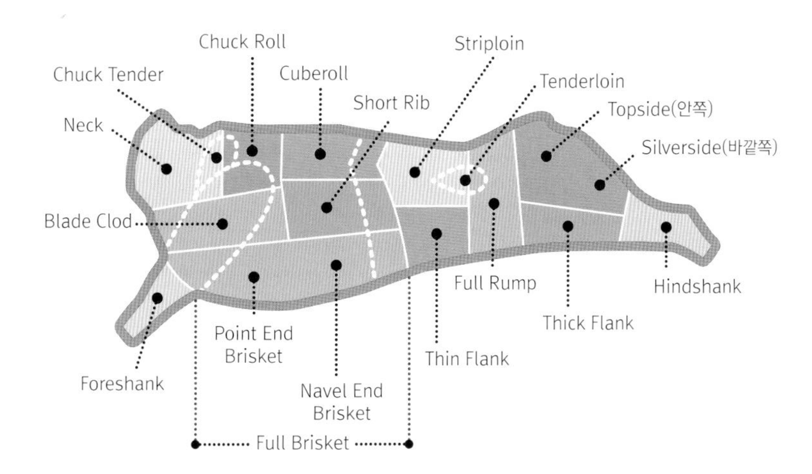

한국

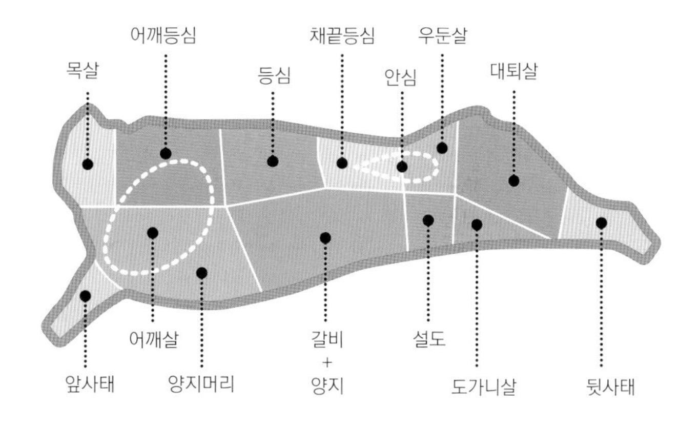

※ 출처 : 미국육류수출협회(USMEF)

패티 만들기

각각의 작업 순서에는 저마다 이유가 있다.
같은 고기를 재료로 써도 결과는 전혀 다르므로,
지켜야 할 포인트를 확실히 기억해두는 것이 중요하다.

도구

미트패티를 성형할 때 사용하는 틀이다. 최종적으로 원하는 지름 크기에서 거꾸로 계산해, 자신의 미트패티에 딱 맞는 사이즈의 틀을 찾는다. 요시자와 스타일은「핸들 달린 틀」을, VIBES 이시이 스타일은「지퍼락의 스크루식 뚜껑을 뚫어서 직접 만든 틀」을 사용한다.

시즈닝

패티분량_ p.202

밑간에 쓰는 향신료는 일반적으로 소금, 검은 후추, 흰 후추, 씨겨자, 삼온당 등을 사용한다. 향신료의 기능은 고기재료의 결합성을 높이고 밑간으로 맛을 안정시키는 등, 만드는 사람의 생각에 따라 각기 다르다. 요시자와 스타일은 카레파우더와 케이준파우더가 포인트다. 밑간을 하지 않는 사람도 있다.

준비

미트패티 오퍼레이션에 들어가기 전에 준비를 확실히 해둔다. 만들려는 개수에 맞춰 고기재료를 준비하고 향신료도 계량해둔다. 작업공간이나 고기재료의 온도 관리에도 유의해야 한다. 작은 입자의 고기를 혼합하는 작업은, 만일 식중독의 원인균이 들어갔을 경우 해당 로트 전체에 퍼져 버리므로 위생 관리에 세심한 주의가 필요하다. 패티 재료는 다양하게 응용할 수 있다(레시피 p.202 참고).

1 큼직한 볼을 준비하고, 안쪽 전체에 알코올 스프레이를 뿌린 후 키친타월로 닦아내 살균작업을 한다. 준비한 모든 재료를 넣는다.

2 모든 재료를 넣은 상태. 품질이 고르도록 각각의 재료는 정확히 계량한다.

3 위생장갑을 끼고 알코올 소독을 한다. 고기에 점성이 생기지 않을 만큼 살짝 섞어 뭉친다. 요시자와 스타일은 배합한 씨겨자의 입자가 고르게 퍼져있는가를 기준으로 삼는다.

4 볼에서 필요한 만큼의 고기재료를 떼어낸다. 미트패티로 만들었을 때 굽는 시간이나 식감에 영향을 주므로 균일하고 정확하게 계량한다. 요시자와 스타일은 개당 130~135g이다.

5 계량한 고기재료를 가볍게 둥글려 경단모양으로 만든다. 미트패티는 평평하게 성형하므로 햄버그처럼 공기를 뺄 필요는 없다.

6 접시나 트레이를 준비하고, 전면에 알코올 스프레이를 뿌린 후 키친타월로 닦아내 살균작업을 한다. 고기를 나란히 올린다.

7 미트패티를 감쌀 만한 크기의 비닐랩을 잘라서 틀 등의 성형도구에 올리고, 성형도구 가운데에 고기를 올린다.

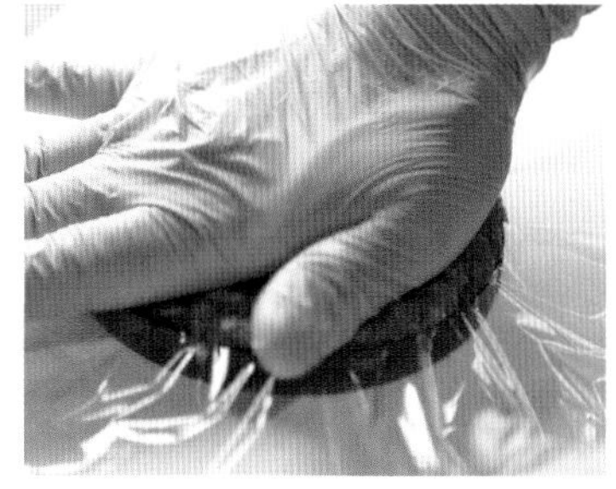

8 경단모양의 고기재료가 사방으로 고르게 퍼지도록 바깥쪽으로 눌러 넓히면서, 성형도구 안쪽까지 골고루 닿게 한다.

9 가장자리 부분까지 꼼꼼히 고기를 채우는 것이 중요하다. 가장자리에 움푹 파인 부분이나 균열이 있으면 구울 때 부서지거나 줄어드는 원인이 된다.

10 부서지지 않게 주의해가며 비닐랩째로 틀에서 꺼내고 비닐랩으로 고기를 감싼다. 공기를 확실히 빼지 않으면 변색이나 품질저하의 원인이 된다.

11 완성. 재고관리가 쉽도록 10장씩 포개어 보관한다. 바쁠 때를 대비해 비축하려면 바로 냉동실에 넣어 둔다.

POINT

고기입자 사이의 공기를 뺀다

미트패티가 움직여서 형태가 망가지지 않도록, 보관용기에 빈틈없이 나란히 놓는다. 패티에 딱 맞는 도구를 찾아내는 일은 햄버거 만들기의 첫걸음인 만큼 중요하다.

번과의 크기를 고려한다

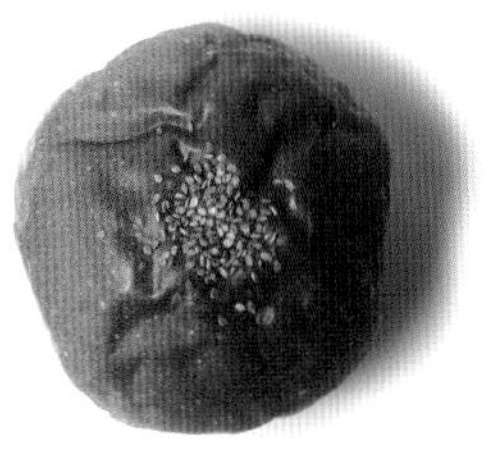

미트패티는 구우면 전체적으로 어느 정도 작아진다. 이를 계산에 넣고 도구의 지름을 설정한다. 요시자와 스타일은 조립해서 세웠을 때 옆이 움푹 들어가지 않는 이른바 「원통」 모양이 기본이다.

직접 잘라서 만든 미트패티

자신이 원하는 미트패티의 방향성을 찾았다면,
직접 손으로 다져서 고기의 맛과 식감에
자신만의 개성을 표현해 본다.

분량_ p.202

재료

덩어리 상태의 고기재료. 각각의 고기 상태가 모두 같을 수는 없다. 고기와 대화하듯이 상태를 잘 살펴본다.

1 덩어리 고기에서 힘줄과 지방을 잘라낸다. 힘줄은 잘 씹히지 않으므로 식감이 좋지 않다. 지방은 맛뿐 아니라 수율이나 원가율과도 관계가 있으므로 자신의 방침에 맞게 사용한다.

2 결을 따라 크게 칼로 썬다. 모두 썰 필요는 없다.

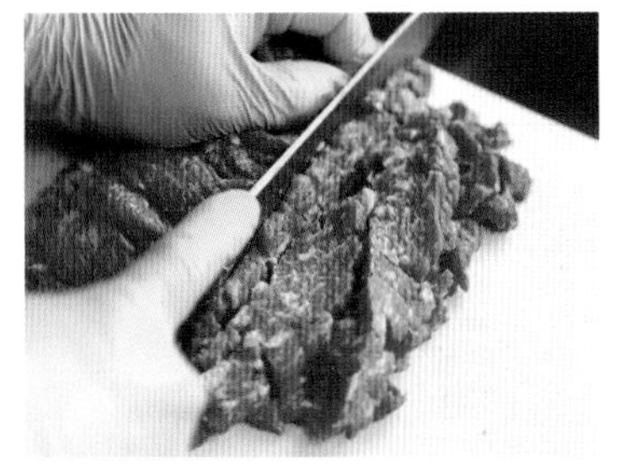

3 슬라이스한 면을 90° 회전시키고 막대모양으로 자른다.

4 다시 원하는 크기로 자른다. 모두 같은 크기로 잘라도 좋고, 몇 단계로 크기를 나누어도 좋다. 원하는 크기는 시식을 통해 자신만의 해답을 찾아 결정한다.

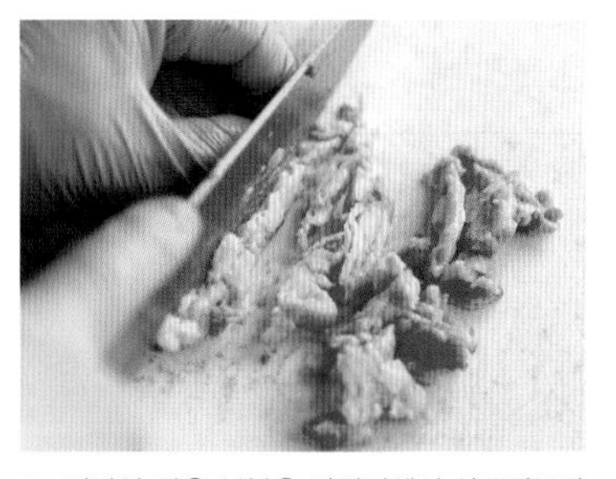

5 지방이 많은 부분은 가격면에서 살코기보다 합리적이다. 원하는 식감과 원가율을 고려하여 배합을 할지, 한다면 어떤 비율로 배합할지를 검토한다.

6 살코기 부분에 붙어있는 지방은 구울 때 육즙으로 잘 빠져나오지 않는다. 따라서 완성된 햄버거에 촉촉한 식감으로 작용한다.

7 자른 크기가 서로 다른 고기 조각이나 다짐육을 블렌딩하면 미트패티의 식감이나 맛을 다양하게 조절할 수 있다. 결을 따라(아니면 반대로) 자르거나 칼등으로 두드리거나 하여 미세하게 조절한다. 부위에 따라서도 차이가 있으므로 특성을 잘 파악하자.

굽기 & 조립 방법

햄버거 만들기에서 가장 핵심이 되는 주요 오퍼레이션이 미트패티 굽기다.
많은 수제버거 가게의 오너들이 이 과정을 전담하고 있다.

기본 햄버거 / 그리들에서 굽기

햄버거 오퍼레이션에서 가장 일반적으로 쓰이는 것은 플랫그릴이다.
전기·가스 타입, 철판 두께 등에 따라 굽는 정도가 달라진다.

그리들

그리들은 판의 너비에 따라 다르지만, 판 아래의 열원 수에 따라 2~3개의 온도범위를 설정할 수 있다. 온도 설정 방법은 사람마다 다른데, 미트패티를 굽는 온도범위는 약간 높게(220℃~250℃), 번을 굽는 범위는 약간 낮게(220℃~) 설정하는 경우가 많다. 3개의 온도범위를 설정할 수 있을 때, 낮은 온도범위는 데운 후 보온하면서 조립할 때나 굽는 타이밍 조절에 사용할 수 있다. 연속해서 구울 경우, 리커버리 성능도 중요한 체크포인트다.

조리도구·준비

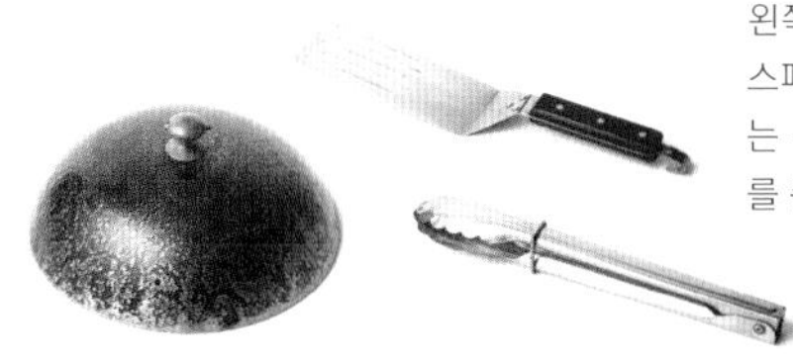

왼쪽부터 스테이크뚜껑, 스패츌러, 집게. 스패츌러는 용도에 따라 2~3종류를 준비한다.

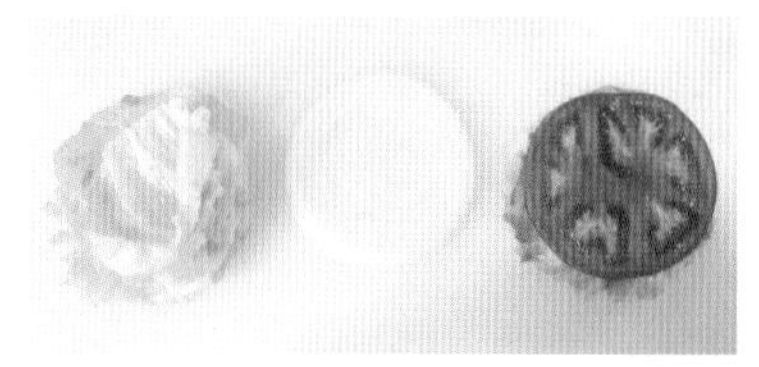

준비과정은 매우 중요하다. 오퍼레이션이 순조롭도록 사용기구, 시즈닝 재료 등이 준비된 다음 시작한다.

조리방법

1 시간이 걸리는 것부터 굽기 시작한다. 우선 번을 자르고, 힐의 아랫면을 그리들에 올려 데운다. 그 다음 양파를 구우면서 동시에 번의 자른 면을 굽기 시작한다.

2 번은 자른 면에 구운 색이 충분히 들도록 굽는다. 특히 힐은 햄버거의 기본 토대가 되어 전체를 지탱하는 중요한 역할을 하기 때문에, 수분으로 눅눅해지고 무너지지 않게 제대로 굽는다.

3 미트패티를 굽기 시작한다. 시즈닝은 「소금」부터 넣는 것이 요시자와 스타일의 철칙이다. 눈으로 양을 확인할 수 있도록, 섞였을 때 잘 보이지 않는 것부터 뿌린다.

p.37에 이어서

4 그 다음 검은 후추를 전체에 뿌린다. 대부분의 셰프가 검은 후추를 듬뿍 뿌린다.

5 여기서부터 두 과정은 요시자와 스타일의 진면목이다. 그의 햄버거 특유의 입체적인 맛은 이 향신료 사용에 있다. 먼저 카레파우더를 뿌린다.

6 그리고 케이준스파이스. 메뉴에 따라 양을 조절한다.

7 구운 양파는 약 2분 후 뒤집는다. 총 4분 정도 굽는다. 물이 나오기 시작해서 가장자리가 촉촉해지고 투명해졌는지가 체크포인트다.

8 스패츌러로 들어 올리면서 미트패티가 구워진 상태를 체크한다. 요시자와 스타일의 미디엄은, 두께가 반 정도 하얗게 변했을 때가 뒤집는 시점이다.

9 스패츌러로 조심스럽게 뒤집어 뒷면을 굽는다. 판의 온도가 내려갔다는 생각이 들면 다른 온도범위로 옮겨서 뒤집는 것도 좋다.

10 고르고 통통하게 구워지도록 스테이크뚜껑을 함께 사용한다. 뚜껑은 미니오븐 역할을 한다. 굽는 시간을「줄이는」것이 주된 목적이다.

11 구워진 힐 단면에 버터, 타르타르소스 또는 마요네즈를 넓게 펴 바른다. 버터는 지방막으로 맛에 악센트를 주고, 채소나 고기로부터 수분을 차단한다.

12 힐에 준비해둔 양상추와 토마토슬라이스를 올린다.

13 구운 양파와 미트패티의 구워진 상태를 확인한다. 구운 양파가 전체적으로 부드럽고, 미트패티는 가운데 부분의 지방이 보글보글거리면서 나오면 완성이다.

14 토마토슬라이스 위로 구운 양파, 미트패티를 옮긴다. 균형을 잡고 조심스럽게 올린다.

15 미트패티 위에 크라운을 올리고, 살짝 누르면서 모양을 다듬으면 완성.

응용

아보카도치즈버거

여성에게 인기가 많은 아보카도.
「아보카도의 역사는 길다」고 말하는 요시자와는
아보카도를 사용한 햄버거에 각별한 애정을 갖고 있다.

만드는 방법

1 아보카도에 칼집을 넣는다. 부채모양으로 펼쳐 미트패티 전면을 덮는 것이 요지자와 스타일. 먹을수록 향신료에 따른 맛의 완급이 살아나 질리지 않고 끝까지 다 먹을 수 있다.

2 번을 굽기 시작한다. 구운 양파에 소금, 검은 후추, 카레파우더를 뿌린다.

3 「기본 굽기」와 같은 방법으로 패티를 굽는다. 아보카도를 토핑할 때는, 맛에 질리지 않도록 가운데에 케이준스파이스를 듬뿍 뿌린다.

4 아보카도를 굽는다. 요시자와 스타일은 카레파우더와 케이준스파이스를 뿌린다. 아보카도를 구우면 특유의 풍미가 살아나 과카몰리 같은 느낌의 필링이 된다.

5 그리들 위에서 조립한다. 온도가 내려가지 않은 상태에서 조립하는 편이 좋다.

6 체다 치즈 2장을 아보카도 위에 올린다.

7 고르고 통통하게 구워지도록 뚜껑을 함께 사용한다. 치즈나 아보카도가 올라간 메뉴에 특히 필요한 오퍼레이션이다.

8 치즈가 녹으면 토치로 그을리고 패티를 감싸도록 덮어서 다른 재료와 일체감을 낸다. 「라면 스프의 돼지비계처럼 치즈가 열과 풍미를 유지시켜준다.」(요시자와)

9 치즈가 녹는 정도에 주의해가며, 미트패티를 그리들에서 옮겨 채소류를 올린 힐에 얹는다.

그리들 외의 도구로 굽기

구울 때 사용하는 기기나 도구는 그리들 외에도 많다.
매장 상황이나 셰프 스타일에 맞는 도구를 선택해야 한다.
그리들+프라이팬처럼 각 도구의 특징을 살려서 함께 사용하는 스타일도 있다.
각 도구의 특징을 소개한다.

프라이팬 · 그릴팬

매장에 그리들이 있고 보조로 다른 도구를 사용하는 경우, 주방기기의 구성상 프라이팬이나 그릴팬만으로 구울 때가 있다. 프라이팬과 그릴팬은 그리들이 없는 매장에서도 햄버거를 제공할 수 있는 도구다. 캠핑이나 야외행사 등에서도 매장에서 만든 것과 다르지 않은 햄버거를 제공할 수 있다.

한계가 있어서 한 번에 여러 개를 구울 수 없다. 여러 개를 구울 때는 효율적인 순서를 짜는 것이 비결이다. 그릴팬의 그릴홈으로 지방을 적당히 제거할 수 있고, 재료에 구운 자국을 낼 수 있는 장점이 있다.

숯불 굽기

캠핑용품으로 인기 많은 WEBER사의 BBQ그릴은 숯불구이 초보자에게도 추천할 만한 도구다. 매장의 일상적인 오퍼레이션에서는 용량이 부족하지만, 이동이 쉽기 때문에 캠핑이나 야외행사에서 손쉽게 숯불요리를 즐길 수 있다. 매장에서도 숯불구이 향을 내야 하는 재료에 부분적으로 함께 사용하는 방법도 있다. 뚜껑 달린 타입은 훈연에도 사용할 수 있어서 응용 범위가 넓다.

BBQ그릴 안에서 숯의 양을 세 구역으로 구분해 화력을 조절하는(3 zone fire) 방법이다. 센불, 중불, 약불로 영역을 이동하며 굽는다.

즙이 되어 떨어진 지방의 연기로 그을리면 멋진 향이 난다. 원적외선 효과로 재료의 표면을 태우지 않고 속까지 열을 전달할 수 있다.

번 굽기

왼쪽_「가능하면 번은 오븐에서 굽고 싶다」는 셰프가 많다. 전체적으로 수분을 유지하면서 표면을 바삭하게 구워낼 수 있기 때문이다. 그리들의 면적이 작을 때 함께 사용하면 유용하다. 오른쪽_ 프라이팬으로 굽는다. 온도가 올라가기 쉬우므로 타지 않도록, 다른 재료의 굽는 타이밍에 유의해가며 완성한다.

햄버거용 번은 구워서 사용하는데, 어떻게 보면 「햄버거」라는 하나의 상징이기도 하다. 주로 자른 면을 캐러멜화(햄버거에서는 번의 자른 면에 구운 색을 들인다는 의미로 사용한다)한다. 오퍼레이션 과정 중 그리들의 낮은 온도범위에서 굽는 스타일이 일반적이다.

각 나라의 식문화 속에서 햄버거는 진화한다

「GORO'S★DINER」에서 「A&G DINER」로 이름을 변경하여 문을 닫고 조금 지났을 무렵, 나는 프리랜서로 활동하고 있는 요시자와 세이타를 내가 운영하는 매장 「부민 Vinum」에서 맞이했다.
이곳은 햄버거 가게가 아니고 시니어 소믈리에인 미스미 요시히사가 선별한 내추럴와인과, 셰프 카메다 야스시가 재료의 특징을 잘 살려서 만드는 요리로 인기를 끌고 있는 와인 비스트로다. 카메다 셰프는 프렌치 셰프 출신으로 프랑스 체류 경험도 있는 베테랑이지만 햄버거에는 문외한이었는데, 레전드라 불리고 업계에서 모르는 사람이 없는 요시자와 세이타조차 알아보지 못할 정도였다. 카메다 셰프가 요시자와에게 처음 던진 질문이 「칼은 쓸 줄 아세요? 프라이팬은 쓸 줄 아세요?」였다는 에피소드는 이제 우스갯소리로 전해지고 있다. 「햄버거 가게는 햄버거밖에 못 만든다」고 여겨지고 있다는 것, 그리고 「그런 레벨로 보여도 어쩔 수 없다」는 현실을 통감한 사건이었다. 당시에는 나도 요시자와도 쓴웃음을 지을 수밖에 없었다.
p.8에서 알 수 있듯이 요시자와는 「GORO'S★DINER」부터 독립에 이르기까지, 기술을 습득하기 위해 여러 경험을 쌓았다. 「부민 Vinum」에서 카메다 셰프와 일하면서 요시자와는 프랑스요리의 역사가 깃든 다양한 조리법과 식재료 사용법 등을 배웠다. 반면 요시자와의 미국식 BBQ나 햄버거요리 기법에는 프랑스요리 기법에 없는 발상도 있다. 소스 사용법이나 재료 응용에 대한 프랑스와 미국의 관점 차이가 서로 자극이 되었다고 한다. 햄버거에서는 단순히 치즈버거의 재료였던 내추럴치즈도, 카메다 셰프는 녹이거나 굽거나 하며 마치 소스처럼 취급한다. 반대로 프랑스요리의 정통 재료와 소스의 조합도, 요시자와는 그 틀에 구애받지 않고 이론적으로 이것과 이것은 잘 어울릴 수밖에 없다며 밀고 나간다. 이 시대의 수확은 자신의 햄버거가 미국 식문화의 틀을 깬 일이라고 요시자와는 말한다.
요시자와가 일하던 동안 「부민 Vinum」에서는 매주 토요일 점심에 먼슬리(월별) 햄버거를 20개씩 한정 제공했다. 메뉴는 이 책에서 소개하고 있는 기본(basic) 햄버거, 응용(arrange) 버거, 변형(variation) 버거, 그리고 카메다 셰프와 함께하던 이탈리아요리의 이이데 고이치 셰프가 공동개발한 프랑스와 이탈리아 콘셉트의 햄버거 등이었다. 매주 예약이 마감되는 인기를 누렸다. 마침 햄버거 마니아들이 몰려드는 「먼슬리 햄버거 TV 2주년 기념파티」 이벤트가 있었고, 연구 발표로서 각 셰프의 기법을 살린 슬라이더(미니 햄버거)를 요시자와가 코디해 큰 인기를 얻었다. 당시 메뉴는 다음과 같다.

치즈버거 with 검보소스(요시자와)_ 치즈버거를 검보에 찍어 먹는 새로운 스타일
살시치아버거(이이데 셰프)_ 살시치아소시지의 속재료로 패티를 만든다. 향신료가 절묘하게 살아있다.
카술레버거(카메다 셰프)_ 소시지와 콩을 넣어 카술레 스타일로 완성한다. 프랑스 느낌이 절묘하게 나는 햄버거다.

요시자와는 「부민 Vinum」에 아메리칸 스타일을 불어넣었다.

VEGETABLES

기본 채소

**햄버거 레시피에는 토마토, 양파, 양상추가 기본 채소로 들어간다.
각각의 채소를 자르는 방법이나 굽는 방법 등은
만들려는 햄버거의 레시피와 조립순서에 맞게 선택한다.**

TOMATO

기본 채소❶ 토마토

**토마토는 햄버거를 보기 좋게 장식해줄 뿐 아니라,
맛의 밸런스를 잡아주면서 수분을 제공하는 중요한 역할을 한다.**

토마토는 햄버거에 꼭 필요한 채소다. 추가로 토핑되기보다 기본 레시피 속에 포함되는 경우가 많다.

햄버거에서 토마토의 역할은 일단 비주얼 담당이다. 홈페이지나 거리에서 보이는 햄버거 일러스트, 아이콘, 이모티콘을 살펴보자. 틀림없이 「양상추의 녹색」과 「토마토의 빨간색」이 햄버거를 상징하는 컬러로 표현되었을 것이다.

맛의 구성에서도 수분, 신맛, 단맛, 감칠맛 성분의 공급에 중요한 역할을 한다. 어떻게 사용할지는 셰프에게 달렸다. 최근 미트패티를 직접 다져서 사용하는 가게 중에는, 살코기와 지방의 비율에 따른 수분 밸런스 조절기능을 토마토에 맡기는 경우가 많다. 예를 들어 이 책에 나오는 「No.18 DINING & BAR」에서는 고기를 직접 다져서 사용할 때 지방을 최대한 많이 제거하여, 햄버거에 촉촉함을 더하는 토마토의 존재를 패티의 중요한 파트너로 여기고 있다. 또 다른 예로 「ICON」의 경우 모든 레시피에 「드라이 토마토」 사양을 설정해놓았다. 이는 토마토에 수분보충 기능을 맡기지 않고, 토마토의 상태에 따른 맛의 불균형을 보완하는 방향을 우선시하는 사용법이다.

사용하는 크기와 온도도 만드는 셰프의 생각에 따라 다르다. 요시자와 스타일에서는 2L(260g 이상)사이즈인 토마토에서 지름이 큰 부분만 햄버거용으로 사용하고, 가장자리 부분은 썰어서 소스 등에 사용한다. 가장자리 부분을 2장 겹쳐 쓰는 것은 권하지 않는다. 하지만 2L사이즈 규격의 질 좋은 토마토를 매년 구입하는 것이 어렵기 때문에, 안정적으로 공급받을 수 있는 크기를 2장 사용한다는 선택도 합리적이다.

슬라이스한 토마토의 온도는, 요시자와의 경우 사용할 시점에서 「상온에 가까운 온도」가 그의 스타일이지만 「차가워야 할 것은 차갑게 제공」한다는 생각도 있다. 이 또한 완성된 햄버거의 이미지로부터 하나하나 설정해 나가야 한다.

크기와 자르기

요시자와는 2L사이즈를 사용한다. 토마토는 완성된 햄버거가 옆이 움푹 들어가지 않게 모양을 잡아주고 색감에 포인트를 주는 중요한 재료다.

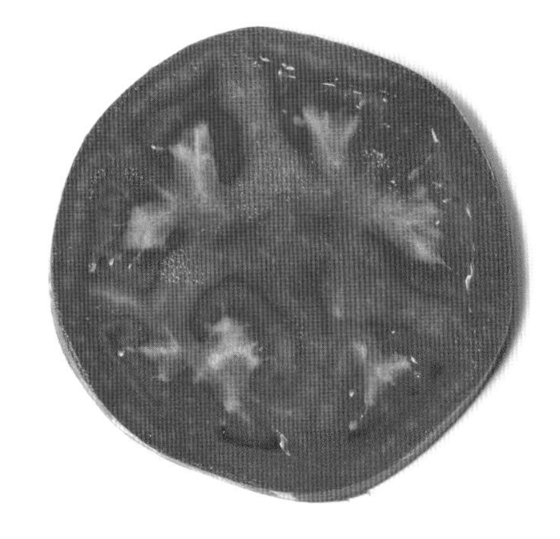

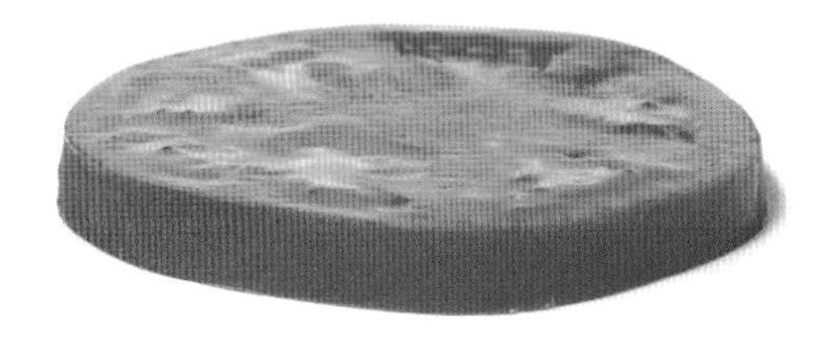

번과의 밸런스

요시자와 스타일은 가능한 번의 지름에 가까운 크기의 토마토를 사용한다. 옆이 움푹 들어가지 않게, 어느 부분을 먹어도 토마토가 포함되도록 만들어야 한다는 생각에서다.

보관

피크시간대를 대비해 슬라이스해서 준비해둔다. 한 번 칼질한 채소는 냉장보관이 기본이지만, 자신이 사용하는 온도에 맞게 조절한다.

ONION

기본 채소❷ 양파

**양파는 손질방법에 따라 전혀 다른 표정을 보여준다.
날것이든 익히든 양념하든, 레시피에 따라 만능이다.**

양파는 일본인의 생활에 가장 밀접한 채소 중 하나로, 다양한 조리법으로 다양한 요리에 사용할 수 있는 재료다. 햄버거와도 탄생부터 함께해온 중요한 채소 중 하나다. 생으로 넣으면 매운맛과 식감에 악센트가 생기며, 익혀서 넣으면 특유의 단맛과 고소한 향을 더한다. 하지만 다른 재료와 밸런스를 맞추기 어려운 재료이기도 하다.

「GORO'S★DINER」는 햄버거 안에서 일본인에게 알맞은 양파 사용법을 모색해왔다. 그 안에서도 주제는 「양파를 싫어하는 사람들에게 어떻게 먹일까?」이다. 이처럼 익숙한 채소임에도 불구하고 잘 못 먹는 사람이 의외로 많다는 것 또한 현실이다.

양파 없는 햄버거는 생각할 수 없다. 하지만 양파가 들어있어 햄버거를 꺼린다니 안타까운 일이다. 「양파가 싫어도 이 가게의 햄버거는 먹을 수 있다」고 말해준다면 가장 좋겠지만, 그만큼은 못되더라도 의식하기 전에 모두 먹게 되는 사용법을 생각했다.

양파를 싫어하는 사람에게는 대체 어디가 「싫은 포인트」일까? 아삭아삭한 식감? 생양파의 매운맛? 양파를 뭔가와 같이 섞거나 매운맛을 날려보기도 하는 등 여러 시도 속에서 탄생한 것이 「양파를 슬라이스하고 얼마간 그대로 두어 매운맛을 날린다」, 「그릴과 양파에 버터를 발라 풍미를 더하면서 굽는다」는 방법이다.

요시자와 스타일의 햄버거는 곧게 서있는, 옆이 움푹 들어가지 않은 모양을 목표로 한다. 이런 모양을 만들기 위해 번 지름에 가까운 크기로 양파 가운데 부분을 몇 장 자르고, 그대로 흩어지지 않게 굽는다. 남는 부분은 크기와 관계없는 생슬라이스나 사이드디시 등에 모두 사용해, 남김없이 사용할 방안도 필요하다. 사용량이 많은 재료일수록 마지막에 남지 않게 고려해서 메뉴를 구성하지 않으면 안 된다. 양파뿐 아니라 다른 식재료도 여러 용도로 쓸 수 있게 준비해두면 좋다.

자르기

슬라이스하여 신선한 상태로 사용하는 방법이다. 자른 후 링을 분리해 사용하는 방법도 좋다. 사용량과 두께는 식감과 매운맛의 밸런스를 고려해서 적당한 양을 찾는다.

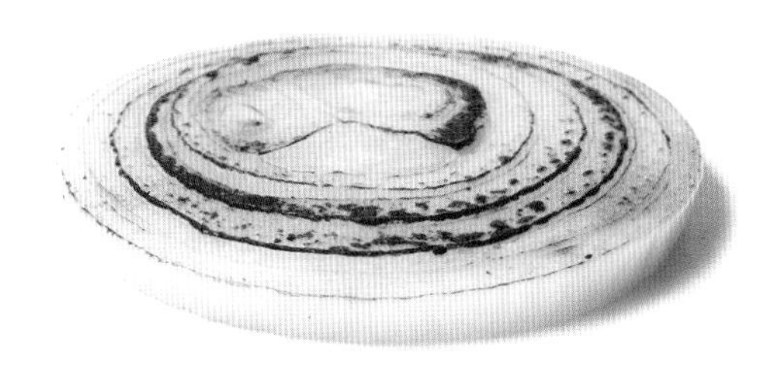

구운 양파는 의외로 올리는 위치와 관계없이 어디에 놓든 만능이다. 링이 흩어지지 않게 조립하면 보기 좋은 햄버거를 만들 수 있다.

양파슬라이스를 구워서 필링으로 사용할 경우, 기능상 조립할 때 맨 윗부분이 된다. 조립 밸런스에도 유의하여 보기 좋게 완성한다.

양파를 물에 담그면 영양분이 빠져나가므로 햄버거에는 그대로 사용하는 것이 좋다. 렐리쉬와 함께 미각과 식감에 악센트를 준다.

보관

생양파는 마르기 쉬우므로 보관에 주의해야 한다. 공기와 접촉했을 때 풍미가 약해지는 것을 피하기 위해, 자른 후 바로 비닐랩으로 단단히 감싼다.

조립

양파의 맛과 식감을 어떻게 사용하느냐에 따라 자르는 방법, 두께, 분량, 사용하는 시즈닝, 완성방법, 사용할 재료의 선택이 달라진다. 자신이 만들 햄버거에서 양파가 어떤 기능을 해야 하는지 분석해보자.

그릴

진한 맛을 표현하는 레시피일 경우 「두껍게 잘라서 구운 양파」를 매치한다. 수제버거 가게에서 일반적으로 사용하는 방법이다. 「GORO'S★DINER」의 레시피는 버터를 발라서 굽고 소금, 검은 후추, 카레파우더를 뿌린 다음 양면을 구워 마무리한다. 양파의 식감을 얼마나 남기고 싶은지 생각해서 굽는 정도를 조절한다. 번의 지름과 가능한 비슷한 크기로 맞추려면 양파 가운데 부분 몇 장밖에는 사용 못한다.

생슬라이스

「GORO'S★DINER」에서는 「컷(생슬라이스)」과 「두껍게 잘라서 구운 양파」를 레시피에 사용한다. 신선한 맛, 아삭아삭한 식감을 살리고 싶다면 주로 생슬라이스한 양파를 선택한다. 가운데 부분 몇 장은 구운 양파로 사용하고, 가장자리의 작은 부분은 생슬라이스로 사용한다. 지름이 큰 양파가 필요 없고, 링을 분리시켜 전면에 고르게 올려서 조립하면 버리는 부분이 없게 된다.

다지기

양파를 다져서 사용하면 파트의 다른 구성요소에 묻혀버리므로, 수제버거 가게에서는 좀처럼 찾아보기 힘든 사용법이다. 반대로 심플한 레시피 구성의 패스트푸드에서는 분량 컨트롤이 쉽기 때문에 자주 사용하는 방법이다. 점성이 강한 스위트 렐리쉬와 조합하면 식감과 맛 모두 다양성을 끌어낼 수 있다. 아삭한 악센트를 표현하고 싶은 레시피에 사용하면 좋다.

슬라이스 소테

생슬라이스한 양파를 자르고 그릴 위에서 버터 등으로 굽는 방법이다. 양파만 굽기도 하지만, 대부분 양파 양송이필링(p.104)처럼 다른 재료와 함께 레시피 구성요소로 사용한다. 소스 기능을 가진 필링으로 사용하기 위해 블루치즈 등을 더해서 완성하기도 한다. 그리들에서 익히면 풍미도 좋아지고 맛도 잘 어우러지기 때문에, 맛의 특징을 살리고 싶을 때 유용하다.

LETTUCE

기본 채소❸ 양상추

푸른잎채소인 양상추는
토마토와 함께 다채로운 색감을 선사하는, 없어서는 안 될 아이템이다.
자르는 방법과 접는 방법으로 모양뿐 아니라 식감도 표현할 수 있다.

햄버거는 영양성분면에서 완전식은 아니다. 완전식이란 건강을 유지하는 데 필요한 영양소를 모두 함유한 식사를 말하는데, 이 관점에서 햄버거는 완전식과 거리가 좀 먼 식사로 볼 수 있다. 왜냐하면 햄버거는 「고기요리」이기 때문이다. 조립해서 하나의 덩어리가 되고 샌드위치로서 화음을 만들어내고 있지만, 실제로는 「미트패티」라는 고기를 먹기 위한 식사 방법인 것이다.
따라서 햄버거에 들어가는 채소들은 미트패티를 더욱 맛있게 만들어주는 기능을 갖추지 않으면 안 된다. 균형 있게 채소를 먹고 싶다는 요구도 있지만, 그런 경우 햄버거가 아니라 서브마린 샌드위치 같은 샌드위치 종류를 택해야 한다.
일반적으로 햄버거 레시피에 사용하는 잎채소는 「양상추」이다. 양상추의 종류도 사실 여러 가지다. 그중 수제버거 가게에서 사용하는 양상추 종류는 주로 「통양상추(결구상추 / 크리스프헤드 / 아이스버그)」인데, 일반적으로 양상추라 불리는 바로 그 품종이다. 불필요한 냄새가 없고 수분, 색의 밸런스, 식감이 뛰어난 것이 특징이다. 로메인 상추(코스레터스), 그린리프(그린컬), 써니레터스(레드레터스) 등은 샐러드나 샌드위치에서는 식감이나 색감으로 개성을 부여하지만, 햄버거에 필요한 기능적인 면에서는 역부족이다.
햄버거 레시피에서 양상추에 기대하는 역할과 기능은 아삭한 식감, 수분 공급, 예쁜 색감, 조립할 때의 볼륨 등이다. 수제버거 가게에서 선택하는, 양상추의 역할과 기능을 잘 살리는 손질방법이 몇 가지 있는데 피크시간대를 대비해 세팅하고 준비해두는 방법과 응용법을 다음 페이지에 소개한다.

보관

양상추는 신선도가 떨어지기 쉽다. 따라서 필요한 양 외에는 자르지 않고, 심을 제거한 다음 가능한 덩어리째로 마르지 않게 비닐랩을 싸서 심이 아래를 향하도록 두고 보관한다.

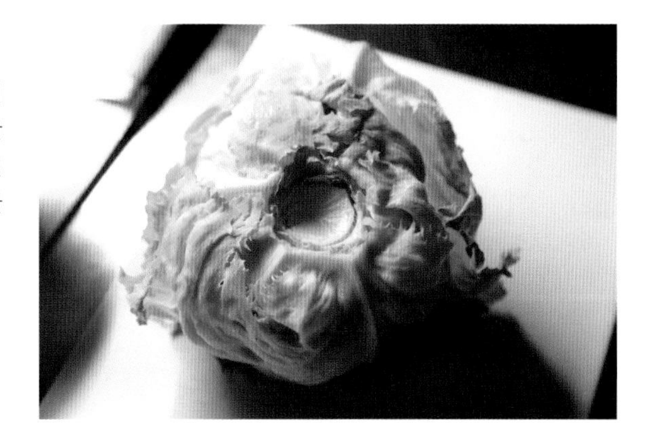

요시자와 스타일

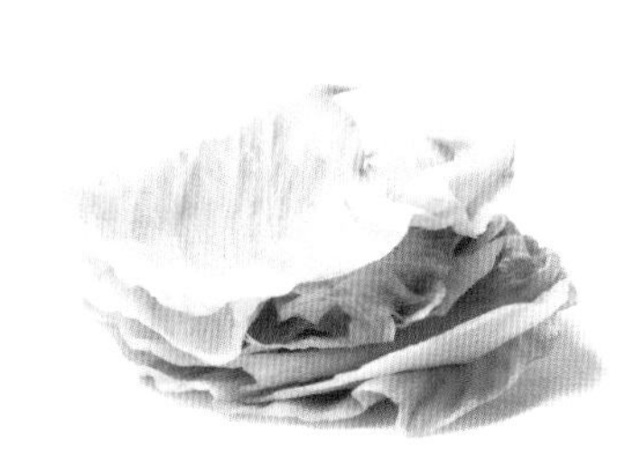

1 양상추는 큰잎 1장을 반으로 잘라 준비한다. 둥글게 만들려면 여러 면을 잘라야하므로, 씻어서 얼음물에 담글 때 살균과 부패 예방을 위해 식초를 약긴 넣는다.

2 반으로 자른 큰잎의 심 부분을 잘라낸다. 식감이 좋지 않은 단단한 심은 제거하지만 아삭한 식감은 괜찮으므로, 사용할 수 있는 부분은 남겨둔다.

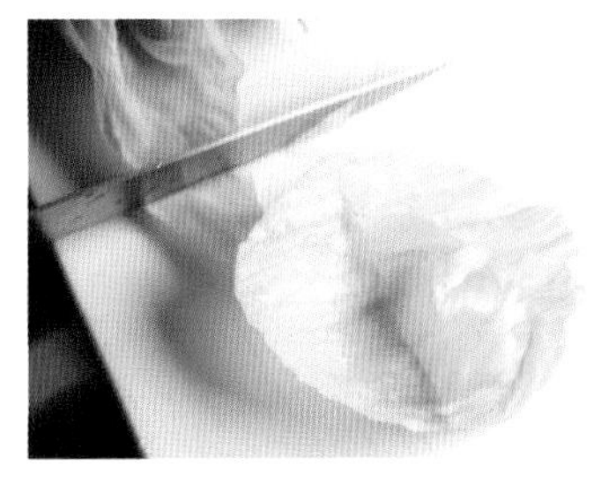

3 심 부분을 잘라낸 양상추 잎을, 심이 있던 부분을 중심으로 번 크기에 맞춰 동그랗게 자른다.

4 자른 양상추 잎을 겹쳐 그릇모양을 만든다. 잘라낸 잎의 가장자리도 그릇 위에 겹쳐 올린다. 20~25g이 요시자와가 사용하는 1인분이다.

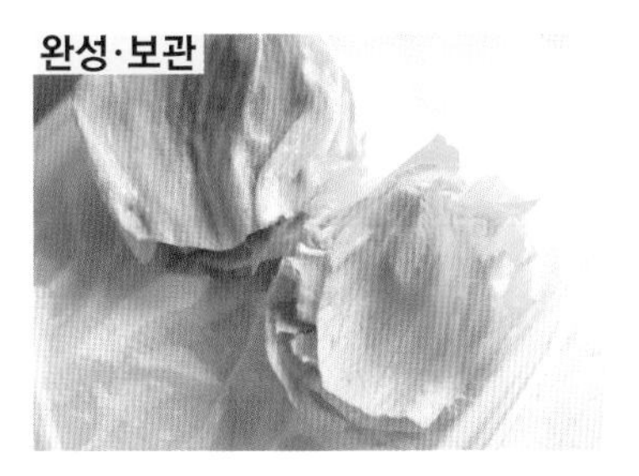

분무기 등으로 물을 적신 키친타월을 트레이 등에 깔고, 양상추를 빈틈없이 겹쳐 올린다. 마르지 않게 비닐랩을 확실히 씌워 둔다. 몇 장인지 확인하기 쉽게 트레이 1개당 양상추 수를 정해둔다.

접는 과정

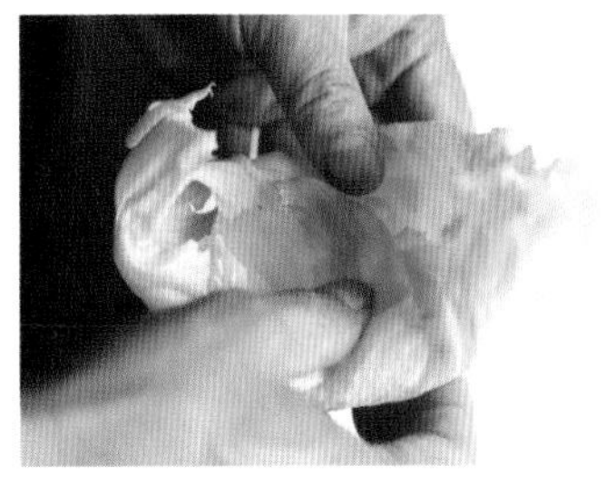

1 손으로 반 나눈 양상추잎을 몇 장 겹쳐 베이스를 만든다. 심 부분과 작은 잎을 베이스 위에 올린다. 잎은 장수가 아닌 중량으로 관리한다.

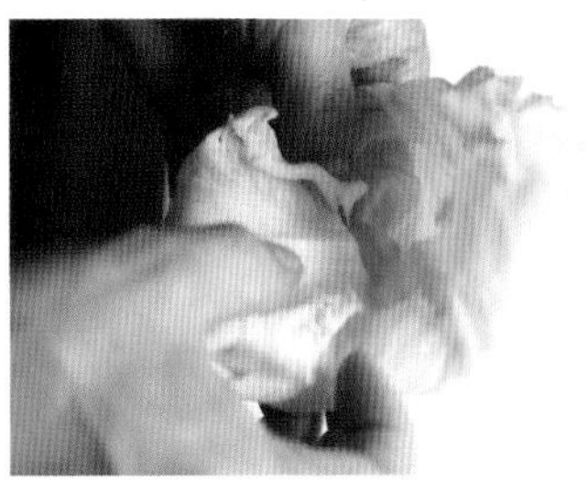

2 한쪽을 안으로 접고 다시 반대쪽을 안으로 접어가며 전체를 돌려 작업한다. 양상추는 잎맥을 꺾으면 갈변하므로 조심스럽게 다룬다.

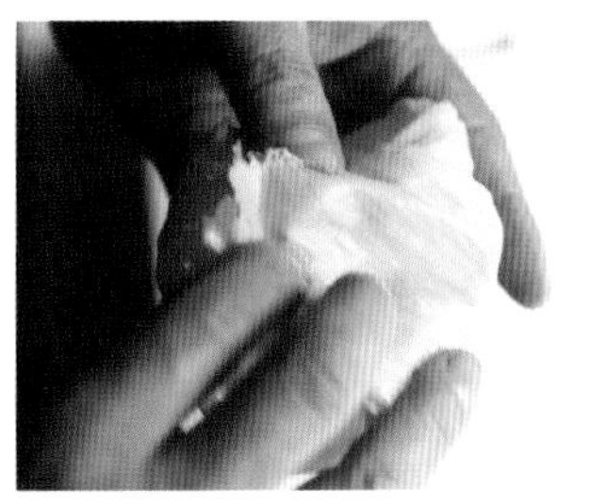

3 돌려서 뒤쪽에 오는 부분을, 검지로 가운데를 향해 오므려가며 크기에 맞게 접는다. 폭신하게 보이도록 완성한다. 30g 정도가 기준이다.

오퍼레이션 때 꺼내기 쉽게 한 방향으로 정리하고, 호텔팬이나 트레이에 보관한다. 그대로 냉장하면 모양도 잡히고, 상온에서 모양도 유지된다.

양상추／잎채소의 응용과 조립방법

「접는 양상추」

「BROZERS'」를 비롯해 수많은 수제버거 가게에서 사용하는 방식이다. 피크시간대 전에 그날 사용할 분량을 1인분씩 접어서 준비해둔다. 햄버거 수량이 많은 매장에서는 분량 컨트롤과 오퍼레이션의 효율면에서 절대적인 위력을 발휘한다. 꼭 네모난 모양을 의식해 접을 필요는 없다. 잎맥은 가능한 꺾지 않도록 주의하고, 안쪽에 공기를 감싸 넣는 느낌으로 부드럽고 조심스럽게 접는다.

「둥글게 자른 양상추」

양상추를 동그랗게 잘라 조립하는 스타일은 「GORO'S★DINER」가 원조다. 번의 지름에서 양상추 잎이 비져나오지 않고, 가지런히 들어가 보기 좋게 조립된 모습이 장점이다. 양상추 잎이 여러 장 겹쳐져 접시모양이 되는데, 윗부분에 생기는 수분을 받쳐서 힐이 눅눅해지지 않게 유지하는 기능도 있다. 둥글게 자르고 남은 자투리 부분을 잎 사이에 넣으면, 버리는 부분이 없을 뿐 아니라 아삭한 식감도 즐길 수 있다.

「어린잎채소」

잎채소로 꼭 양상추만 사용할 필요는 없다. 양고기나 지비에 등과 같이 패티에 독특한 향이 있는 레시피는 그 맛을 확실히 받쳐줄 수 있도록 강한 맛의 잎을 넣으면 좋다. 어린잎채소는 믹스뿐 아니라 루콜라 셀바치코, 쑥갓, 크레송 등을 선택해도 좋다. 패티와 채소 맛의 균형을 생각해서 볼륨을 조절하고 전체적으로 고르게 담는다. 사진은 양고기패티(레시피 p.202)이다.

「코리앤더(고수)」

미트패티와 함께 코리앤더처럼 강렬한 개성을 가진 채소를 넣어서, 콘셉트에 어울리는 맛을 디자인하는 방법도 있다. Tex-Mex나 아시안 테이스트 요리에 코리앤더를 사용하는 것은 자연스럽고 당연한 조합이다. 매운맛과 향신료를 살리는 조리법에도 코리앤더는 만능이다. 여기서는 부드러운 잎부분만 사용하며 너무 강하게 느껴지지 않도록 위쪽에 배치한다.

CHEESE
치즈

햄버거에 사용하는 치즈는 기능면에서 얼마나 잘 녹고 선명한 색을 띠는지가 중요하다.
사용하는 패티의 맛이나 조합하는 토핑과의 궁합을 고려해
몇 가지 치즈를 준비하면, 맛을 응용하여 조립하기 쉬워진다.

햄버거에 사용하는 치즈는 레드체다, 고다, 콜비잭, 몬트레이잭, 에멘탈 등이 정석이다. 이 치즈들을 슬라이스로 가공한 것이 햄버거 가게에서 주로 사용된다. 메뉴에 따라서는 모차렐라 치즈나 크림 치즈를 쓰기도 한다.
치즈의 기능으로 요구되는 포인트는, 얼마나 잘 녹느냐와 선명한 색을 띠느냐이다. 미트패티를 감싸는 듯한 일체감 있는 치즈버거를 만들려면 슬라이스치즈를 충분히 가열해 녹일 필요가 있다.
스테이크뚜껑을 덮어 열원 위로 찌듯이 녹이는 방법이 일반적이지만, 직접 토치로 구석구석 굽는 방법도 있다. 최근 레드체다 슈레드 치즈(가늘게 채썬 것)를 사용하는 가게를 많이 볼 수 있는데, 슬라이스와 달리 분량 컨트롤이 자유롭고 잘 녹기 때문이다.

체다 치즈

영국 서머싯주 체다가 원산지다. 연한 노란색을 띠며 화이트 체다라고도 불린다. 냄새가 적고 깊은 맛이 있어 그대로 먹어도 좋다. 내추럴치즈이지만 가공치즈의 원재료로도 알려져 있다.

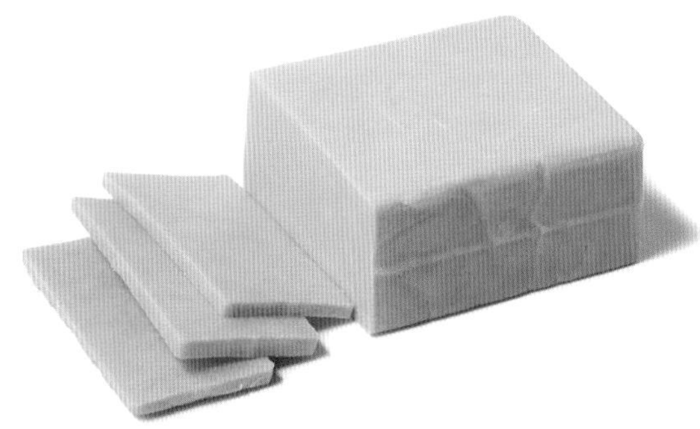

고다 치즈

네덜란드가 원산지인 세미하드 타입이다. 풍부한 맛과 무난한 풍미를 함께 갖고 있어 일본인의 기호에 잘 맞는 치즈다. 체다와 함께 햄버거에 많이 사용된다. 가공치즈의 원재료이기도 하다.

레드체다 치즈

영국 서머싯주 체다가 원산지이다. 체다 치즈를 아나토색소로 착색시킨 것으로, 현재 세계 곳곳에서 제조하고 있다. 영국산은 약간 진하기 때문에 햄버거에는 가벼운 맛의 뉴질랜드산이 선호된다.

카망베르 치즈

프랑스 노르망디 지방이 원산지로 흰곰팡이 타입이다. 크리미해서 먹기 편하고 인기가 많다. 햄버거에 사용되는 경우가 드문데, 사이드디시로 사용할 때는 품질이 안정적인 롱라이프 타입을 고른다.

마스카르포네 치즈

이탈리아가 원산지인 프레시 타입이다. 이탈리아 디저트 티라미수의 재료로 알려져 있다. 주로 제과용으로 사용하며 일반적인 햄버거에는 별로 사용하지 않는다. 크리미한 맛을 더하고 싶을 때 쓴다.

콜비잭 치즈

미국이 발상지로, 담백하고 부드러운 맛의 몬트레이잭과 레드체다 같은 감칠맛의 콜비가 합쳐져서 보기 좋은 마블무늬를 띤다. 가성비가 높아 유용하다.

고르곤촐라 치즈

이탈리아가 원산지인 푸른곰팡이 타입이다. 세계 3대 블루치즈 중 하나로, 부드러우며 푸른 곰팡이의 자극이 적당하다. 햄버거나 사이드디시에 녹여서 소스 상태로 사용한다.

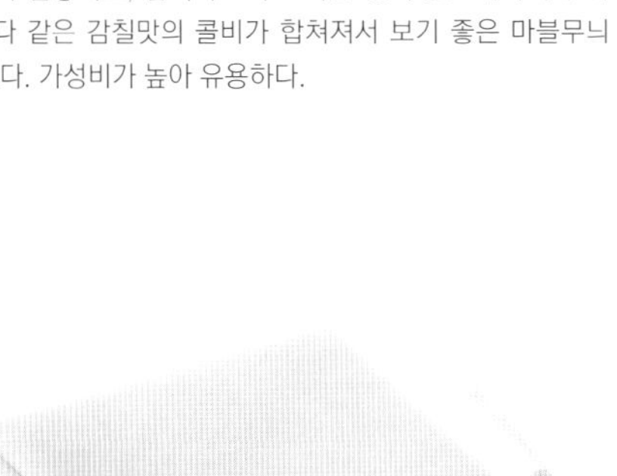

몬트레이잭 치즈

미국 캘리포니아주의 몬트레이가 발상지인 세미하드 타입이다. 담백하고 순한 맛으로 미국에서는 가장 대중적인 치즈 중 하나다. 가열하면 풍미가 더해지므로 치즈버거에 적합하다.

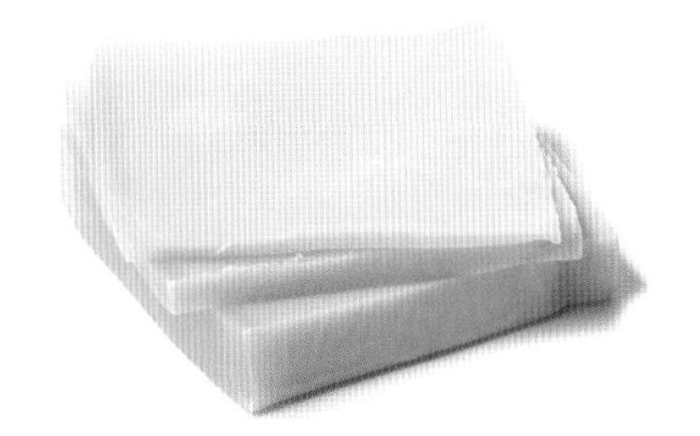

에멘탈 치즈

스위스가 원산지로 하드 타입이다. 치즈 퐁듀에 사용되는 치즈로, 치즈아이라 불리는 크고 작은 구멍이 있는 것이 특징이다. 요시자와 스타일에서는 고기와 가장 어울리는 치즈로서 여러 레시피에 사용하고 있다.

SAUCE
수제소스

햄버거 맛의 핵심인 소스는 번거롭더라도 직접 만들어 사용하면 가게만의 개성을 어필할 수 있다.
하나하나 직접 만들지 않고, 베이스에 악센트를 주는 시판소스를 넣어도 좋다.

TARTAR SAUCE
수제소스❶ 타르타르소스

FUNGO 시대부터 전해 내려온 오퍼레이션.
요시자와 스타일의 맛을 묵묵히 받쳐주는 역할의 소스다.
포인트는 소스를「그대로 먹으면 완벽하지 않은 맛」이라는 점.
햄버거로 완성시킬 때에야 다른 재료와 합쳐지고
입속에서 조미되어 그 진가를 발휘한다.

재료

딜피클(SO) … 1캔(500g / 약 11개)
양파 … 5개
마요네즈 … 150g
케첩 … 2큰술
레몬 … 1/2개
발사믹 … 3큰술
소금 … 적당량
검은 후추 … 적당량

만드는 방법

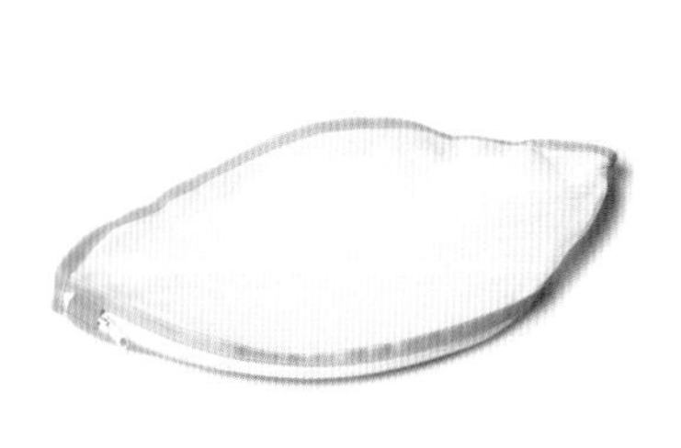

100엔 숍에서 구입할 수 있는 세탁용 망(볼의 지름 크기)을 2개 준비하면 편리하다. 하나는 양파용, 다른 하나는 피클용이다. 물에 담그거나 물기를 짤 때 내용물이 흩어지지 않아서 사용이 편리하다.

1 양파는 껍질을 벗겨 적당한 크기로 썬다. 푸드프로세서에 넣어 뚜껑을 덮고, 양파를 간다.

만드는 방법

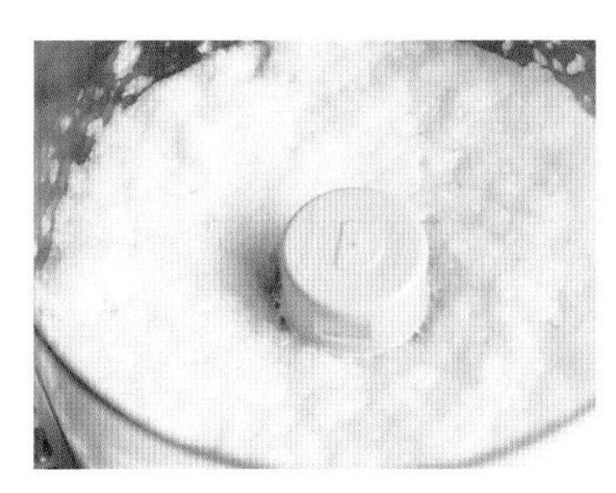

2 굵은 입자가 될 때까지 양파를 푸드프로세서로 간다. 몇 번에 나눠 갈아야 입자를 고르게 만들 수 있다.

3 세탁용 망은 미리 씻어두고, 지퍼를 연 상태로 볼 안에 세팅한다. 스패출러로 양파를 옮겨 담고 지퍼를 닫는다.

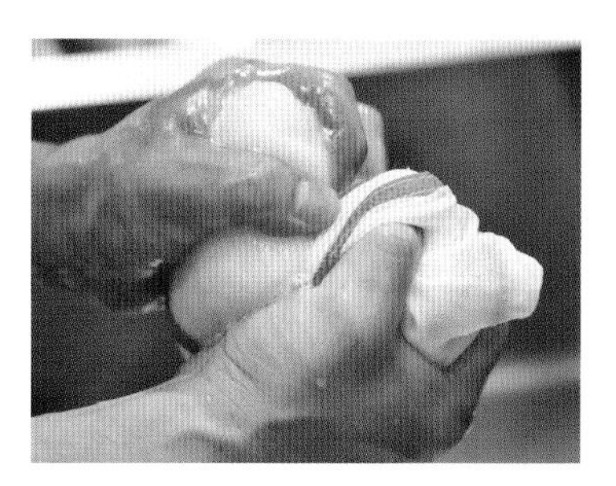

4 양파가 들어간 세탁용 망을 1번 힘껏 짠다. 볼에 물을 붓고, 양파를 넣은 세탁용 망을 물에 담근다.

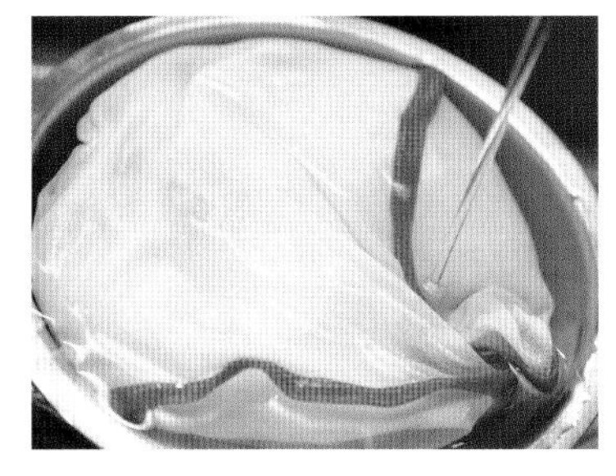

5 반나절에서 하룻밤 담그는 것이 최선이지만, 단시간에 해야 하는 경우 여러 번 짜면서 물에 헹구는 작업을 반복한다. 양파의 매운맛과 끈적임이 사라진다.

6 딜피클은 마구썰기해서 푸드프로세서에 넣고 양파와 같은 크기로 간다. 양파처럼 세탁용 망에 딜피클을 옮겨 담고 지퍼를 닫는다.

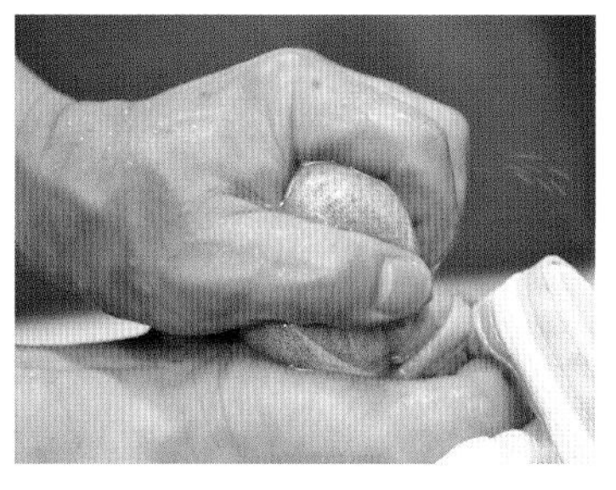

7 딜피클을 넣은 세탁용 망을 수분이 알맞게 남도록 짠다. 딜의 풍미가 포인트이므로 물에 담그지 않고 짜기만 한다.

8 짠 양파와 딜피클을 큰 볼에 넣는다. 주걱으로 헤치면서 골고루 섞은 후 레몬즙, 소금, 검은 후추를 넣고 다시 섞는다.

9 마요네즈, 케첩, 발사믹을 넣고 골고루 섞는다. 소금, 레몬즙, 발사믹으로 신맛과 짠맛을 조절한다. 너무 진한 맛이 되지 않게 주의한다.

10 타르타르소스 베이스 완성. 약간 걸쭉한 페이스트 상태로, 발사믹에 의해 약간 진한 색으로 완성된다. 냉장보관으로 1주일 정도 보관 가능하다.

사용 방법

1 사용할 때는 타르타르소스 베이스에 재료를 넣고 섞는다. 그릇에 [타르타르소스(베이스):마요네즈=1:2]의 비율로 섞는다.

2 이 상태로는 물이 나와 보관이 어려우므로, 매번 필요한 양만큼 섞는 편이 좋다. 에그샐러드 등과 섞어도 맛있다.

TYPE I GORO'S BBQ SAUCE

수제소스❷ BBQ소스

고로즈버거 기반의 햄버거에 주로 사용하는 오리지널 소스다.
시판 BBQ소스에 신맛과 단맛을 더한다.
당시에는 이 소스 외에도 2가지 패턴을 더 만들었다.(레시피 p.204 참고)

재료

BBQ소스(Hunt's 허니히코리) … 1병
요시다구르메소스 … 1/2병
케첩(Heinz) … 6~7큰술
프렌치머스터드(Heinz) … 2큰술
씨겨자(마이유) … 1큰술
꿀 … 6~7큰술

만드는 방법

1 볼에 BBQ소스(Hunt's 허니히코리) 1병 분량과 요시다구르메소스 1/2병 분량을 넣는다.

2 케첩, 프렌치머스터드, 씨겨자, 꿀을 넣고 거품기로 섞는다.

3 깔때기를 활용해, BBQ소스가 들어 있던 병에 담고 냉장보관한다. 필요한 만큼 디스펜서 등에 넣어가며 사용한다.

KILLER TOMATO SAUCE
수제소스❸ 킬러토마토소스

「GORO'S★DINER」의 메뉴인 킬러버거에 사용하는 토마토소스다.
매장이 있던 가이엔마에의 「킬러 거리」에서 이름을 따왔다. 케첩과는 또 다른 감칠맛을 가진다.

재료

A | 마늘 … 100g

B | 양파 … 1㎏
당근 … 1㎏
셀러리 … 3줄기

다이스드토마토(통조림) … 2.5㎏
데미그라스소스(Heinz) … 840g
케첩(Heinz) … 250g
화이트와인 … 1/2병
레드와인 … 1/2병
치킨콘소메(크노르) … 7큰술
꿀 … 7큰술
월계수잎 … 4~5장
타바스코 … 30㎖
퓨어올리브오일 … 적당량

만드는 방법

1 A의 마늘을 푸드프로세서로 갈아 곱게 다진다.
2 B의 채소를 순서대로 푸드프로세서에 갈고, 큰 볼에 모두 함께 넣어둔다.
3 내열냄비에 1의 마늘과 퓨어올리브오일을 넣고, 약불로 볶다가 향이 나면 2의 채소를 넣고 센불로 볶는다.
4 채소가 투명해지면 화이트와인과 레드와인을 넣고 알코올을 날린다.
5 토마토를 넣어 섞은 후 데미그라스소스, 케첩, 치킨콘소메, 월계수잎을 넣고 끓인다.
6 끓으면 중불에서 약불로 줄이고, 꿀을 넣어 2/3분량이 될 때까지 졸인다. 타바스코를 넣고 다시 졸인다.
7 1/2분량이 되면 마무리한다.

CHILLI MEAT SAUCE
수제소스❹ 칠리미트소스

햄버거 토핑이나 사이드메뉴에 모두 사용할 수 있는 고기소스다.
미트패티나 토마토를 밑손질하고 남은 자투리도 사용할 수 있는 일석이조의 소스.

재료

다짐육(소고기, 돼지고기) … 2㎏

A | 오크라 … 20개(꼭지 제거 후 마구썰기)
피망 … 420g(씨 제거 후 마구썰기)
다이스드토마토(통조림) … 1.5㎏

B | 다진 마늘 … 50g
퓨어올리브오일 … 50g

C | 칠리파우더 … 110g
가람마살라파우더 … 20g
카이엔파우더 … 5g
코리앤더파우더 … 8g
타임파우더 … 6.5g
바질파우더 … 6.5g
큐민파우더 … 4.5g
검은 후추(굵게 간 것) … 7.5g
오레가노(홀) … 0.5g
월계수잎 … 2장

우스터소스 … 250g
초코시럽 … 60g
소금 … 12g

만드는 방법

1 A의 피망과 오크라를 푸드프로세서로 간 다음, 다이스드토마토(자투리 토마토도 함께)도 넣고 간다.
2 C의 향신료를 볼에 섞어둔다.
3 B의 마늘을 내열냄비에 넣고 퓨어올리브오일로 약불에서 볶는다. 향이 나기 시작하면 다짐육을 넣고 나무주걱으로 헤치면서 볶는다.
4 고기가 익기 시작하면 2의 향신료를 넣고, 센불로 골고루 섞으면서 볶은 후 1을 넣는다.
5 우스터소스와 초코시럽을 넣고, 끓으면 약불~중불로 불조절을 하면서 수분이 없어질 때까지 끓인 후 소금으로 간을 한다. 냄비바닥 부분에 눌어붙지 않도록 가끔씩 나무주걱으로 바닥을 긁듯이 섞어준다.

햄버거 토핑으로 사용할 때는, 패티가 완성되는 타이밍에 맞춰 칠리미트를 양면이 눌어붙을 만큼 그리들에 구워서 사용하면 더욱 고소한 풍미가 난다.

HOMEMADE KETCHUP
수제소스⑤ 수제케첩

재료

다이스드토마토(통조림) … 1캔(400g)
양파(듬성듬성썰기) … 1/2개
다진 마늘 … 1~2쪽 분량
삼온당 … 1.5큰술
굵은 소금 … 1작은술
월계수잎 … 1장
화이트와인비네거(또는 사과식초) … 1~2작은술
퓨어올리브오일 … 적당량

만드는 방법

1 마늘과 퓨어올리브오일을 냄비에 넣고 약불로 볶는다. 마늘향이 나면 양파를 넣고, 중불~센불로 양파가 투명해질 때까지 볶는다.
2 다이스드토마토, 삼온당, 굵은 소금, 월계수잎을 넣고, 끓어오르면 약불로 줄이며 수분이 없어질 때까지 졸인다.
3 화이트와인비네거(또는 사과식초)를 넣고, 소금으로 간을 한 후 불을 끈다.(※ 뜨거운 상태에서는 짠맛이 강하게 느껴지므로 주의한다.)
4 핸드믹서 등으로 섞고, 부드러워지면 용기에 옮겨 담은 후 남은 열을 제거한다. 표면에 비닐랩을 씌워 냉장고에 보관한다.

SALSA SAUCE
수제소스⑥ 살사소스

재료

토마토 … 1개
다이스드토마토(통조림) … 180cc
양파(또는 적양파) … 1개
코리앤더 … 적당량
라임 … 1개
할라피뇨 … 2~3개 분량(취향에 맞게)
다진 마늘 … 1쪽 분량
카이엔페퍼 … 적당량
소금 … 적당량

만드는 방법

1 양파를 굵게 다진다.
2 할라피뇨를 양파와 같은 정도의 크기로 자르고, 코리앤더는 듬성듬성 썬다.
3 토마토는 뜨거운 물에 데쳐서 껍질을 벗기고 반으로 자른다. 씨를 제거하고 가로세로 1㎝로 네모나게 썬다.
4 볼에 모든 재료를 넣고, 가볍게 섞은 후 라임을 짜 넣는다. 매운맛이 부족하면 카이엔페퍼을 넣어 취향에 맞게 조절한다.
5 소금으로 간을 한다.

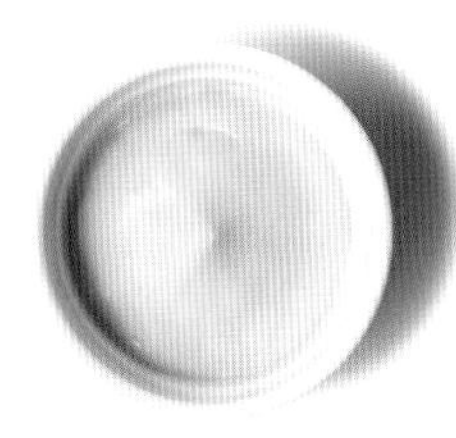

HOMEMADE MAYONNAISE
수제소스⑦ 수제마요네즈

재료

달걀노른자(상온보관) … 2개 분량
식용유 … 400g
굵은 소금 … 6g
흰 후추 … 0.5g
화이트와인비네거(또는 사과식초) … 30g
프렌치머스터드 … 30g

만드는 방법

1 바닥이 평평한 원추형 컵(핸드믹서용이 좋다)에 노른자, 굵은 소금, 흰 후추, 식용유 1/2분량을 넣고, 핸드믹서로 달걀노른자가 보이지 않도록 섞어 유화시킨다.
2 나머지 식용유를 조금씩 더하면서, 분리되지 않게 핸드믹서로 섞는다. 마지막에 화이트와인비네거(또는 사과식초)와 프렌치머스터드도 넣고 골고루 섞는다.
3 유화되면 간을 하고 용기에 담는다. 표면에 비닐랩을 씌워 냉장고에 보관한다.

GUACAMOLE SAUCE
수제소스⑧ 과카몰리소스

재료

아보카도(큰 것) … 1개
양파(또는 적양파 / 작은 것) … 1개
토마토 … 1개
할라피뇨 … 1개
코리앤더 … 적당량
라임즙 … 2큰술
파프리카파우더 … 적당량
갈릭파우더 … 적당량
소금 … 약 1꼬집
간장 … 적당량
우스터소스 … 적당량
타바스코 … 적당량
꿀 … *맛의 비법이므로 취향에 맞게 넣는다.

만드는 방법

1 양파는 잘게 썬다. 토마토는 뜨거운 물에 데쳐 껍질을 벗기고, 씨를 제거한 후 다진다.
2 할라피뇨, 코리앤더도 각각 잘게 썰어 1과 함께 볼에 넣고 가볍게 섞는다.
3 아보카도는 씨와 껍질을 제거하고 2에 넣는다. 포크 등 쪽으로 아보카도를 으깨면서 섞는다. 아보카도 색이 변하지 않도록 라임을 짜 넣고 가볍게 섞는다.
4 파프리카파우더, 갈릭파우더, 소금, 간장, 우스터소스, 타바스코, 꿀을 넣어 맛을 조절한다.
5 비닐봉지에 담고, 공기를 뺀 후 묶어서 보관한다. 비닐봉지 모서리 부분을 원하는 크기로 자르고, 생크림 짜는 요령으로 사용하면 과카몰리의 색이 잘 변하지 않고 사용이 쉽다.

HONEY MUSTARD SAUCE
수제소스⑨ 허니머스터드소스

재료

프렌치머스터드 … 100g
씨겨자 … 50g
꿀 … 1큰술
화이트와인비네거 … 40g
소금 … 조금
상백당 … 150g
물 … 60~75cc

만드는 방법

1 상백당과 물을 작은 냄비에 넣고 끓인다. 설탕이 녹으면 식혀둔다.
2 프렌치머스터드, 씨겨자, 꿀, 화이트와인비네거를 볼에 섞고, 1도 섞은 후 소금으로 간을 한다.

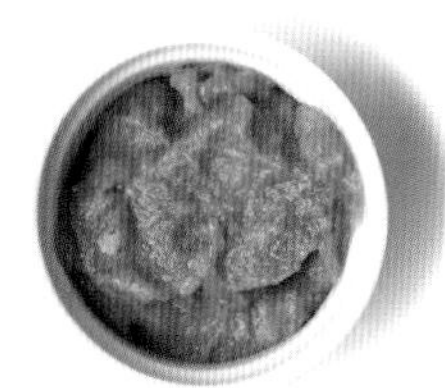

BROWN GRAVY SAUCE
수제소스⑩ 브라운그레이비소스

재료

마늘 … 5~6쪽
양파(슬라이스) … 5개
퓨어올리브오일 … 적당량
비프그레이비 … 3큰술
치킨콘소메(고형) … 3개
간장 … 180cc
물 … 4ℓ
버터 … 50g
밀가루 … 180cc
식용유 … 130cc
전분가루 … 적당량

만드는 방법

1. 냄비에 칼등으로 으깬 마늘을 넣고, 퓨어올리브오일을 적당량 넣어 약불로 볶는다. 향이 나면 양파를 넣고 센불에 볶는다.
2. 다른 냄비에 버터를 녹이고, 밀가루를 넣어 나무주걱으로 저으면서 식용유를 조금씩 더한다. 베샤멜소스를 만드는 요령으로 노릇한 색이 될 때까지 볶는다.
3. 양파가 노릇한 색이 될 때까지 볶은 후 **2**를 넣고 섞는다.
4. 물을 조금씩 부어가며 거품기로 섞어 한소끔 끓인 후 간장, 치킨콘소메, 비프그레이비를 넣고 1/2 분량이 될 때까지 센불로 끓인다.
5. 맛이 부족하면 간장으로 간을 하고, 핸드믹서로 덩어리가 없어질 때까지 섞는다.
6. 전분가루를 물(분량 외)에 풀어 넣고, 늘어질 정도로 걸쭉해지면 센불로 한소끔 끓인 후 불을 끈다.

TERIYAKI SAUCE
수제소스⑪ 데리야키소스

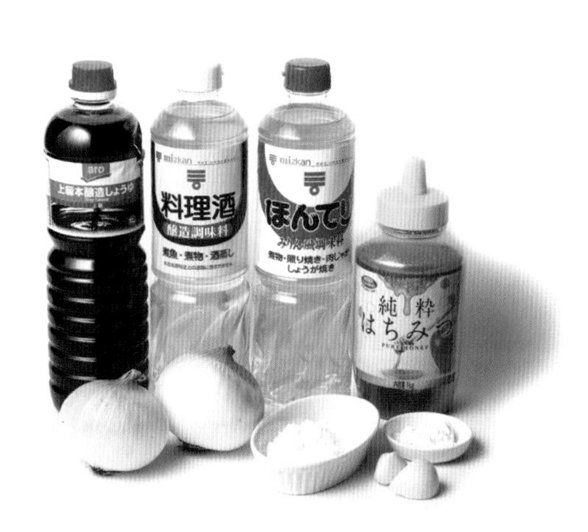

재료

A
- 청주(요리술) … 250cc
- 맛술 … 250cc
- 간장 … 500cc
- 삼온당(또는 상백당) … 250cc(계량컵)
- 마늘 … 2~3쪽
- 양파 … 2개(듬성듬성썰기)

꿀 … 90cc

B
- 전분가루 … 적당량
- 물 … 적당량

만드는 방법

1. 냄비에 **A**를 넣고 1/2 분량이 될 때까지 센불~중불로 졸인다.
2. 약불로 줄이고 꿀을 넣는다. 거품이 끓어오르면 불을 끈다.
3. 핸드믹서로 갈아서 전체가 소스 상태가 되면, 다시 불에 올려 거품기로 섞으면서 물전분 **B**를 넣는다. 늘어질 정도로 걸쭉해지면 센불로 한소끔 끓이고 불을 끈다.

SEASONING
기본 시즈닝

햄버거에 수제시즈닝만 사용하지는 않는다.
시판되는 기본 시즈닝 재료도 특성을 잘 파악하여 구분해서 사용하면 독창적인 맛을 낼 수 있다.

여기서는 요시자와 스타일의 기본 시즈닝을 소개한다. 「수제시즈닝」과 「시판 제품」을 어떻게 구분해 사용하는지 염두에 두고 읽으면 좋다.
개성을 강조하고 싶은 햄버거라면 주요 시즈닝 재료로 수제케첩이나 수제마요네즈를 사용한다. 맛의 차이가 더해져 고유의 풍미를 자아내기 때문이다. 반면 대량으로 만들어두는 소스 등에는 기성 시판제품을 배합해 사용하기도 한다. 보존성면에서 훨씬 뛰어난 경우도 있기 때문이다. 신념이나 이상도 좋지만 효율과 경영면에서 균형을 잡고 융통성 있게 구분하여 사용할 필요가 있다.
요시자와가 「GORO'S★DINER」에서 선보였던 햄버거의 압도적인 독창성은, 패티나 그 밖의 재료를 케이준스파이스와 카레파우더로 맛을 냈다는 데서 나온다. 미국식 고기요리에 대부분의 일본인에게 친숙한 카레향을 더한, 「일본인에 의한 일본의 햄버거」를 제안했던 것이다.

소금
미트패티의 밑간으로 사용하는 경우 미네랄이 풍부한 굵은 소금을 사용한다. 그러나 미트패티를 구울 때 요시자와가 사용하는 소금은 정제염이다. 감칠맛 성분을 보충하는 것보다 원하는 부분이 눅눅해지지 않게 뿌리는 것이 우선이다.

검은 후추
밑손질할 때는 맛과 향에 악센트를 주기 위해 굵게 간 것을 사용한다. 요리를 완성할 때, 향을 더하거나 비주얼을 강조할 때는 그라인더로 직접 갈아 사용한다. 손으로 거칠게 부숴서 토핑에 사용하기도 한다.

버터
양파를 구울 때 양파와 그릴에 모두 버터를 바른다. 채소나 미트패티의 수분에 영향을 받지 않도록 번의 자른 면을 코팅하거나 감칠맛, 깊은 맛과 풍미를 더하기 위해서다.

머스터드
마이유사의 씨겨자와 하인즈사의 프렌치머스터드을 함께 사용한다. 블렌딩해서 사용하기도 한다. 씨겨자는 톡톡 튀는 알갱이 느낌이 있기 때문에 그런 식감이 필요할 때 사용한다. 페이스트 상태의 머스터드는 풍미와 신맛을 더할 때 사용한다.

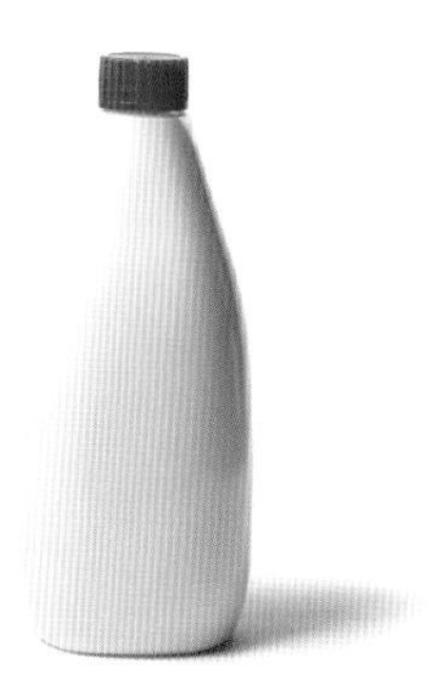

마요네즈

시판제품과 수제를 구분해 사용한다. 각종 소스 등에 넣을 때는 보존성이 좋은 시판제품을 사용한다. 신상품이라서 맛의 밸런스 조정이 필요한 햄버거에는 수제품을 사용하면 목표로 하는 맛에 다가가기 쉽다.

케첩

햄버거나 사이드메뉴 등의 맛에 결정적인 역할을 하며, 중요한 포인트에는 수제를 사용한다. 프렌치프라이나 어니언링에 하인즈 케첩을 곁들이면 미국적인 맛을 느낄 수 있다.

스위트렐리쉬

렐리쉬는 피클을 잘게 다진 것이다. 달콤한 스위트렐리쉬와 허브향이 있는 딜피클을 용도에 맞게 고른다. 스위트렐리쉬와 마요네즈을 함께 사용해, 입안에서 타르타르소스를 완성시키는 사용법도 있다.

발사믹

숙성에 의한 감칠맛과 단맛이 있기 때문에, 졸여서 양고기패티와 칠면조패티의 소스로 만들거나 샐러드드레싱으로 직접 뿌려 사용하기도 한다. 수제 마요네즈나 타르타르소스를 만들 때 숨은 맛의 비결로도 사용된다.

BBQ소스

요시자와는 용도별로 「햄버거용」, 「숯불조리 및 조림용」, 「스페어립, 풀드포크용」 등 3가지를 만든다. 조리과정에서 숯을 사용하는 경우에는 훈연향이 없는 제품을 사용한다.

수제구르메

햄버거용 BBQ소스 제조에 사용한다. 재료를 계속 더해가며 대량으로 만들기 때문에, 로트마다 균일한 맛을 내야 하므로 여기서는 허니히코리의 훈연향이 좋은 미국 스타일의 시판제품을 사용한다.

케이준폴트리

케이준 믹스스파이스. 다양한 브랜드가 있으므로 원하는 맛을 선택한다. 요시자와는 미국 남부풍 스파이스와 조합한 「셰프 폴 프뤼돔스 폴트리 매직(Chef Paul Prudhomme's Poultry Magic)」을 사용하고 있다. 현재 판매 종료되었다.

카레파우더

미트패티에 정석인 너트맥이 아니라 일본인에게 친숙한 감칠맛 나는 풍미를 찾다가 도달한 향신료다. 기본적으로 냄새를 없애주고, 고기재료의 상태에 따라 숨은 맛의 비결로 사용된다.

갈릭파우더

어니언파우더, 파프리카파우더와 함께 미국요리에서 밑손질에 반드시 사용하는 정통향신료다. 가루는 아린 맛이 없고 부드러우며 골고루 잘 섞인다. 식감이 필요할 때는 생마늘을 쓰는 등 구분해서 사용한다.

사과식초

조림이나 풀드포크를 만들 때, 일본인에게 친숙한 풍미를 내고 싶을 때, 부드러운 신맛을 원할 때 쌀식초와 함께 사용한다. 샐러드드레싱에도 사용한다. 식초는 계절에 따라 여러 종류를 구분하여 사용한다.

화이트와인비네거

식초류는 특별히 한 종류를 정해서 사용하지 않고, 필요에 따라 구분하여 사용한다. 화이트와인비네거는 시저드레싱, 프렌치드레싱, 안초비소스, 수제피클 등 강한 맛을 내고 싶지 않을 때 선택하는 경우가 많다.

TOPPING

토 핑

번, 미트패티, 기본 채소와 소스 외에 무엇을 넣을까?
가게의 개성을 토핑으로 표현할 수 있다.
베이컨이나 콘비프 등, 직접 만들어서 가게의 독창적인 맛을 내 보자.

햄버거의 기본 구성은 번, 미트패티, 그리고 양상추, 토마토, 양파 등의 채소류다. 거기에 마요네즈, 버터, BBQ소스처럼 볼륨보다 기본적인 맛을 내는 소스를 넣는다. 여기까지가 가게의 기본 스타일인 「기본 햄버거」이며, 이후부터가 「토핑」에 속한다. 즉, 기본 햄버거에다 손님이 취향에 맞게 넣어 악센트를 주는 재료가 토핑이다.
대중적인 토핑으로 베이컨, 치즈, 칠리미트 등이 있다. 기본 햄버거와 궁합이 맞는 토핑을 미리 적절한 순서로 조립해 「베이컨 치즈버거」 등의 메뉴를 만들 수 있다. 다른 대중적인 토핑으로는 앞으로 나올 사진과 같은 재료가 있다. 기본적으로 토핑 외에는 사용할 수 없는 것, 시간이 지나면 질이 떨어져 사용할 수 없는 것은 최대한 피한다. 날것이든 가열하든 다양한 용도로 사용할 수 있는 것, 또는 보존성이 뛰어난 것을 선택해야 한다.

달걀프라이

작은 프라이팬이나 그리들에 낮은 온도로 굽는다. 서니 사이드 업(Sunny Side Up / 한 면만 익히기) 또는 오버 이지(Over Easy / 양면 익히기=양면을 뒤집어서 적당히, 노른자는 겉만 익히기)로 익히는 것이 일반적이다.

아보카도

인기 많은 토핑. 날것이든 굽든 햄버거 토핑으로 최고다. 깍둑썰기와 슬라이스는 식감이 다르다. 큼직하고 모양이 좋은 것은 샐러드에 생으로 사용한다.

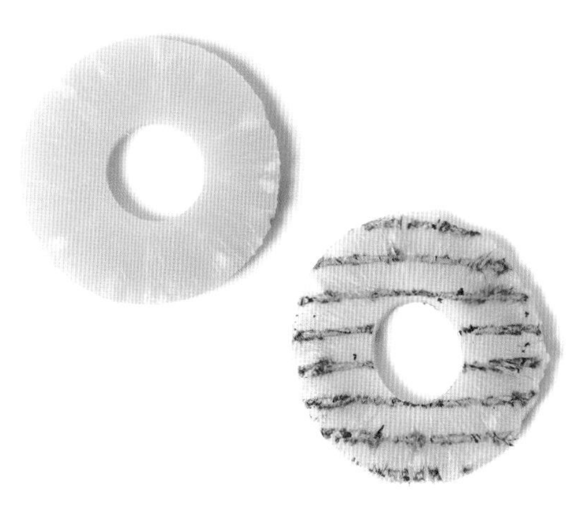

파인애플

생파인애플을 잘라서 사용하는 일은 별로 없고, 일반적으로 시럽에 절인 통조림을 사용한다. 그대로 조립하기도 하지만, 요시자와 스타일은 양면을 굽고 녹인 치즈로 코팅해서 뜨거운 상태로 사용한다.

할라피뇨

멕시코를 대표하는 청고추. 슬라이스 상태의 초절임한 병 제품이 분량 컨트롤이 쉽다. 너무 맵지 않기 때문에 과감히 사용해도 전체 풍미를 해치지 않는다. 산뜻한 매운맛이 난다.

드라이토마토

토마토를 건조시키면 감칠맛이 응축되고 보존성이 좋아진다. 생토마토가 햄버거 속 수분조절 역할도 하지만, 수분을 필요로 하지 않는 구성에는 드라이토마토가 편리하다.

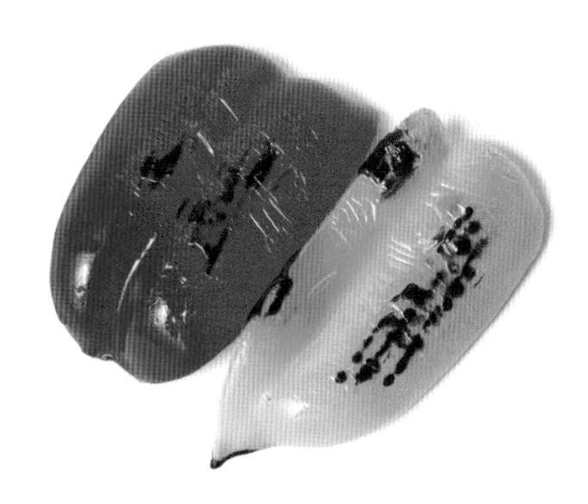

파프리카

붉은색과 노란색의 조합이 보기 좋으며, 두툼한 과육과 살짝 달콤한 맛이 준주연급인 토핑채소다. 숯불로 구워 햄버거 토핑으로 사용할 수 있으며, 남으면 조려서 사이드메뉴로 사용할 수도 있다.

양송이버섯

햄버거 토핑으로는 양파와 함께 다양한 양념으로 볶아서 사용할 때가 많다. 굽거나 화이트소스와 함께 조리는 등 활용도가 높은 재료다.

HOMEMADE SMOKED BACON

토핑❶ 수제 베이컨

햄버거에서 베이컨은 빠질 수 없다.
수제 샤르퀴트리(Charcuterie / 육가공품) 파트의 첫걸음은 베이컨으로 시작하는 경우가 많다.
고기재료, 향신료, 훈연칩 등을 선택하거나 제조과정 등으로 개성을 더할 수 있다.

재료

돼지고기 삼겹살(덩어리) … 1덩어리(약 4㎏)
굵은 소금 … 200g
삼온당 … 200g
검은 후추 … 1큰술
너트맥파우더 … 2작은술
시나몬파우더 … 2작은술
정향파우더 … 2작은술
갈릭파우더 … 3작은술
월계수잎 … 5~6장

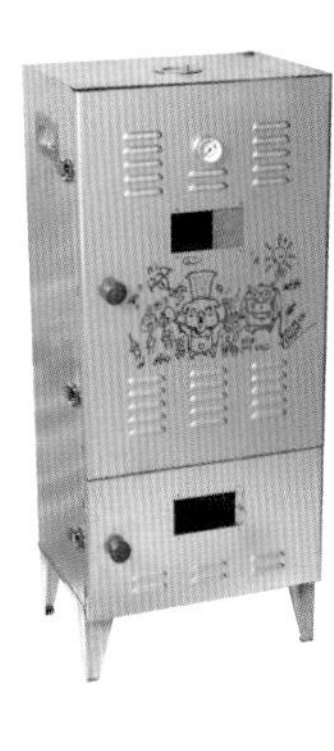

스모커

수제버거 업계에서 가장 대중적인 알테크서비스사의 스모커. 베이컨 1덩어리에 딱 맞는 크기여서 좋다. 유지보수 역시 편리한 필수품이다.

만드는 방법

1 시즈닝 재료를 계량해서 볼에 모두 담고 골고루 섞는다. 월계수잎은 가로세로 1㎝로 네모나게 잘라, 다른 용기에 담아둔다.

2 삼겹살을 손질한다. 완성 후의 식감이나 수축 등을 고려해, 비계나 힘줄 등 방해가 되는 부위는 미리 제거해둔다.

3 삼겹살 전체에 포크나 쇠꼬챙이 등으로 구멍을 낸다. 조직의 결이 잘리는 것 외에도 맛이 쉽게 스며들어, 단시간에 베이컨을 만들 수 있다.

4 손질한 삼겹살을 트레이 등에 옮기고, 준비한 시즈닝 재료를 위아래 전체에 뿌린다. 표면 전체가 덮이도록 뿌린다.

5 갈비뼈를 제거한 부분의 틈에도 재료를 골고루 뿌리고, 손가락으로 정성껏 문지른다.

6 시즈닝 재료를 골고루 묻히고 월계수 잎을 붙여 잘 배게 한다. 전체적으로 골고루 붙여야 밸런스가 좋아진다.

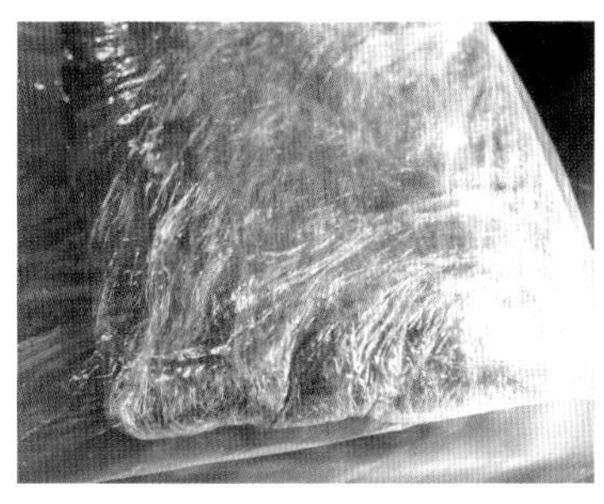

7 고기 전체를 비닐랩으로 빈틈없이 감싸고 두툼한 비닐봉지에 넣는다. 고기에서 수분이 새어 나오지 않도록 테이프 등으로 단단히 봉한다.

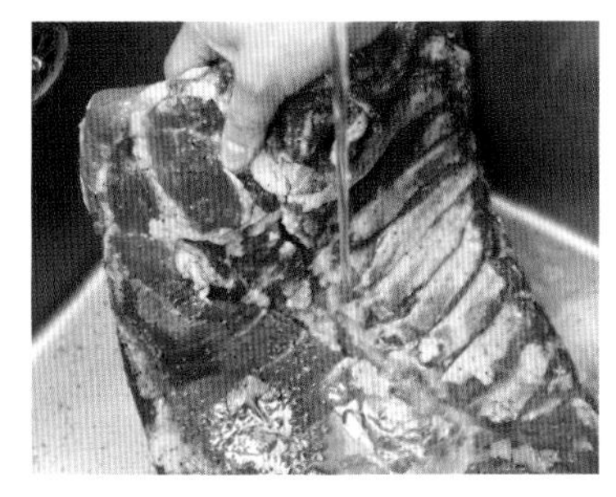

8 냉장고에 넣고, 중간에 몇 번 뒤집어가며 약 하루 반 동안 재운다. 그 다음 봉지에서 꺼내 가볍게 물로 씻는다. 소금기는 빼지 않는다.

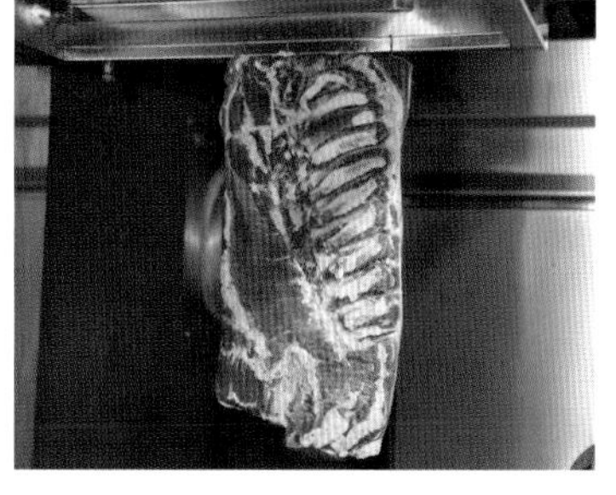

9 키친타월 등으로 물기를 닦아내고 표면을 말린다. 트레이에 담아 냉장고에서 말리거나, 그리들 등의 옆에 매달아두어 바람으로 말린다.

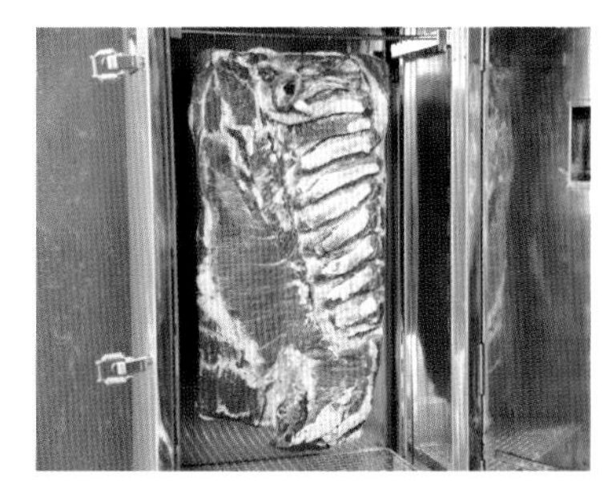

10 표면이 마르기 시작하면 스모커를 준비한다. 스모커 내부를 80℃까지 예열하고 삼겹살 덩어리를 매달아 1~2시간 데운다. 아직 스모크우드는 넣지 않는다.

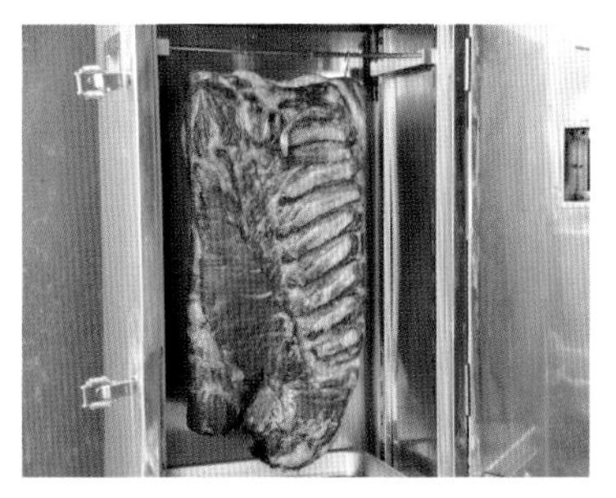

11 스모커 문을 열고 증기를 뺀 후, 30분~1시간 냉각하면서 삼겹살 덩어리를 건조시킨다. 이때까지도 스모크우드는 넣지 않는다.

12 트레이에 스모크우드 1/2개를 올린 후 불을 붙이고, 전열 스토브 위에 올려 훈연한다. 불에 모두 그을린 후에도 1시간 정도 삼겹살 덩어리가 완전히 식을 때까지 스모커 안에 그대로 가만히 둔다.

HOMEMADE LOIN HAM

토핑❷ 수제햄

수제햄은 고기재료의 선택, 염분 농도, 허브 종류,
텍스처(식감), 훈연 유무 등을 자유롭게 조절할 수 있다.
햄버거뿐 아니라 맥주 등의 안주로도 사용한다.

재료

돼지고기 등심(또는 돼지고기 어깨등심)
… 1덩어리(약 3㎏)
굵은 소금 … 60g(고기 무게의 약 2%)
삼온당 … 60g(고기 무게의 약 2%)
세이지파우더 … 1작은술
검은 후추(굵게 간 것) … 1작은술
로즈마리(홀) … 1줄기
오레가노(홀) … 1작은술
갈릭파우더 … 1작은술

만드는 방법

1 트레이 등에 손질한 돼지고기 등심을 담고, 종이로 핏물을 닦아낸 후 필요하다면 밑손질한다. 포크나 쇠꼬챙이로 고기 전체에 구멍을 낸다.

2 볼에 시즈닝 재료를 모두 넣고 섞어둔다. 돼지고기 등심 전체에 재료를 모두 뿌리고 고르게 문질러 바른다.

3 비닐랩으로 고기 전체를 빈틈없이 감싸고, 두툼한 비닐봉지에 넣어 입구를 테이프로 봉한다. 냉장고에 약 하루~하루 반 동안 재운다.

4 절인 돼지고기를 봉지에서 꺼내, 시즈닝 재료가 약간 남을 정도로 가볍게 씻는다. 소금기는 따로 빼지 않는다.

5 물로 씻은 돼지고기 등심은 수분을 닦아내고 진공포장한다. 진공포장기가 없는 경우 비닐랩을 씌우고 지퍼백에 넣는다.

6 내열냄비에 물을 넉넉히 붓고 **5**의 돼지고기 등심을 넣는다. 중불로 약 65~70℃를 유지하면서 육즙이 투명해질 때까지 2~3시간 삶는다.

7 돼지고기 등심에서 빠져나온 육즙이 투명해지면 냄비에서 꺼내 봉지째 식힌다. 식으면 냉장고에 약 하루 동안 재운다. 완성.

손쉽게 훈연향 입히기

베이컨처럼 큰 덩어리가 아닌 경우, 전용 스모커를 사용하지 않아도 BBQ 그릴이나 미니 스모커로 훈연할 수 있다. 햄뿐 아니라 시판 베이컨이나 내추럴치즈 덩어리 등 다른 재료를 함께 완성할 수 있어서 사용이 편리하다. 훈연칩이나 훈연우드는 벚나무, 히코리 등이 대중적이며, 단품으로도 섞어서도 사용한다. 향을 내는 방법이나 색감이 다르기 때문에, 햄버거나 사이드메뉴의 맛에 어울리게 취향대로 고르면 된다. 사진(왼쪽 아래)과 같이 보온 지속성이 있는 「조개탄」을 열원으로 칩을 직접 올려놓으면 효율적으로 훈연할 수 있다.

HOMEMADE CORNED BEEF OR PORK

토핑❸ 수제 콘비프·콘포크

콘비프와 콘포크는 제조과정이 같다. 말하자면 「삶아서 소금에 절인 소고기」, 「삶아서 소금에 절인 돼지고기」이다. 고기의 식감이 살아있어서 햄버거의 주재료가 되기도 하며, 존재감 있는 사이드메뉴로도 사용할 수 있다.

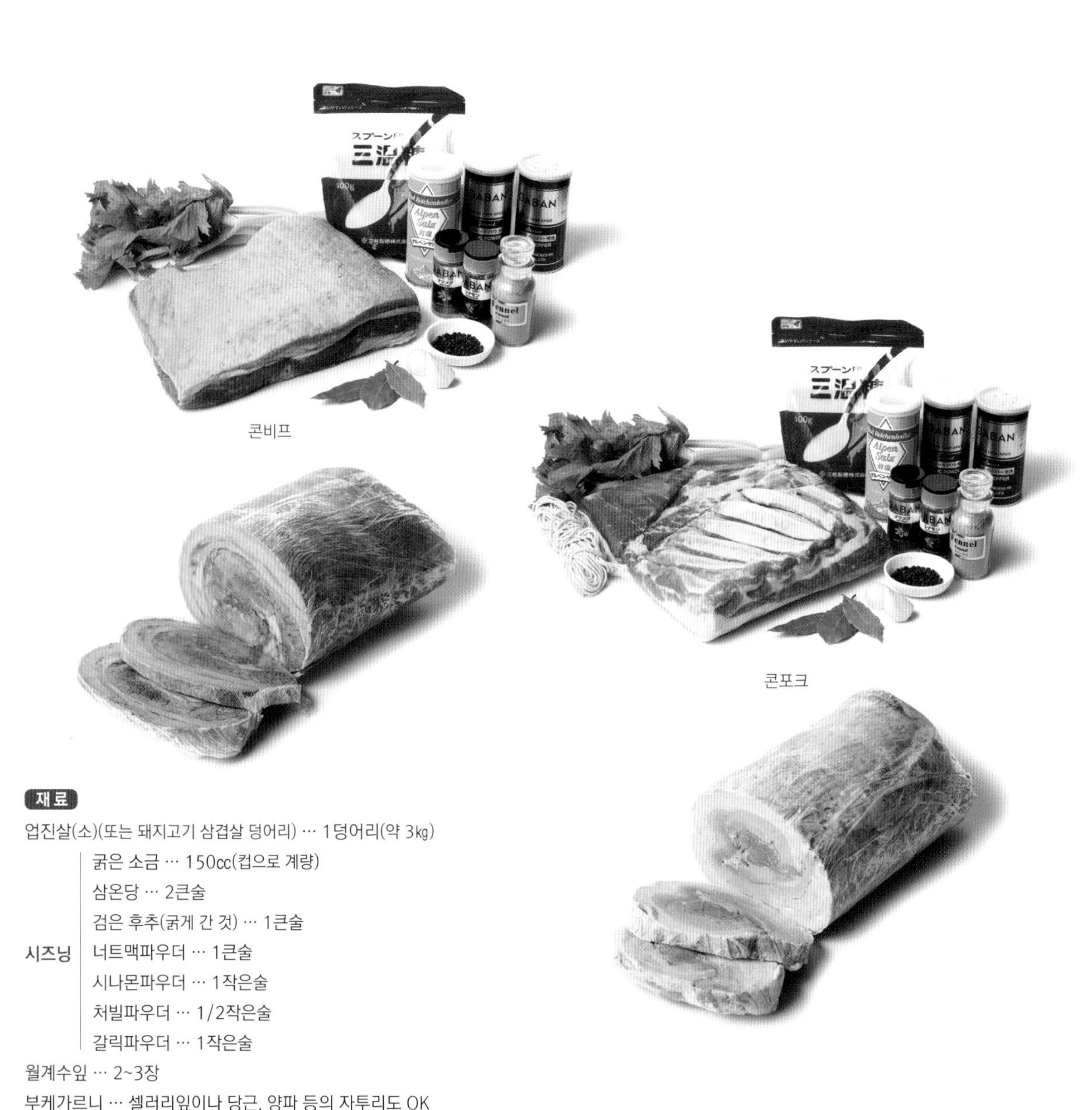

콘비프

콘포크

재료

업진살(소)(또는 돼지고기 삼겹살 덩어리) … 1덩어리(약 3㎏)

시즈닝
- 굵은 소금 … 150cc(컵으로 계량)
- 삼온당 … 2큰술
- 검은 후추(굵게 간 것) … 1큰술
- 너트맥파우더 … 1큰술
- 시나몬파우더 … 1작은술
- 처빌파우더 … 1/2작은술
- 갈릭파우더 … 1작은술

월계수잎 … 2~3장

부케가르니 … 셀러리잎이나 당근, 양파 등의 자투리도 OK

마늘 … 2~3쪽

조리용 실 … 적당량

※ 삶은 국물은 육수로 사용할 수 있다.

만드는 방법

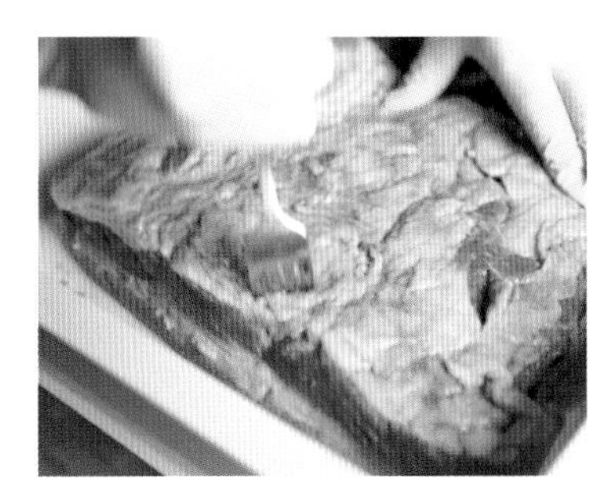

1 필요에 따라 고기를 밑손질한 후, 고기재료를 깨끗이 씻고 키친타월로 물기를 닦아낸다. 고기 전체에 포크나 쇠꼬챙이로 구멍을 낸다.

2 볼에 시즈닝 재료를 모두 섞어둔다. 고기 전체에 재료를 뿌려서 빈틈없이 전체에 꼼꼼히 바른다.

3 비닐랩으로 고기 전체를 빈틈없이 감싼 후, 두툼한 비닐봉지에 넣어 입구를 테이프로 봉한다. 냉장고에 약 1주일 재운다. 하루에 1번 아래위를 뒤집는다.

4 약 1주일 후 고기를 봉지에서 꺼내 물로 전체를 가볍게 씻는다. 트레이에 옮겨 담고, 키친타월로 물기를 확실히 닦아낸다.

5 지방쪽이 바깥이 되게 놓고, 고기재료의 긴 변을 안쪽으로 말아넣는다. 가장자리에 쇠꼬챙이 등을 꽂아 모양을 고정시킨다.

6 돼지조림과 같은 방법으로, 모양을 잡으면서 조리용 실로 단단히 묶는다. 묶은 후 쇠꼬챙이를 빼낸다.

7 내열냄비에 물을 넉넉히 붓고 고기를 넣은 후 월계수잎, 부케가르니, 마늘을 넣는다. 센불에 올리고, 끓으면 약불로 줄여 6~7시간 삶는다.

8 중간에 고기가 뜨면 속뚜껑 등으로 눌러 가라앉힌다. 꼬치로 찔렀을 때 잘 들어가면 불을 끄고 하룻밤 천천히 식힌다.

9 냄비 표면에 뜬, 하얗게 굳은 기름을 걷어내고 고기를 트레이로 꺼낸다. 트레이에 미리 철망을 깔아둔 다음 올려서 물기를 뺀다.

10 물기가 다 빠지면 조리용 실을 풀고, 비닐랩으로 고기 전체를 빈틈없이 감싸 모양을 잡는다. 냉장고에서 식히고 단단해지면 완성.

PULLED PORK

토핑❹ 풀드포크

풀드포크는 아메리칸 스타일 BBQ의 대표 메뉴 중 하나다.
최근 주목받는 토핑이기도 하다. 저온 BBQ 스모커로 돼지고기 덩어리를
부드러워질 때까지 푹 삶고, BBQ소스로 양념해서 내놓는다.

재료

돼지고기 목심 … 1덩어리(약 2~2.5㎏)
케이준스파이스 … 40~50g
큐민파우더 … 1큰술
검은 후추 … 적당량
소금 … 1~2작은술
파인애플주스 … 500cc
물 … 750g
간장 … 5g
우스터소스 … 15g
퓨어올리브오일 … 적당량
다진 마늘 … 4~5쪽 분량
수제BBQ소스(p.56) … 250g
꿀 … 2큰술

만드는 방법

1 돼지고기 목심을 자른다. 살코기 부분은 길이 6~10㎝ 정도의 막대모양으로 썰고, 지방은 가로세로 약 1㎝의 주사위모양으로 잘게 썬다.

2 볼에 시즈닝 재료를 모두 섞어둔다. 자른 지방과 살코기를 볼에 담고, 재료를 넣어 주물러 섞으면서 시즈닝한다.

3 고기가 자작자작 잠길 정도로 파인애플주스를 붓는다.

4 우스터소스와 간장을 넣는다.

5 잘 어우러지게 주물러 섞고 비닐랩을 씌워 30분~1시간 정도 재워둔다. 고기를 꺼내고 국물은 따로 보관해둔다.

6 냄비에 마늘과 퓨어올리브오일을 넣고 약불로 볶는다. 향이 나면 중불로 돼지고기 목심이 노릇해질 때까지 볶고, **5**의 양념국물과 물을 고기가 간신히 잠길 만큼 붓는다. 센불로 끓인다.

7 끓으면 속뚜껑(알루미늄 포일도 가능)을 덮고, 중불~약불로 수분량이 1/3 정도가 될 때까지 졸인다. 가끔씩 냄비바닥을 긁듯이 섞어준다.

8 수분량이 1/3이 되면 속뚜껑을 열고, 고기의 단단한 정도를 확인하면서 결이 살도록 나무주걱으로 으깨듯이 고기를 푼다.

9 완료. 고기 조각의 크기는 용도나 자신이 원하는 식감에 따라 조정한다.

10 BBQ소스를 둘러서 붓고 섞는다.

11 마지막에 꿀을 넣어서 원하는 정도로 단맛을 조절한다.

12 가볍게 한소끔 끓이면 완성. 남은 열이 식은 후 나누어서 냉동보관하면 사용이 편리하다.

BUILD

조 립

햄버거를 만들 때, 재료를 쌓듯이 겹쳐 올리는 과정을 「조립」이라고 한다.
극히 단순한 작업처럼 보이지만, 조립순서는
수제버거냐 아니냐를 가르는 경계선이 될 정도로 중요하다.

각 파트를 적절한 상태로 조리했다면, 「조립(Build)」이 마지막 오퍼레이션이다. 패스트푸드 햄버거에서는 「드레스」라고 불리기도 한다. 햄버거 셰프는 「조립」이라고 표현하는 경우가 많다. 칵테일에서도 쓰는 말이라 떠올리기 쉬울 듯하다.
조립 타입의 칵테일은 얼음, 베이스 술, 주스 등의 재료를 유리잔에 넣고 직접 섞어서 만든다. 햄버거도 힐 위에 재료를 쌓아올려가며 조립한다. 과정만 보면 칵테일과 햄버거는 같아 보인다. 그러나 그 원리는 조금 다르다.
칵테일은 기본적으로 재료가 섞인 것을 잔에 따른다. 하지만 햄버거는 모든 재료를 섞지 않고, 마지막에 씹는 동안 입안에서 섞인다. 즉 요리의 완성이 입안에서 이루어지며 「입안에 들어가는 순서에 따라 맛을 느끼는 방식이 달라진다」는 정말 신기하고 재미있는 현상이 일어난다. 햄버거를 입에 넣고 씹을 때까지의 복잡한 스토리를 만드는 것이 조립의 묘미다.
조립순서에 대해 설명해보자. 우선 햄버거 셰프는 손님이 먹었으면 하는 방향성을 의도해 만든다. 보통 스타일의 햄버거도 위아래에 번의 크라운과 힐이 있는 점은 똑같지만, 크게 구분되는 것은 지금부터다. 번의 힐이 닿은 다음 아랫입술, 그리고 혀에 닿는 것이 무엇인지에 따라 큰 차이가 생긴다. 결론부터 말하자면, 미트패티의 존재를 알리고 싶은 경우 미트패티를 맨 아래에 배치한다. 처음에 고기가 입으로 들어오는 쪽이 임팩트가 있기 때문이다. 반대로 밸런스를 표현하고 싶은 경우 채소를 아래, 그 위에 미트패티를 조립한다. 채소를 거쳐서 고기가 들어오는 편이 더 부드러운 인상을 주며, 맛의 어울림을 느낄 수 있기 때문이다.
이 방식은 섬세한 맛을 조율해갈 때도 효과적이다. 시험 삼아 2가지 햄버거를 만들어봤으면 좋겠다. 번과 미트패티만으로 플레인 타입을 만든다. 하나는 번의 힐에 버터만 바르고, 다른 하나는 버터와 마요네즈를 바른다. 시식해 보면 그 차이에 깜짝 놀라게 된다. 얇게 발랐을 뿐인데, 마요네즈가 들어가면 분명 맛이 더 진해진다. 더욱이 요시자와 스타일은 미트패티를 구울 때 소금과 향신료를 한쪽면에만 뿌리는데, 조립할 때 향신료 뿌린 면을 윗면으로 두느냐 아랫면으로 두느냐에 따라 맛에 큰 차이가 난다.
될 수 있는 한 단순한 구조로 비교해서, 맛에 어떤 차이가 생기는지 실제로 시험해보고 이해하는 과정이 중요하다. 조립에 대한 이해 없이는 수제버거를 만들 수 없다.

이미지	재료	분량
	번(크라운)	100g (힐 부분도 포함)
	마요네즈	18g
	체다 치즈	1장
	고다 치즈	1장
	케이준스파이스	적당량
	카레파우더	적당량
	검은 후추(굵게 간 것)	적당량
	소금(정제염)	적당량
	비프패티 (8~9㎜ 굵기로 다진 것)	1장
	카레파우더	조금
	검은 후추(굵게 간 것)	적당량
	소금(정제염)	적당량
	구운 양파	1장
	토마토슬라이스	1장
	양상추	20~25g
	타르타르소스	21g
	가염버터	10~15g
	번(힐)	

조립해가는 순서를 시각적으로 보여주는 것을 조립단계표라고 한다. 항목은 재료의 종류, 상태(양파의 경우, 날것인가 구운 것인가 등), 중량이다.
한 번 살펴보면, 대략적이기는 하나 어떤 생각에서 구성된 햄버거인지 한눈에 알 수 있다. 체인레스토랑에서는 오퍼레이션 매뉴얼의 마스터 아이템에 속하며, 작업과정(매뉴얼에서는 프로시저/procedure라고 표현)과 함께 설계도 역할을 한다.
또한 생양파를 슬라이스해서 그리들로 굽는 프로시저나, 양상추를 1장씩 떼어내고 접어서 세팅하는 프로시저는 오퍼레이션 매뉴얼에서 각각 별도의 파트로 설정되어 있다.
수제버거 가게는 오너인 햄버거 셰프가 직접 오퍼레이션하는 경우가 일반적이므로, 과정을 시각화하는 작업이 별로 이루어지지 않는다. 하지만 조립단계표를 통해 햄버거의 구성을 직원과 공유하는 일은, 단순히 상품의 지식뿐 아니라 자신의 매장 콘셉트에 대한 이해를 높인다는 의미에서도 유용하므로 꼭 만들어보기 바란다.

조립방법에 따라 어떻게 달라질까?

치즈버거

표지사진으로 선택된 「GORO'S★DINER」의 치즈버거 레시피. 조립순서는 가운데에 미트패티를 두는, 밸런스 위주의 배치다. 심플하지만 조화를 중시하는 스타일이다.

이미지	재료	분량
	번(크라운)	100g
	마요네즈	18g
	체다 치즈	1장
	고다 치즈	1장
	케이준스파이스	적당량
	카레파우더	적당량
	검은 후추(굵게 간 것)	적당량
	소금(정제염)	적당량
	비프패티 (8~9㎜ 굵기로 다진 것)	1장
	카레파우더	조금
	검은 후추(굵게 간 것)	적당량
	소금(정제염)	적당량
	구운 양파	1장
	토마토슬라이스	1장
	양상추	20~25g
	타르타르소스	21g
	가염버터	10~15g
	번(힐)	

만드는 방법

1 양상추와 토마토슬라이스를 준비해둔다.
2 구운 양파_ 그리들에 버터를 적당량 바르고 양파슬라이스를 올린다. 양파슬라이스 표면에도 버터를 적당량 바르고 소금, 검은 후추, 카레파우더를 적당량 뿌린다. 약 2분 후에 뒤집고 총 4분 정도 굽는다.
3 번을 굽는다. 크라운과 힐 모두, 자른 면을 그리들에 굽는다. 꺼내기 전에 겉면도 살짝 굽는다.
4 비프패티를 그리들에 올리고 소금, 검은 후추, 카레파우더, 케이준스파이스를 충분히 뿌린다. 구워진 상태를 확인하고 뒤집은 후 뚜껑을 덮어 총 3분 정도 굽는다. 미디엄레어로 굽는다.
5 미트패티에 고다 치즈와 체다 치즈를 반으로 잘라, 서로 다른 방향이 되도록 총 4장을 올린다. 완전히 녹아내리고 구운 색이 알맞게 들 때까지 토치로 그을린다.
6 구운 번의 힐 전면에 버터와 타르타르소스를 고르게 바른다. 크라운 전면에 마요네즈를 고르게 바른다.
7 번의 힐에 준비해둔 양상추와 토마토슬라이스를 올린다.
8 그 위로 구운 양파, 치즈가 녹은 미트패티를 그리들에서 옮겨 균형감 있게 올린다.
9 치즈 위에 크라운을 올리고, 살짝 눌러 모양을 다듬으면 완성.

치즈버거는 군더더기 없는 심플한 구성이지만, 만드는 사람의 생각과 가게의 상품에 대한 스탠스를 가장 단적으로 드러내는 메뉴다. 프로는 「미트패티의 위치, 치즈의 선택, 어떤 순서로 조립하여 밸런스를 잡을까」를 체크한다.
이 두 치즈버거는 미트패티를 어디에 두느냐에 따라 결정적으로 구분된다. 하나는 미트패티를 가운데 두는 밸런스형 배치(왼쪽)이고, 다른 하나는 미트패티를 아래쪽에 두는 고기 중심의 배치(오른쪽)이다. 미트패티의 위치로 위의 사항을 모두 판단할 수는 없지만, 이 치즈버거에서는 심플한 만큼 셰프의 「신념」을 알기에 충분한 재료다.
왼쪽 치즈버거의 조립순서는 「GORO'S★DINER」에서 제공하던 스타일로 패티뿐 아니라 채소, 소

햄버거가게를 평가할 때 기준이 되는 치즈버거를 예로 들어,
조립방법에 따라 어떻게 달라지는지 알아보자.

이미지	재료	분량
	번(크라운)	100g
	마요네즈	18g
	양상추	20~25g
	토마토슬라이스	1장
	카레파우더	적당량
	검은 후추(굵게 간 것)	적당량
	소금(정제염)	적당량
	구운 양파	1장
	고다 치즈	1장
	체다 치즈	1장
	케이준스파이스	적당량
	카레파우더	조금
	검은 후추(굵게 간 것)	적당량
	소금(정제염)	적당량
	비프패티 (8~9㎜ 굵기로 다진 것)	1장
	타르타르소스	21g
	가염버터	10~15g
	번(힐)	

치즈버거 2

수많은 햄버거 셰프들이 밸런스 위주의 조립을 하고 있지만, 고기를 특히 중시하는 셰프는 채소를 사이에 끼우지 않고 미트패티의 식감이 직접 전달되도록 아래쪽에 배치한다.

스, 번의 조화를 중시한다. 오른쪽 치즈버거는 「No.18 DINING & BAR」(p.158)에서 대표되는, 「고기 중심의 햄버거 가게」를 연상시키는 조립이다. 혀에 가장 먼저 고기맛이 전달되고 깊은 맛의 치즈로 고기맛이 배가 된다. 고기의 뒤를 채소의 식감과 맛이 따라와, 고기의 인상을 강렬하게 어필할 수 있다.
어느 쪽이 나은지 정답은 없다. 자신의 햄버거로 무엇을 표현하고 싶은지, 그것이 조립이라는 만드는 사람과 먹는 사람이 주고받을 수 있는 최고의 캐치볼로 이어진다고 생각한다. 단, 손님이 위아래를 뒤집어 먹으면 이 또한 물거품이 된다는 점도 덧붙인다.

만드는 방법

1 양상추와 토마토슬라이스를 준비해둔다.
2 구운 양파_ 그리들에 버터를 적당량 바르고 양파슬라이스를 올린다. 양파슬라이스 표면에도 버터를 적당량 바르고 소금, 검은 후추, 카레파우더를 적당량 뿌린다. 약 2분 후에 뒤집고 총 4분 정도 굽는다.
3 번을 굽는다. 크라운과 힐 모두, 자른 면을 그리들에 굽는다. 꺼내기 전에 겉면도 살짝 굽는다.
4 비프패티를 그리들에 올리고 소금, 검은 후추, 카레파우더, 케이준스파이스를 적당량 뿌린다. 구워진 상태를 확인하고 뒤집은 후 뚜껑을 덮어 총 3분 정도 굽는다. 미디엄레어로 굽는다.
5 미트패티에 고다 치즈와 체다 치즈를 반으로 잘라, 서로 다른 방향이 되도록 총 4장 올린다. 완전히 녹아내리고 구운 색이 알맞게 들 때까지 토치로 그을린다.
6 구운 번의 힐 전면에 버터와 타르타르소스를 고르게 바른다. 크라운 전면에 마요네즈를 고르게 바른다.
7 치즈가 녹은 미트패티를 그리들에서 옮겨 번의 힐에 올린다. 그 위에 구운 양파를 올린다.
8 그 다음 토마토슬라이스와 양상추를 올린다.
9 양상추 위에 크라운을 올리고, 살짝 눌러 모양을 다듬으면 완성.

BUILD_I

BASIC & ARRANGE

조립방법 기본과 응용

기본 조립에 토핑을 올리는 것만으로도 메뉴의 응용범위는 넓어진다.
기본 햄버거를 어떻게 응용할지, 기본 메뉴 2가지와 응용 메뉴를 소개한다.

BASIC A 플레인버거

「GORO'S★DINER」를 상징하는 최초의 햄버거다. 기본 라인은 플레인버거를 베이스로 설정한다. 포인트는 구운 양파, 타르타르소스, 그리고 미트패티를 구울 때 사용하는 소금과 3가지 향신료다.

이미지	재료	분량
	번(크라운)	100g
	마요네즈	18g
	케이준스파이스	적당량
	카레파우더	적당량
	검은 후추(굵게 간 것)	적당량
	소금(정제염)	적당량
	비프패티(8~9㎜ 굵기로 다진 것)	1장(135g)
	카레파우더	적당량
	검은 후추(굵게 간 것)	적당량
	소금(정제염)	적당량
	구운 양파	1장
	토마토슬라이스	1장
	양상추	20~25g
	타르타르소스	21g
	가염버터	10~15g
	번(힐)	

만드는 방법

1. 양상추와 토마토슬라이스를 준비해둔다.
2. 양파 굽기_ 그리들에 버터를 적당량 바르고 양파슬라이스를 올린다. 양파슬라이스 표면에도 버터를 적당량 바르고 소금, 검은 후추, 카레파우더를 적당량 뿌린다. 약 2분 후에 뒤집고 총 4분 정도 굽는다.
3. 번 굽기_ 크라운과 힐 모두, 자른 면을 그리들에 굽는다. 꺼내기 전에 겉면도 살짝 굽는다.
4. 비프패티를 그리들에 올리고 소금, 검은 후추, 카레파우더, 케이준스파이스를 골고루 적당량 뿌린다. 구워진 상태를 확인하고 뒤집은 다음 뚜껑을 덮어 총 3분 정도 굽는다. 미디엄레어로 굽는다.
5. 구운 번의 힐 전면에 버터와 타르타르소스를 고르게 바른다. 크라운 전면에 마요네즈를 고르게 바른다.
6. 번의 힐에 준비해둔 양상추와 토마토슬라이스를 올린다.
7. 그 위에 구운 양파와 비프패티를 그리들에서 옮겨 균형감 있게 올린다.
8. 비프패티에 크라운을 올리고, 살짝 눌러 모양을 다듬으면 완성.

ARRANGE A-I

베이컨 치즈버거

만드는 방법 p.202 참고

플레인버거 베이스로, 레귤러 메뉴에서 가장 인기가 많은 상품. 당시에는 베이컨 위에 치즈를 올리고 녹여서, 패티를 코팅하듯 입히는 스타일이 신선했다. TV 프로에서 거장에게 ★★★를 받아 유명해진 메뉴다.

이미지	재료	분량
	번(크라운)	100g
	마요네즈	18g
	검은 후추(곱게 간 것)	적당량
	베이컨슬라이스	1/2×4장
	체다 치즈	2장
	케이준스파이스	적당량
	카레파우더	적당량
	검은 후추(굵게 간 것)	적당량
	소금(정제염)	적당량
	비프패티 (8~9㎜ 굵기로 다진 것)	1장(135g)
	카레파우더	적당량
	검은 후추(굵게 간 것)	적당량
	소금(정제염)	적당량
	구운 양파	적당량
	토마토슬라이스	1장
	양상추	20~25g
	타르타르소스	21g
	가염버터	10~15g
	번(힐)	

ARRANGE A-2

하와이안 치즈버거

만드는 방법 p.203 참고

플레인버거 베이스로, FUNGO의 인기메뉴였던 하와이안샌드위치를 햄버거로 만들어본 일이 계기가 되었다. 구운 파인애플과 BBQ소스를 고다 치즈로 코팅해, 따끈한 하와이의 BBQ처럼 촉촉하게 맛볼 수 있는 점이 포인트다.

이미지	재료	분량
	번(크라운)	100g
	마요네즈	18g
	고다 치즈	1장
	BBQ소스	14g
	구운 파인애플	1장
	BBQ소스	14g
	케이준스파이스	적당량
	카레파우더	적당량
	검은 후추(굵게 간 것)	적당량
	소금(정제염)	적당량
	비프패티 (8~9㎜ 굵기로 다진 것)	1장 (135g)
	카레파우더	적당량
	검은 후추(굵게 간 것)	적당량
	소금(정제염)	적당량
	구운 양파	1장
	토마토슬라이스	1장
	양상추	20~25g
	타르타르소스	21g
	가염버터	10~15g
	번(힐)	

ARRANGE A-3

아보카도 치즈버거

만드는 방법 p.203 참고

FUNGO에서는 사진 촬영에 제격인 샌드위치를 선보이고 있다. 아보카도는 「슈림프 & 아보카도 샌드위치」를 응용했다. 자른 면이 보기 좋도록 얇게 썰고 고르게 펼쳐서 올린다. 아보카도를 굽고 녹인 치즈로 코팅해서 따뜻한 상태로 먹는 스타일이다.

이미지	재료	분량
	번(크라운)	100g
	마요네즈	18g
	체다 치즈	2장
	케이준스파이스	적당량
	카레파우더	적당량
	아보카도슬라이스 (구운 것)	1/4개
	케이준스파이스	적당량
	카레파우더	적당량
	검은 후추(굵게 간 것)	적당량
	소금(정제염)	적당량
	비프패티 (8~9㎜ 굵기로 다진 것)	1장 (135g)
	카레파우더	적당량
	검은 후추(굵게 간 것)	적당량
	소금(정제염)	적당량
	구운 양파	1장
	토마토슬라이스	1장
	양상추	20~25g
	타르타르소스	21g
	가염버터	10~15g
	번(힐)	

ARRANGE A-4

스페셜버거

만드는 방법 p.203 참고

단골손님이 「뭔가 특별한 햄버거 없나요?」라고 묻길래, 라면집에서 '토핑을 모두 올린 것' 같은 이미지로 가득 넣어 조립한 일이 계기가 되었다. 이 상품만은 맛의 균형보다 오퍼레이션하기 좋은 순서를 더 중시해서 조립했다.

이미지	재료	분량
	번(크라운)	100g
	마요네즈	18g
	달걀프라이	1개
	베이컨슬라이스 (도톰한 것)	2장
	체다 치즈	1장
	고다 치즈	1장
	BBQ소스	14g
	케이준스파이스	적당량
	카레파우더	적당량
	아보카도슬라이스	1/4개
	BBQ소스	14g
	구운 파인애플	1장
	BBQ소스	14g
	케이준스파이스	적당량
	카레파우더	적당량
	검은 후추(굵게 간 것)	적당량
	소금(정제염)	적당량
	비프패티 (8~9㎜ 굵기로 다진 것)	1장 (135g)
	카레파우더	적당량
	검은 후추(굵게 간 것)	적당량
	소금(정제염)	적당량
	구운 양파	1장
	토마토슬라이스	1장
	양상추	20~25g
	타르타르소스	21g
	가염버터	10~15g
	번(힐)	

ARRANGE A-5

살사버거

만드는 방법 p.203 참고

살사소스를 토핑한 후 토치로 구우면 소스 속 피망과 양파의 향이 더욱 좋아진다. 그 당시 다른 햄버거 전문점에서는 토치를 사용하지 않았기 때문에, 생동감 넘치는 프레젠테이션으로 좋은 무기가 되었다.

이미지	재료	분량
	번(크라운)	100g
	마요네즈	18g
	살사소스 (레시피 p.58 참고)	30~40g
	체다 치즈	2장
	케이준스파이스	적당량
	카레파우더	적당량
	검은 후추(굵게 간 것)	적당량
	소금(정제염)	적당량
	비프패티 (8~9㎜ 굵기로 다진 것)	1장
	카레파우더	적당량
	검은 후추(굵게 간 것)	적당량
	소금(정제염)	적당량
	구운 양파	20~25g
	토마토슬라이스	21g
	양상추	20~25g
	타르타르소스	21g
	가염버터	10~15g
	번(힐)	

햄버거 블로거가 성장시킨 수제버거

수제버거가 지금처럼 마니아 아닌 사람에게도 알려진 데는 햄버거 블로거의 역할이 굉장히 컸다고 생각한다. 수제버거 가게가 아직 손에 꼽을 정도로만 있었던 무렵, 음식 블로거 중에서도 햄버거에 특화된 사람들이 나오기 시작했고 스마트폰이 없던 2005년경부터 PC 블로그에 매일같이 「햄버거 재료」를 올리고 있었다.
「햄버거 블로그 Palog」의 이노우에 신고와, 현재도 햄버거 연구가로 활약하고 있는 「햄버거 터널」의 마츠바라 요시히데가 블로그에 여러 차례 「GORO'S★DINER」를 올려, 일반인에게도 알려지게 된 계기가 되었다고 요시자와는 말한다. 당시 기업에서 햄버거 상품개발자로 일했던 내게도 이 둘은 중요한 정보원이 되었다. 수제버거 문화가 일본에 뿌리내릴 수 있는 기반을 마련한 이 두 블로거의 공은 매우 크다.
수제버거 가게와 햄버거 블로거가 최초로 유기적인 관계를 맺은 것은 다름 아닌 「GORO'S★DINER」 덕분이다. 따로 활동하던 햄버거 블로거들이 「GORO'S★DINER」에 자주 모이게 되었고, 블로거들의 커뮤니티가 생겨났다. 그러자 이번에는 수제버거 가게끼리도 연결되어, 기술적인 정보 교환이나 손님과의 교류가 이루어졌고 단번에 업계가 가열되었다. 그때까지 흔치 않았던 크래프트 맥주를 갖춘 「THE GREAT BURGER」(도쿄 하라주쿠)를 근거지로 삼아 핵심적인 블로거였던 Taka Yszw가 「먼슬리 햄버거 TV」라는, 지금도 달마다 계속되고 있는 Google + 스트리밍 방송을 시작한 것도 이 무렵이다.
요시자와는 자신의 공부를 위해 다양한 도전을 할 생각으로 「먼슬리 버거」를 이전부터 내놓고 있었고, 이 방송에 출연하기 위해 매달 「먼슬리 버거」를 기획하는 매장이 늘어난 것도 사실이다. 늘 수제버거를 접하는 블로거들은 햄버거 맛에 더 민감하기 때문에, 블로그에 올라오는 수제버거 가게에 대한 혹독한 평가는 나 자신도 햄버거 개발에 참고하고 있다.

주요 햄버거 블로거(도쿄)

「HAMBURGER STREET」
/ 햄버거 연구가 마츠바라 요시히데
https : //ameblo.jp / hamburger-street /

「햄버거 블로그 Palog」/ 이노우에 신고
http : //hamburgerblog.net /

「햄버거 로그북☆」/ Taka Yszw
http : //logtaka.com /

「햄버거 "WA"」/ 코지
https : //ameblo.jp / negifafa /

「W-ICE 지라시의 이면」/ W-ICE
http : //w-ice.cocolog-nifty.com /
Instagram : @wice.burger

「HamburgerShow」/ Show
http : //hamburgershow.blogspot.com /

「엘리의 햄버거 여자 블로그」/ 햄버거계의 아이돌 엘리
https : //ameblo.jp / erishan0524 /

도쿄버거서밋 주최
/ Takanori Masada
Instagram : @takanorimasada

BUILD_I

BASIC & ARRANGE

BASIC B 고로즈버거

고로즈버거는 오픈 1년 후에야 완성한 「BBQ소스」로 만들기 시작한 메뉴다. 플레인버거에 이어 2번째 기본 햄버거가 되었다. 포인트는 타르타르소스를 사용하지 않고 마요네즈를 사용한다는 점이다.

이미지	재료	분량
	번(크라운)	100g
	BBQ소스	21g
	검은 후추(굵게 간 것)	적당량
	소금(정제염)	적당량
	비프패티 (8~9㎜ 굵기로 다진 것)	1장
	생양파슬라이스	20~25g
	토마토슬라이스	21g
	양상추	20~25g
	마요네즈	18g
	가염버터	10~15g
	번(힐)	

만드는 방법

1 양상추, 토마토슬라이스, 생양파슬라이스를 준비해둔다.
2 번 굽기_ 크라운과 힐 모두, 자른 면을 그리들에 굽는다. 꺼내기 전에 겉면도 살짝 굽는다.
3 비프패티를 그리들에 올리고 소금, 검은 후추를 골고루 적당량, 뿌린다. 구워진 상태를 확인하고 뒤집은 후 뚜껑을 덮어 총 3분 정도 굽는다. 미디엄레어로 굽는다.
4 비프패티 전면에 BBQ소스를 얇게 바른다.
5 구운 번의 힐 전면에 버터와 마요네즈를 고르게 바른다.
6 번의 힐에 준비해둔 양상추, 토마토슬라이스, 생양파슬라이스를 올린다.
7 비프패티를 그리들에서 옮겨 6에 올린다.
8 비프패티에 크라운을 올리고, 살짝 눌러 모양을 다듬으면 완성.

ARRANGE B-I

캐리비안 서머버거

만드는 방법 p.204 참고

매운맛을 좋아하는 단골손님의 요청으로 완성한 메뉴. 할라피뇨 슬라이스만으로는 부족해서, 마리 샤프스 하바네로 소스(Marie Sharp's Habanero Sauce)를 더해 맛을 냈다. 할라피뇨를 수제 버거에 넣는 시도는 「GORO'S★DINER」가 최초다.

이미지	재료	분량
	번(크라운)	100g
	마요네즈	18g
	베이컨슬라이스	1/2×3장
	고다 치즈	2장
	마리 샤프스 하바네로 소스	21g
	할라피뇨슬라이스	2개 분량
	케이준스파이스	적당량
	카레파우더	적당량
	검은 후추(굵게 간 것)	적당량
	소금(정제염)	적당량
	비프패티 (8~9㎜ 굵기로 다진 것)	1장
	생양파슬라이스	20~25g
	토마토슬라이스	21g
	양상추	20~25g
	마요네즈	21g
	가염버터	10~15g
	번(힐)	

ARRANGE B-2

리오 de 버거

만드는 방법 p.204 참고

세계요리를 햄버거로 표현한 메뉴다. 「칼라브레자(Calabresa)」라는 향신료와 식감이 강한 브라질 소시지가 주재료다. 군마현 브라질 사람 커뮤니티에서 인기 있는 「X-TUDO(시스 투두 : 포르투갈어로 모든 재료를 넣은 햄버거라는 의미)」를 참고하여, 브라질 사람 입맛에 맞게 만들었다.

이미지	재료	분량
	번(크라운)	100g
	마요네즈	18g
	달걀프라이	1개
	베이컨슬라이스	2장
	고다 치즈	2장
	칼라브레자 (슬라이스)	1/2개
	카레파우더	적당량
	검은 후추(굵게 간 것)	적당량
	소금(정제염)	적당량
	비프패티 (8~9㎜ 굵기로 다진 것)	1장
	토마토슬라이스	21g
	양상추	20~25g
	케첩	10~15g
	마요네즈	21g
	번(힐)	

ARRANGE B-3

클래식버거

만드는 방법 p.204 참고

미식가인 미국인 단골손님에게 고기와 함께 먹었을 때 가장 맛있는 치즈가 에멘탈이라는 말을 듣고, 「미국인이 그리워하는 최고의 클래식 베이컨치즈버거」를 목표로 만든 메뉴다.

이미지	재료	분량
	번(크라운)	100g
	마요네즈	21g
	검은 후추(곱게 간 것)	적당량
	구운 수제베이컨	1장
	에멘탈 치즈	2장
	검은 후추(굵게 간 것)	적당량
	소금(정제염)	적당량
	비프패티 (8~9㎜ 굵기로 다진 것)	1장
	피클슬라이스	1/2개
	생양파슬라이스	20~25g
	토마토슬라이스	21g
	양상추	20~25g
	마요네즈	21g
	번(힐)	

BUILD_2
VARIATION

조립방법 변형

요시자와 세이타가 「GORO'S★DINER」 시대부터 「부민 Vinum」 시대에 이르기까지
실제 선보였던 햄버거를 중심으로 대표 메뉴를 공개한다.
어떤 햄버거든 뚝심 있게 우뚝 선 멋진 모습이 요시자와 버거의 특징이다.
파트 하나하나의 개성을 최대한 살리면서 화음을 자아내는 조립순서에도 주목해보자.

I 아시안버거

이미지	재료	분량
	레몬(웨지모양으로 썬 것)	1조각
	번(크라운)	100g
	마요네즈	18g
	스위트칠리소스	21g
	케이준스파이스	적당량
	카레파우더	적당량
	검은 후추(굵게 간 것)	적당량
	소금(정제염)	적당량
	비프패티 (8~9㎜ 굵기로 다진 것)	1장
	생양파슬라이스	20~25g
	토마토슬라이스	1장
	양상추	20~25g
	케첩	10~15g
	마요네즈	18g
	가염버터	10~15g
	번(힐)	

세계요리 시리즈로 햄버거를 만들던 때의 메뉴다. 친구 가게의 얌운센을 먹고 받은 감동을 이 햄버거로 재현했다. 향신료, 스위트칠리소스, 레몬을 사용했다. 레몬으로 「맛의 변화」가 일어나 새로운 스타일이 탄생했다.

만드는 방법

1 양상추, 토마토슬라이스, 생양파슬라이스를 준비해둔다.
2 번 굽기_ 크라운과 힐 모두, 자른 면을 그리들에 굽는다. 꺼내기 전에 겉면도 살짝 굽는다.
3 비프패티를 그리들에 올리고 소금, 검은 후추, 카레파우더, 케이준스파이스를 적당량 뿌린다. 구워진 상태를 확인하고 뒤집은 후 뚜껑을 덮어 총 3분 정도 굽는다. 미디엄으로 굽는다.
4 구운 번의 힐 전면에 버터와 마요네즈를 고르게 바르고, 그 위에 케첩을 원을 그리듯이 짠다. 크라운 전면에 마요네즈를 고르게 바른다.
5 번의 힐에 준비해둔 양상추, 토마토슬라이스, 생양파슬라이스를 올린다.
6 비프패티를 그리들에서 옮겨 그 위에 올린다.
7 비프패티 위에 스위트칠리소스를 뿌린다.
8 크라운을 올리고, 살짝 눌러 모양을 다듬는다.
9 웨지모양으로 썬 레몬을 꽂으면 완성.

2 아메리칸버거

이미지	명칭	용량
	번(크라운)	100g
	케첩	15~20g
	프렌치머스터드	10g
	달걀프라이	1개
	검은 후추(굵게 간 것)	적당량
	도톰한 수제베이컨 (레시피 p.66 참고)	1/2장
	체다 치즈 2장	2장
	카레파우더	적당량
	검은 후추(굵게 간 것)	적당량
	소금(정제염)	적당량
	비프패티 (8~9㎜ 굵기로 다진 것)	1장
	생양파슬라이스	20~25g
	토마토슬라이스	1장
	양상추	20~25g
	마요네즈	21g
	가염버터	10~15g
	번(힐)	

당시 붐이었던 「사세보버거」 가게가 근처에 생겼다는 소문에, 위기감을 느껴 만들게 되었다. 그래서 「미국」이 아니라 「사세보버거」의 이미지다. 우리만의 맛을 만들기 위해 케첩과 머스터드를 따로 두지 않고 레시피에 넣어서 만들었다.

만드는 방법

1 양상추, 토마토슬라이스, 생양파슬라이스를 준비해둔다.
2 번 굽기_ 크라운과 힐 모두, 자른 면을 그리들에 굽는다. 꺼내기 전에 겉면도 살짝 굽는다.
3 달걀프라이_ 번 크기에 맞게 부쳐서 준비해둔다.
4 도톰한 수제베이컨 1/2장을 그리들에 올려 굽는다. 검은 후추를 적당량 뿌린다. 구워진 상태를 확인하며 약 2분 후 뒤집고 다시 약 2분 굽는다.
5 비프패티를 그리들에 올리고 소금, 검은 후추, 카레파우더를 적당량 뿌린다. 구워진 상태를 확인하고 뒤집은 후 뚜껑을 덮어 총 3분 정도 굽는다. 미디엄으로 굽는다.
6 비프패티에 체다 치즈 2장, 도톰한 베이컨을 올리고 검은 후추를 뿌린다. 달걀프라이를 올린다.
7 구운 번의 힐 전면에 버터와 마요네즈를 고르게 바른다. 크라운에 케첩과 프렌치머스터드를 뿌린다.
8 번의 힐에 준비해둔 양상추, 토마토슬라이스, 생양파슬라이스를 올린다.
9 그 위에 달걀프라이, 도톰한 베이컨, 체다 치즈를 올린 비프패티를 그리들에서 옮겨 8에 올린다.
10 크라운을 올리고, 살짝 눌러 모양을 다듬으면 완성.

3 슬로피 조

이미지	명칭	용량
	번(크라운)	100g
	코울슬로	30~40g
	슬로피 조 (레시피 p.204 참고)	80g
	케이준스파이스	적당량
	카레파우더	적당량
	검은 후추(굵게 간 것)	적당량
	소금(정제염)	적당량
	비프패티 (8~9㎜ 굵기로 다진 것)	1장
	카레파우더	적당량
	검은 후추(굵게 간 것)	적당량
	소금(정제염)	적당량
	구운 양파	1장
	토마토슬라이스	2장
	마요네즈	21g
	가염버터	10~15g
	번(힐)	

슬로피 조(Sloppy Joe)란 「칠칠치 못한 녀석」이라는 의미로 정크 이미지의 미국음식을 말한다. 원래 미트소스 형태의 소고기 다짐육을 번 사이에 끼운 메뉴였지만, 더 맛있게 먹을 수 있게 패티와 채소를 끼우고 향신료로 밸런스를 잡았다.

만드는 방법

1 토마토슬라이스를 준비해둔다.
2 구운 양파_ 그리들에 버터를 적당량 바르고 양파슬라이스를 올린다. 양파슬라이스 표면에도 버터를 적당량 바르고 소금, 검은 후추, 카레파우더를 적당량 뿌린다. 약 2분 후에 뒤집고 총 4분 정도 굽는다.
3 슬로피 조(미트소스)를 가열해둔다.
4 번 굽기_ 크라운과 힐 모두, 자른 면을 그리들에 굽는다. 꺼내기 전에 겉면도 살짝 굽는다.
5 비프패티를 그리들에 올리고 소금, 검은 후추, 카레파우더, 케이준스파이스를 적당량 뿌린다. 구워진 상태를 확인하고 뒤집은 후 뚜껑을 덮어 총 3분 정도 굽는다. 미디엄으로 굽는다.
6 구운 번의 힐 전면에 버터와 마요네즈를 고르게 바른다.
7 번의 힐에 준비해둔 토마토슬라이스와 구운 양파를 올리고, 그 위에 비프패티를 그리들에서 옮겨 균형감 있게 올린다.
8 비프패티 위에 슬로피 조를 올린다.
9 그 위에 코울슬로를 올린다.
10 코울슬로 위에 크라운을 올리고, 살짝 눌러 모양을 다듬으면 완성.

4 반반버거

이미지	명칭	용량
	번(크라운)	100g
	홀스래디시마요네즈	18g
	양파튀김	15~20g
	BBQ소스	21g
	체다 치즈	2장
	카레파우더	적당량
	검은 후추(굵게 간 것)	적당량
	소금(정제염)	적당량
	반반패티 (레시피 p.202 참고)	200g
	카레파우더	적당량
	검은 후추(굵게 간 것)	적당량
	소금(정제염)	적당량
	구운 양파	20~25g
	토마토슬라이스	1장
	타르타르소스	21g
	가염버터	10~15g
	번(힐)	

소고기와 돼지고기를 섞은 패티가 당시 미국에서 유행이었다. 샌디에이고에 있는 레스토랑 「SLATER'S 50/50」의 홈페이지에서 영감을 받았다. 사용하고 남은 수제베이컨이 많을 때 「베이컨과 비프패티를 함께 넣으면 맛있을 것 같다」는 생각이 들어, 시험 삼아 직원 식사로 만들어본 일이 출발점이다.

만드는 방법

1 토마토슬라이스를 준비해둔다.
2 구운 양파_ 그리들에 버터를 적당량 바르고 양파슬라이스를 올린다. 양파슬라이스 표면에도 버터를 적당량 바르고 소금, 검은 후추, 카레파우더를 적당량 뿌린다. 약 2분 후에 뒤집고 총 4분 정도 굽는다.
3 번 굽기_ 크라운과 힐 모두, 자른 면을 그리들에 굽는다. 꺼내기 전에 겉면도 살짝 굽는다.
4 반반패티를 그리들에 올리고 소금, 검은 후추, 카레파우더를 적당량 뿌린다. 구워진 상태를 확인하고 뒤집은 후 뚜껑을 덮어 총 5분 정도 굽는다.
5 패티에 체다 치즈를 2장 올리고, 스테이크뚜껑을 덮어 치즈를 녹인 후 잘 어우러지도록 토치로 그을린다.
6 구운 번의 힐 전면에 버터와 타르타르소스를 고르게 바른다. 크라운 전면에 홀스래디시마요네즈(서양와사비를 넣은 마요네즈)를 고르게 바른다.
7 번의 힐에 준비해둔 토마토슬라이스와 구운 양파를 올린다. 체다 치즈를 올린 패티를 그리들에서 옮겨 그 위에 올린다.
8 패티에 BBQ소스를 뿌리고, 그 위에 양파튀김을 올린다.
9 양파튀김 위에 크라운을 올리고, 살짝 눌러 모양을 다듬으면 완성.

5 딸기모찌치즈버거

이미지	명칭	용량
	번(크라운)	100g
	마요네즈	10~15g
	떡슬라이스(샤브샤브용)	2장
	휘핑크림	10~15g
	딸기슬라이스	3개 분량
	팥소	40g
	고다 치즈	2장
	꿀	10~15g
	카레파우더	조금
	검은 후추(굵게 간 것)	적당량
	소금(정제염)	적당량
	비프패티 (8~9㎜ 굵기로 다진 것)	1장
	가염버터	10~15g
	번(힐)	

설날 햄버거로 구상했다. 팥소와 떡, 딸기, 꿀로 만든 달콤 짭짜름한 햄버거인데, 의외로 반응이 뜨거워 상품화했다. 카페블로거나 파르페블로거를 햄버거의 세계로 이끈, 예상외의 히트 상품이다.

만드는 방법

1. 딸기는 얇게 슬라이스해서 준비해둔다.
2. 떡슬라이스는 표면이 바삭하게 부풀 때까지 그리들에 굽는다.
3. 번 굽기_ 크라운과 힐 모두, 자른 면을 그리글에 굽는다. 꺼내기 전에 겉면도 살짝 굽는다.
4. 비프패티를 그리들에 올리고 소금, 검은 후추, 카레파우더를 적당량 뿌린다. 구워진 상태를 확인하고 뒤집은 후 뚜껑을 덮어 총 3분 정도 굽는다. 미디엄으로 굽는다.
5. 비프패티에 꿀을 뿌리고 고다 치즈 2장을 올린다. 팥소를 전면에 고르게 올리고, 그 위에 딸기슬라이스를 올린 후 휘핑크림을 짠다. 구운 떡슬라이스를 올린다.
6. 구운 번의 힐 전면에 버터를 고르게 바른다. 크라운에 마요네즈를 고르게 바른다.
7. 고다 치즈, 팥소, 딸기슬라이스, 휘핑크림, 떡슬라이스를 올린 비프패티를 번의 힐에 옮겨 담는다.
8. 크라운을 올리고, 살짝 눌러 모양을 다듬으면 완성.

6 칠면조버거

이미지	명칭	용량
	번(크라운)	100g
	마요네즈	18g
	처빌	5g
	믹스베리소스	30g
	사워크림	40g
	검은 후추(굵게 간 것)	적당량
	소금(정제염)	적당량
	칠면조패티 (레시피 p.202 참고)	1장
	생양파슬라이스	20~25g
	토마토슬라이스	1장
	양상추	20~25g
	씨겨자	10~15g
	마요네즈	18g
	가염버터	10~15g
	번(힐)	

「GORO'S★DINER」가 있던 가이엔마에는 이국적인 분위기가 물씬 풍기는 곳인데, 크리스마스 시즌에는 칠면조를 요청하는 손님이 많다. 칠면조버거는 당시 만들었던 샌드위치 메뉴에 기초한 햄버거다. 보통 크랜베리소스를 곁들이지만, 여기서는 믹스베리를 듬뿍 넣었다.

만드는 방법

1 양상추, 토마토슬라이스, 생양파슬라이스를 준비해둔다.
2 번 굽기_ 크라운과 힐 모두, 자른 면을 그리들에 굽는다. 꺼내기 전에 겉면도 살짝 굽는다.
3 칠면조패티를 그리들에 올리고 소금, 검은 후추를 적당량 뿌린다. 구워진 상태를 확인하고 뒤집은 후 뚜껑을 덮어 완전히 익힌다.
4 구운 번의 힐 전면에 버터와 마요네즈를 고르게 바르고, 가운데에 씨겨자를 바른다. 크라운에 마요네즈를 고르게 바른다.
5 번의 힐에 준비해둔 양상추, 토마토슬라이스, 생양파슬라이스를 올린다.
6 칠면조패티를 힐 위로 옮긴다. 사워크림과 믹스베리소스를 올리고, 마지막에 처빌 1줄기를 올린다.
7 크라운을 올리고, 살짝 눌러 모양을 다듬으면 완성.

7 고르곤촐라 양파 양송이 치즈버거

이미지	명칭	용량
	번(크라운)	100g
	이탈리안파슬리 또는 루콜라 셀바치코	5g 20g
	생양파슬라이스 (구운 다음에는 소테)	30~40g
	브라운양송이버섯 (슬라이스)	3개
	가염버터	10~15g
	검은 후추(굵게 간 것)	적당량
	소금(정제염)	적당량
	고르곤촐라 치즈	30g
	검은 후추(굵게 간 것)	적당량
	소금(정제염)	적당량
	비프패티 (8~9㎜ 굵기로 다진 것)	1장
	토마토슬라이스	1장
	양상추	20~25g
	마요네즈	18g
	가염버터	10~15g
	번(힐)	

그리들 위에서 바로바로 구워낸 재료들이 큰 호평을 받았던 일품버거다. 블루치즈는 취향이 나뉘지만 양송이, 양파와 함께 조합하면, 그다지 좋아하지 않던 사람들도 의외로 즐겁게 먹는다.

만드는 방법

1 양상추, 토마토슬라이스를 준비해둔다.
2 번 굽기_ 크라운과 힐 모두, 자른 면을 그리들에 굽는다. 꺼내기 전에 겉면도 살짝 굽는다.
3 비프패티를 그리들에 올리고 소금, 검은 후추를 적당량 뿌린다. 구워진 상태를 확인하고 뒤집은 후 뚜껑을 덮어 총 3분 정도 굽는다. 미디엄으로 굽는다.
4 양파양송이필링을 만든다. 그리들 위에서 생양파슬라이스와 브라운양송이버섯을 버터로 볶고 소금, 검은 후추로 간을 한다. 고르곤촐라 치즈를 올리고, 뚜껑을 덮어 녹이면서 전체가 잘 어우러지게 한다.
5 비프패티에 양파양송이필링을 올린다.
6 구운 번의 힐 전면에 버터와 마요네즈를 고르게 바른다.
7 번의 힐에 준비해둔 양상추와 토마토슬라이스를 올린다.
8 양파양송이필링을 올린 비프패티를 힐 위로 옮기고, 그 위에 이탈리안파슬리를 올린다.
9 이탈리안파슬리 위에 크라운을 올리고, 살짝 눌러 모양을 다듬으면 완성.

8 피시&치즈버거

이미지	명칭	용량
	번(크라운)	100g
	스위트칠리소스	21g
	타르타르소스 (레시피 p.205 참고)	30~40g
	고다 치즈	2장
	아보카도슬라이스 (구운 것)	1/4개
피시프라이(생선튀김)	튀김반죽	적당량
피시프라이(생선튀김)	어니언파우더	적당량
피시프라이(생선튀김)	케이준스파이스	적당량
피시프라이(생선튀김)	카레파우더	적당량
피시프라이(생선튀김)	갈릭파우더	적당량
피시프라이(생선튀김)	검은 후추(굵게 간 것)	적당량
피시프라이(생선튀김)	소금(정제염)	적당량
피시프라이(생선튀김)	흰살생선(토막썰기)	80g
	양상추	20~25g
	케첩	10~15g
	타르타르소스 (레시피 p.54 참고)	21g
	가염버터	10~15g
	번(힐)	
	레몬 (웨지모양으로 썬 것)	1조각

생선만 먹는 손님을 위해서 피시&칩스를 응용해 만든 메뉴다. 언제부터인가 아보카도를 토핑하게 되었는데, 이제 간판 메뉴로 자리 잡았다. 캣피시(메기)가 최고지만, 흰살 생선으로도 맛있게 만들 수 있다. 2가지 타르타르소스를 사용하는 부분도 독특하다.

만드는 방법

1 양상추와 아보카도슬라이스를 준비해둔다.
2 피시프라이_ 흰살생선에 소금, 검은 후추, 갈릭파우더, 카레파우더, 케이준스파이스, 어니언파우더를 적당량 뿌려 밑간한다. 튀김반죽을 묻혀 튀긴다.
3 번 굽기_ 크라운과 힐 모두, 자른 면을 그리들에 굽는다. 꺼내기 전에 겉면도 살짝 굽는다.
4 피시프라이에 아보카도슬라이스와 고다 치즈 2장을 올리고, 잘 어우러지도록 가볍게 토치로 그을린다.
5 구운 번의 힐 전면에 버터와 타르타르소스를 고르게 바르고, 케첩을 원을 그리듯이 짠다.
6 번의 힐에 준비해둔 양상추를 올린다.
7 고다 치즈와 아보카도슬라이스를 올린 피시프라이를 6에 올린다.
8 다른 1종류의 타르타르소스(레시피 p.205 참고)와 스위트 칠리소스를 뿌린다.
9 크라운을 올리고 살짝 눌러 모양을 다듬는다. 레몬을 곁들이면 완성.

9 양고기치즈버거

이미지	재료	분량
	번(크라운)	100g
	코리앤더 또는 크레송	적당량
	라타투이 (레시피 p.205 참고)	80~100g
	고다 치즈	2장
	제노베제	10~15g
	아스파라거스 (데친 것)	1줄기
	케이준스파이스	적당량
	카레파우더	적당량
	검은 후추(굵게 간 것)	적당량
	소금(정제염)	적당량
	양고기패티 (8~9㎜ 굵기로 다진 것) (레시피 p.202 참고)	1장
	카레파우더	적당량
	검은 후추(굵게 간 것)	적당량
	소금(정제염)	적당량
	구운 양파	20~25g
	토마토슬라이스	21g
	양상추	20~25g
	마요네즈	21g
	가염버터	10~15g
	번(힐)	

지비에버거 대신 계절메뉴로 선보이고 있는 메뉴다. 라타투이와 양고기의 궁합이 매우 좋아 단골이 생길 정도다. 호불호가 갈리는 식재료라도, 좋아하는 사람을 위해 계속 만들어가는 것이 중요하다고 깨닫게 해준 메뉴다.

만드는 방법

1 양상추와 토마토슬라이스를 준비해둔다.
2 구운 양파_ 그리들에 버터를 적당량 바르고 양파슬라이스를 올린다. 양파슬라이스 표면에도 버터를 적당량 바르고 소금, 검은 후추, 카레파우더를 적당량 뿌린다. 약 2분 후에 뒤집고 총 4분 정도 굽는다.
3 양고기패티를 그리들에 올리고 소금, 검은 후추, 카레파우더, 케이준스파이스를 적당량 뿌린다. 구워진 상태를 확인하고 뒤집은 후 뚜껑을 덮어 총 3분 정도 굽는다.
4 자른 아스파라거스 1줄기 분량(4등분)을 구운 양고기패티에 올린다.
5 제노베제소스를 뿌리고 고다 치즈 2장을 올린 후, 치즈 모서리가 녹을 정도로 가볍게 토치로 그을린다.
6 구운 번의 힐 전면에 버터와 마요네즈를 고르게 바른다.
7 번의 힐에 준비해둔 양상추, 토마토슬라이스, 구운 양파를 올린다.
8 고다 치즈, 아스파라거스를 올린 양고기패티를 그리들에서 옮겨 7에 올린다. 라타투이를 토핑하고 코리앤더를 올린다.
9 크라운을 올리고, 살짝 눌러 모양을 다듬으면 완성.

10 살시치아버거

이미지	재료	분량
	번(크라운)	100g
	수제마요네즈 (레시피 p.59 참고)	18g
	제노베제	10~15g
	루콜라 셀바치코	15~20g
	생양파슬라이스	20~25g
	프로슈토	1.5장
	세미드라이토마토	20~25g
	치즈소스 (고르곤촐라· 마스카르포네·생크림)	21g
	검은 후추(굵게 간 것)	적당량
	소금(정제염)	적당량
	비프살시치아패티 (레시피 p.202 참고)	1장
	토마토슬라이스	21g
	마요네즈	18g
	가염버터	10~15g
	번(힐)	

「부민 Vinum」에서 선보였던 햄버거다. 동영상 사이트 「먼슬리 햄버거 TV」의 이벤트 때 슬라이더로 개발한 메뉴에 기초했다. 「부민 Vinum」의 이이데 셰프가 만든 살시치아로 패티를 만들고, 카메다 셰프에게 직접 전수받은 치즈소스로 마무리했다.

만드는 방법

1 토마토슬라이스, 프로슈토슬라이스, 생양파슬라이스, 루콜라 셀바치코를 준비해둔다.
2 번 굽기_ 크라운과 힐 모두, 자른 면을 그리들에 굽는다. 꺼내기 전에 겉면도 살짝 굽는다.
3 살시치아패티를 그리들에 올리고 소금, 검은 후추를 적당량 뿌린다. 구워진 상태를 확인하고 뒤집은 후 뚜껑을 덮어 총 3분 정도 굽는다. 미디엄으로 굽는다.
4 구운 번의 힐 전면에 버터와 마요네즈를 고르게 바른다. 크라운 전면에 마요네즈를 고르게 바른다.
5 번의 힐에 준비해둔 토마토슬라이스를 올린다.
6 구운 살시치아패티에 치즈소스를 올리고, 번의 힐 위로 옮긴다.
7 그 위에 세미드라이토마토, 프로슈토, 생양파슬라이스, 루콜라 셀바치코를 올리고, 마지막으로 제노베제소스를 뿌린다.
8 크라운을 올리고, 살짝 눌러 모양을 다듬으면 완성.

11 지비에버거(멧돼지베이컨)

이미지	재료	분량
	번(크라운)	100g
	마요네즈	18g
	검은 후추(곱게 간 것)	적당량
	도톰한 멧돼지베이컨 (레시피 p.205 참고)	1장
	에멘탈 치즈	2장
	검은 후추(굵게 간 것)	적당량
	소금(정제염)	적당량
	지비에패티(사슴+양지머리) (레시피 p.202 참고)	130~135g
	스위트피클슬라이스	1/2개
	생양파슬라이스	20~25g
	루콜라 셀바치코	15~20g
	홀스래디시마요네즈	21g
	가염버터	10~15g
	번(힐)	

가게를 시작할 무렵, 「Le Mange-Tout」 다니 노보루 셰프의 「멧돼지베이컨」을 먹고 소름끼칠 정도로 감동을 받아 도전해본 메뉴다. 당시에는 지비에를 테마로 햄버거를 만드는 사람이 없었다.

만드는 방법

1 화이트비네거드레싱(분량 외)으로 버무린 루콜라 셀바치코, 생양파슬라이스, 스위트피클을 준비해둔다.
2 번 굽기_ 크라운과 힐 모두, 자른 면을 그리들에 굽는다. 꺼내기 전에 겉면도 살짝 굽는다.
3 지비에패티를 그리들에 올리고 소금, 검은 후추를 뿌린다. 구워진 상태를 확인하고 뒤집은 후 뚜껑을 덮어 총 3분 정도 굽는다.
4 멧돼지베이컨을 그리들에 올려 굽는다. 구워진 상태를 확인하며 약 2분 후에 뒤집고, 뒷면도 2분 정도 굽는다.
5 구운 지비에패티에 에멘탈 치즈 2장을 올리고, 뚜껑을 덮어 천천히 녹인다. 치즈가 녹으면 구운 멧돼지베이컨을 올린다.
6 구운 번의 힐 전면에 버터와 홀스래디시마요네즈를 고르게 바른다. 크라운 전면에 마요네즈를 고르게 바른다.
7 번의 힐에 준비해둔 루콜라 셀바치코, 생양파슬라이스, 피클슬라이스를 올린다. 그 위에 구운 멧돼지베이컨과 에멘탈 치즈를 올린 지비에패티를 그리들에서 옮겨 담는다.
8 곱게 간 검은 후추를 1번 뿌려 맛을 낸다.
9 멧돼지베이컨 위에 크라운을 올리고, 살짝 눌러 모양을 다듬으면 완성.

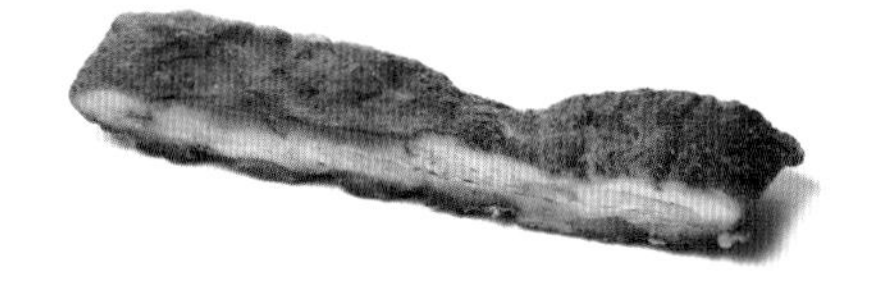

※ 멧돼지베이컨 만드는 방법은 p.205 참고

12 지비에버거(뒥셀)

이미지	재료	분량
	번(크라운)	100g
	검은 후추(곱게 간 것)	적당량
	사워크림	10~15g
	뒥셀소스 (레시피 p.205 참고)	30g
	에멘탈 치즈	2장
	검은 후추(굵게 간 것)	적당량
	소금(정제염)	적당량
	지비에패티(사슴+양지머리) (레시피 p.202 참고)	1장
	스위트피클슬라이스	1/2개
	생양파슬라이스	20~25g
	토마토슬라이스	21g
	루콜라 셀바치코	15~20g
	홀스래디시마요네즈	21g
	가염버터	10~15g
	번(힐)	

지비에패티와 가을 제철재료를 조합해보자는 생각에서 만들었다. 뒥셀소스를 포르치니로 만들면 정통적인 향과 맛이 난다. 마요네즈에 홀스래디시를 섞으면 지비에패티의 맛이 더욱 살아난다.

만드는 방법

1 루콜라 셀바치코, 토마토슬라이스, 생양파슬라이스, 스위트피클슬라이스를 준비해둔다.
2 번 굽기_ 크라운과 힐 모두, 자른 면을 그리들에 굽는다. 꺼내기 전에 겉면도 살짝 굽는다.
3 지비에패티를 그리들에 올리고 소금, 검은 후추를 충분히 뿌린다. 구워진 상태를 확인하고 뒤집은 후 뚜껑을 덮어 총 3분 정도 굽는다.
4 구운 지비에패티에 에멘탈 치즈 2장을 올리고 토치로 녹인 후 데워둔 뒥셀소스를 뿌린다. 스테이크뚜껑을 덮어 찌듯이 굽는다.
5 구운 번의 힐 전면에 버터와 홀스래디시마요네즈를 고르게 바른다.
6 번의 힐에 준비해둔 루콜라 셀바치코, 토마토슬라이스, 생양파슬라이스, 스위트피클슬라이스를 올린다. 그 위에 에멘탈 치즈와 뒥셀소스를 올린 지비에패티를 그리들에서 옮겨 담고, 사워크림을 올린다.
7 곱게 간 검은 후추를 1번 뿌려 맛을 낸다.
8 사워크림 위에 크라운을 올리고, 살짝 눌러 모양을 다듬으면 완성.

BUILD VARIATION

13 풀드포크버거

이미지	재료	분량
	번(크라운)	100g
	마요네즈	18g
	코울슬로 (레시피 p.132 참고)	40g
	토마토슬라이스	1장
	BBQ소스 (레시피 p.204 참고)	14g
	검은 후추(굵게 간 것)	적당량
	풀드포크 (레시피 p.72 참고)	40g
	고다 치즈	2장
	케이준스파이스	적당량
	카레파우더	적당량
	검은 후추(굵게 간 것)	적당량
	소금(정제염)	적당량
	비프패티 (8~9㎜ 굵기로 다진 것)	1장(135g)
	검은 후추(굵게 간 것)	적당량
	소금(정제염)	적당량
	구운 양파	20~25g
	홀스래디시마요네즈	21g
	가염버터	10~15g
	번(힐)	

풀드포크는 대표적인 텍사스 BBQ스타일로, 코울슬로 샐러드와 함께 먹는 것이 정석이다. 먹을 때 입안에서 섞이면 더욱 맛있어지므로 본래 코울슬로를 곁들여 내는데, 여기서는 하나로 조립해서 표현했다.

만드는 방법

1. 토마토슬라이스와 코울슬로를 준비한다. 풀드포크(레시피 p.72 참고)를 그리들로 가열해둔다.
2. 번 굽기_ 크라운과 힐 모두, 자른 면을 그리들에 굽는다. 꺼내기 전에 겉면도 살짝 굽는다.
3. 구운 양파_ 그리들에 버터를 적당량 바르고 양파슬라이스를 올린다. 양파슬라이스 표면에도 버터를 적당량 바르고, 소금과 검은 후추를 적당량 뿌린다. 약 2분 후에 뒤집고 총 4분 정도 굽는다.
4. 비프패티를 그리들에 올리고 소금, 검은 후추, 카레파우더, 케이준스파이스를 적당량 뿌린다. 구워진 상태를 확인하고 뒤집은 후 뚜껑을 덮어 총 3분 정도 굽는다. 미디엄으로 굽는다.
5. 구운 번의 힐 전면에 버터와 홀스래디시마요네즈를 고르게 바른다. 크라운 전면에 마요네즈를 고르게 바른다.
6. 번의 힐에 구운 양파를 올린다. 그 위에 비프패티를 그리들에서 옮기고, 고다 치즈를 2장 올린다. 이어 풀드포크를 올리고, 검은 후추를 뿌린 후 BBQ소스를 바른다. 준비해 둔 토마토슬라이스에 코울슬로를 올리고, 풀드포크에 겹쳐 올린다.
7. 코울슬로 위에 크라운을 올리고, 살짝 눌러 모양을 다듬으면 완성.

14 스팸버거

이미지	재료	분량
	번(크라운)	100g
	마요네즈	18g
	달걀프라이	1개
	고다 치즈	2장
	카레파우더	적당량
	검은 후추(굵게 간 것)	적당량
	스팸슬라이스	2장
	카레파우더	적당량
	검은 후추(굵게 간 것)	적당량
	소금(정제염)	적당량
	구운 양파	20~25g
	토마토슬라이스	1장
	양상추	20~25g
	타르타르소스	21g
	가염버터	10~15g
	번(힐)	

스팸을 좋아하는 사람이 늘어나서 햄버거 스타일로 응용했다. 달걀프라이와 스팸은 정석 조합이다. 스팸은 50% 저염통조림이 햄버거로 만들기 적당하며, 구울 때 카레파우더를 가볍게 뿌리는 것이 포인트다.

만드는 방법

1 양상추와 토마토슬라이스를 준비한다. 스팸은 1캔 분량을 8등분해둔다.
2 달걀프라이_ 번의 크기에 맞게 구워 준비한다.
3 번 굽기_ 크라운과 힐 모두, 자른 면을 그리들에 굽는다. 꺼내기 전에 겉면도 살짝 굽는다.
4 구운 양파_ 그리들에 버터를 적당량 바르고 양파슬라이스를 올린다. 양파슬라이스 표면에도 버터를 적당량 바르고 소금, 검은 후추, 카레파우더를 적당량 뿌린다. 약 2분 후 뒤집어 총 4분 정도 굽는다.
5 스팸을 그리들에 올리고 검은 후추, 카레파우더를 적당량 뿌린다. 구워진 상태를 확인하고 뒤집어서 총 3분 정도 굽는다.
6 구운 번의 힐 전면에 버터, 타르타르소스를 고르게 바른다. 크라운 전면에 마요네즈를 고르게 바른다.
7 번의 힐에 준비해둔 양상추, 토마토슬라이스를 올린다.
8 그 위에 구운 양파, 스팸, 고다 치즈, 달걀프라이 순서로 그리들에서 옮겨 올린다.
9 달걀프라이 위에 크라운을 올리고, 살짝 눌러 모양을 다듬으면 완성.

15 콘비프버거

이미지	재료	분량
	번(크라운)	100g
	홀스래디시마요네즈	20g
	BBQ소스 (레시피 p.204 참고)	10~15g
	콘비프슬라이스 (레시피 p.70 참고)	1장
	BBQ소스 (레시피 p.204 참고)	10~15g
	고다 치즈	2장
	검은 후추(굵게 간 것)	적당량
	소금(정제염)	적당량
	비프패티 (8~9㎜ 굵기로 다진 것)	1장
	토마토슬라이스	1장
	검은 후추(굵게 간 것)	적당량
	소금(정제염)	적당량
	구운 양파	20~25g
	매시트포테이토 케이크	1장
	가염버터	10~15g
	번(힐)	

콘비프와 콘포크는 준비과정이 같지만, 햄버거를 만들 때 각각의 조합은 전혀 다르다. 콘비프의 경우 BBQ소스에 고다 치즈를 조합하고, 채소는 잎채소 대신 매시트포테이토 케이크를 넣어 중후한 맛을 낸다.

만드는 방법

1 토마토슬라이스를 준비한다. 콘비프는 슬라이스해서 상온에 둔다. 매시트포테이토를 틀로 성형하고, 양면을 그리들에 굽는다.
2 번 굽기_ 크라운과 힐 모두, 자른 면을 그리들에 굽는다. 꺼내기 전에 겉면도 살짝 굽는다.
3 구운 양파_ 그리들에 버터를 적당량 바르고 양파슬라이스를 올린다. 양파슬라이스의 표면에도 버터를 적당량 바르고 소금, 검은 후추를 적당량 뿌린다. 약 2분 후에 뒤집고 총 4분 정도 굽는다.
4 비프패티를 그리들에 올리고, 소금과 검은 후추를 취향에 맞게 뿌린다. 구워진 상태를 확인하고 뒤집은 후 뚜껑을 덮어 총 3분 정도 굽는다. 미디엄으로 굽는다.
5 콘비프를 그리들에 올리고, 뒤집어가며 가볍게 굽는다.
6 구운 번의 힐 전면에 버터를 고르게 바른다. 크라운 전면에 홀스래디시마요네즈를 고르게 바른다.
7 번의 힐에 매시트포테이토 케이크, 구운 양파, 토마토슬라이스를 올린다. 그 위에 비프패티를 그리들에서 옮겨 담고 고다 치즈를 2장 올린다. BBQ소스를 가볍게 한 바퀴 두르고 그 위에 콘비프를 올린다. 고다 치즈와 콘비프 전체를 토치로 그을리고, 다시 BBQ소스를 뿌린다.
8 콘비프 위에 크라운을 올리고, 살짝 눌러 모양을 다듬으면 완성.

16 콘포크버거

이미지	재료	분량
	번(크라운)	100g
	마요네즈	18g
	양상추	20~25g
	토마토슬라이스	1장
	데리야키소스 (레시피 p.60 참고)	10~15g
	콘포크슬라이스 (레시피 p.70 참고)	1장
	데리야키소스	10~15g
	체다 치즈	2장
	검은 후추(굵게 간 것)	적당량
	소금(정제염)	적당량
	비프패티 (8~9㎜ 굵기로 다진 것)	1장
	검은 후추(굵게 간 것)	적당량
	소금(정제염)	적당량
	구운 양파	20~25g
	허니머스터드 (레시피 p.59 참고)	10~15g
	가염버터	10~15g
	번(힐)	

콘비프×비프패티는 「고기×고기」이지만, 콘포크는 「토핑×고기」이기 때문에 채소류도 보통 햄버거에 들어가는 위치에 세팅한다. 단, 콘포크는 베이컨과 다른 역할을 한다. 데리야키소스에 마늘을 약간 배합하면 포크의 풍미가 살아난다.

만드는 방법

1 양상추와 토마토슬라이스를 준비한다. 콘포크는 슬라이스해서 상온에 둔다.
2 번 굽기_ 크라운과 힐 모두, 자른 면을 그리들에 굽는다. 꺼내기 전에 겉면도 살짝 굽는다.
3 구운 양파_ 그리들에 버터를 적당량 바르고 양파슬라이스를 올린다. 양파슬라이스 표면에도 버터를 적당량 바르고, 소금, 검은 후추를 적당량 뿌린다. 약 2분 후에 뒤집고 총 4분 정도 굽는다.
4 비프패티를 그리들에 올리고 소금, 검은 후추를 적당량 뿌린다. 구워진 상태를 확인하고 뒤집은 후 뚜껑을 덮어 총 3분 정도 굽는다. 미디엄으로 굽는다.
5 콘포크를 그리들에 올리고, 뒤집어가며 가볍게 굽는다.
6 구운 번의 힐 전면에 버터, 허니머스터드를 고르게 바른다. 크라운 전면에 마요네즈를 고르게 바른다.
7 번의 힐에 구운 양파를 올린다. 그 위로 비프패티를 그리들에서 옮기고 체다 치즈를 2장 올린다. 데리야키소스를 가볍게 한 바퀴 두르고 그 위에 콘포크를 올린다. 콘포크를 토치로 가볍게 그을리고, 다시 데리야키소스를 뿌린다. 마지막으로 준비해둔 토마토슬라이스, 양상추를 올린다.
8 양상추 위에 크라운을 올리고, 살짝 눌러 모양을 다듬으면 완성.

BUILD VARIATION

17 저크치킨버거

이미지	재료	분량
	라임(웨지모양으로 썬 것)	1조각
	번(크라운)	100g
	마요네즈	21g
	다진 코리앤더	적당량
	타르타르소스 (레시피 p.205 참고)	40g
	저크치킨	1장
	생양파슬라이스	20~25g
	토마토슬라이스	1장
	양상추	20~25g
	마요네즈	21g
	가염버터	10~15g
	번(힐)	

자메이카의 대표요리 「저크치킨」이 돋보이는 햄버거로 샌드위치 메뉴를 응용했다. 매운맛, 감칠맛, 산뜻함이 뒤섞인 「저크시즈닝」과 라임이 비법이다. 숯불에 구우면 시즈닝의 풍미가 더욱 살아나서 현지의 맛을 느낄 수 있다.

만드는 방법

1 자메이카 저크치킨 준비_ 닭다리살(1장)에 라임즙(1/2개 분량)을 넓게 펴 바르고, 저크시즈닝(1/2작은술)을 넓게 펴 바른다. 냉장고에 30분 이상 둔다.

2 양상추, 토마토슬라이스, 생양파슬라이스를 준비한다.

3 번 굽기_ 크라운과 힐 모두, 자른 면을 그리들에 굽는다. 꺼내기 전에 겉면도 살짝 굽는다.

4 저크치킨을 껍질쪽부터 그리들에 올려 굽는다. 구운 색이 들면 뒤집고, 두꺼운 부분까지 충분히 익었는지 확인하면서 굽는다.

5 구운 번의 힐 전면에 버터, 마요네즈를 고르게 바른다. 크라운 전면에 마요네즈를 고르게 바른다.

6 번의 힐에 준비해둔 양상추, 토마토슬라이스, 생양파슬라이스를 올린다. 그 위에 저크치킨을 그리들에서 옮겨 담고, p.205 레시피로 만든 타르타르소스와 코리앤더를 올린다.

7 크라운을 올리고, 라임과 함께 꼬챙이로 꽂으면 완성.

18 시그니처버거(슬라이더 치즈버거 3종류)

구분	이미지	재료	분량
에멘탈 치즈(왼쪽)		슬라이더 번(크라운)	30g
		에멘탈 치즈	1장
		검은 후추(굵게 간 것)	적당량
		소금(정제염)	적당량
		비프패티 (8~9㎜ 굵기로 다진 것)	1장(50g)
		루콜라 셀바치코	10~15g
		가염버터	10~15g
		슬라이더 번(힐)	
체다 치즈·고다 치즈(가운데)		슬라이더 번(크라운)	30g
		체다 치즈	1장
		고다 치즈	1장
		카레파우더	적당량
		검은 후추(굵게 간 것)	적당량
		소금(정제염)	적당량
		비프패티 (8~9㎜ 굵기로 다진 것)	1장(50g)
		루콜라 셀바치코	10~15g
		가염버터	10~15g
		슬라이더 번(힐)	
콜비잭 치즈(오른쪽)		슬라이더 번(크라운)	30g
		콜비잭 치즈	1장
		케이준스파이스	적당량
		카레파우더	적당량
		검은 후추(굵게 간 것)	적당량
		소금(정제염)	적당량
		비프패티 (8~9㎜ 굵기로 다진 것)	1장(50g)
		루콜라 셀바치코	10~15g
		가염버터	10~15g
		슬라이더 번(힐)	
		검보수프(딥)	

미니번으로 만든 햄버거를 보통 「슬라이더」라고 부른다. 다양한 버거를 먹고 싶어하는 여성들에게 특히 인기가 많으며, 파티 등에서 자주 눈에 띈다. 검보수프를 딥으로 두고 함께 먹는 경우도 있다. 번은 30g으로, 비프패티는 번에 10~20g 정도 더해야 균형이 좋다.

만드는 방법

1 루콜라 셀바치코를 준비해둔다. 각각의 치즈는 패티 크기에 맞게 잘라둔다. 딥용 검보수프(레시피 p.131 참고)는 가열해둔다.
2 슬라이더 번 굽기_ 크라운과 힐 모두, 자른 면을 그리들에 굽는다. 꺼내기 전에 겉면도 살짝 굽는다.
3 구운 슬라이더 번의 힐 전면에 버터를 고르게 바른다.
4 비프패티를 그리들에 올리고 각각 소금, 검은 후추, 카레파우더, 케이준스파이스 등을 각각의 버거에 맞게 적당량 뿌린다. 구워진 상태를 확인하고 뒤집어 총 3분 정도 굽는다. 각각에 맞는 치즈를 올리고, 버너로 녹을 때까지 그을린다.
5 슬라이더 번의 힐에 루콜라 셀바치코를 올리고, 비프패티를 그리들에서 옮겨 담는다.
6 각각의 치즈 위에 크라운을 올리고, 살짝 눌러 모양을 다듬으면 완성.
7 딥용 검보수프를 곁들이고, 치즈가루(분량 외)를 뿌린다.

SIDE DISH
사 이 드 디 시

햄버거 가게에서 만든 수제파트는 사이드디시로도 활용할 수 있다.
디너 메뉴로도 모자람이 없는 사이드디시를 소개한다.

햄버거 가게에는 햄버거 메뉴만 있나요?

런치타임에 찾아오는 손님이라면 햄버거 메뉴만 있어도 큰 문제가 없다. 하지만 디너를 위한 선택지로 햄버거 가게는 「완벽한 디너를 먹으러 온 손님을 만족시키는 콘텐츠」로는 아직 부족하다. 따라서 디너로도 크래프트 맥주나 와인 등과 함께 식사를 즐길 수 있게, 앞으로 나아갈 길을 스스로 개척할 필요가 있다.

여기서 소개하는 「고기요리 사이드디시 메뉴」처럼 수제햄이나 콘비프 등은, 햄버거 재료뿐만 아니라 모둠이나 단품 사이드디시로도 활용할 수 있다. 사진처럼 코울슬로샐러드, 그레이비소스, 씨겨자 등을 곁들여 내면 「아메리칸 샤르퀴트리」가 된다. 수프와 파르페까지 함께 즐긴다면, 제법 코스다운 느낌에 만족감을 얻을 수 있다.

여기서는 「GORO'S★DINER」에서 실제로 제공하는 메뉴 레시피를 보완해서 소개한다. 「햄버거 재료로도 사용할 수 있어요」, 「미국요리도 프랑스요리 못지않아요」라고 말하는 요시자와 스타일의 프레젠테이션이 사이드디시에 고스란히 담겨져 있다.

1 풀드포크(p.72)
2 콘포크(p.70)
3 수제햄(p.68)
4 콘비프(p.70)
5 수제베이컨(p.66)
6 코울슬로샐러드(p.132)
7 매시트포테이토(p.132)

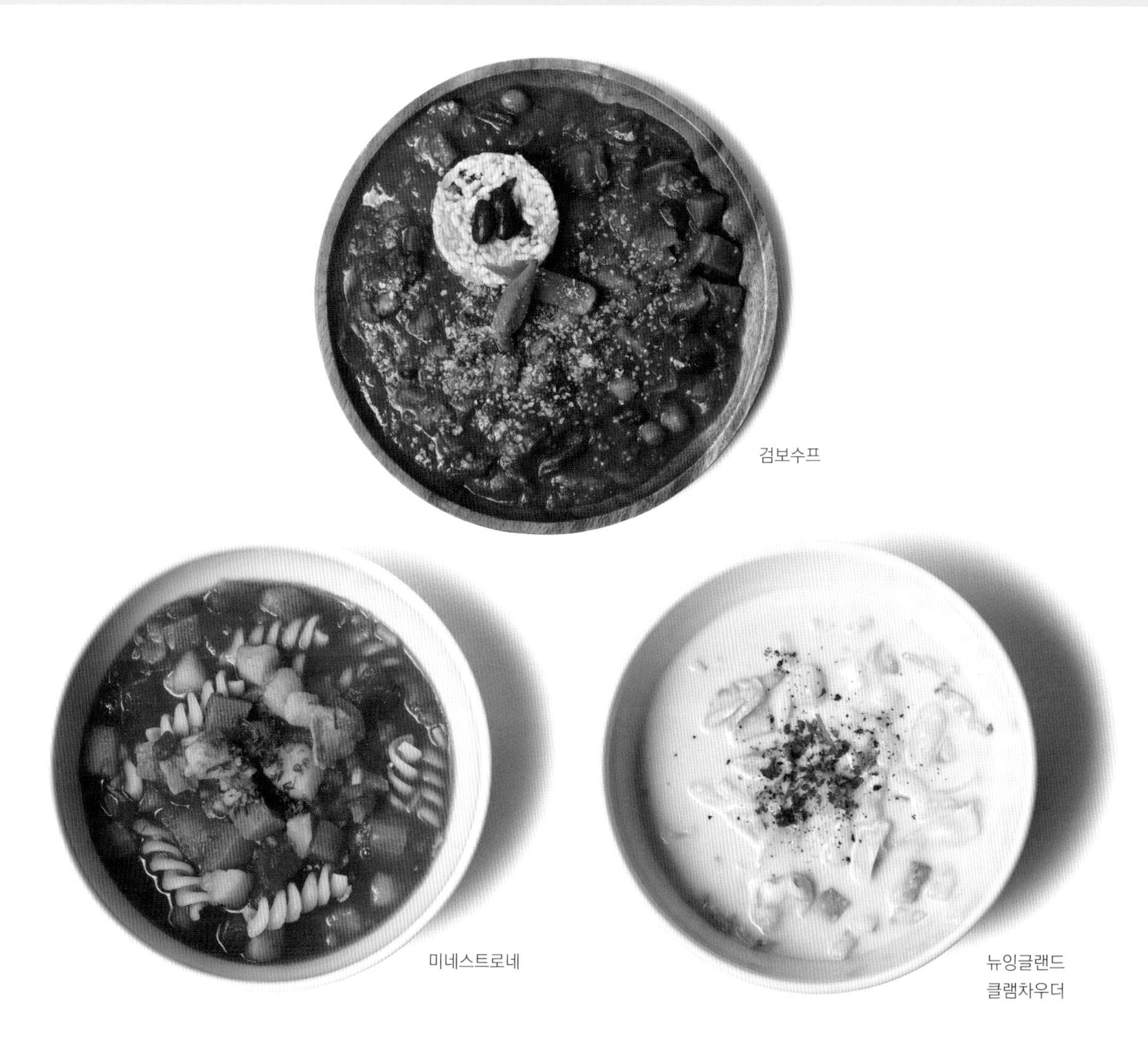
검보수프

미네스트로네

뉴잉글랜드
클램차우더

MINESTRONE
미네스트로네

미네스트로네는 채소가 듬뿍 들어간, 건더기가 많은 수프다. 베이컨에서 좋은 맛이 배어나와, 소금과 검은 후추만으로도 맛있게 완성할 수 있다. 수제베이컨이 있으면 적은 양으로도 독창적인 맛을 낼 수 있다.

재료 10인 분량

양파 … 2개(듬성듬성 썰기)
당근 … 2개(가로세로 1㎝ 깍둑썰기)
셀러리(취향에 따라) … 2줄기(가로세로 1㎝ 깍둑썰기)
베이컨 … 250g(채썰기)
감자 … 3개(가로세로 1.5㎝ 깍둑썰기)
다진 마늘 … 2쪽 분량
퓨어올리브오일 … 적당량
다이스드토마토(통조림) … 2.5㎏
물 … 1~1.5ℓ / 월계수잎 … 1장
바질(홀) … 1꼬집(취향에 따라)
오레가노(홀) … 1꼬집(취향에 따라)
소금 … 4~5큰술 / 검은 후추 … 적당량
메이플시럽 … 1~2큰술

만드는 방법

1. 깍둑썰기한 감자를 뭉개지지 않을 정도로 소금물에 삶은 후 체에 올린다.
2. 냄비에 퓨어올리브오일과 마늘을 넣고 약불로 볶다가 향이 나면 양파, 셀러리, 당근을 넣고 다시 볶는다. 양파가 투명해지면 베이컨을 넣고 볶는다.
3. 다이스드토마토, 월계수잎, 물을 넣고 센불로 끓인다.
4. 끓으면 감자, 바질, 오레가노, 메이플시럽을 넣고 2/3 분량이 될 때까지 약불~중불로 끓인다. 눌어붙지 않도록 가끔씩 나무주걱으로 냄비바닥을 긁듯이 섞어준다.
5. 감자가 잘 익으면 소금, 검은 후추로 간을 한다.
6. 남은 열이 식으면 보관용기에 옮겨 담고 표면을 비닐랩으로 씌워 밀폐한다. 냉장고에서 한 김 식히고 뚜껑을 덮어 보관한다.

[완성] 작은 냄비에 수프 180~200cc를 데워 그릇에 담고, 마지막에 파르메산 치즈, 다진 파슬리, 검은 후추를 뿌린다.

GUMBO
검보수프

미국 루이지애나주에서 생긴 크레올 요리다. 오크라를 사용해서 수프를 걸쭉하게 만든다. 밥에 뿌려 먹는 방식이 전통 스타일이다.

재료 10인 분량

오크라 … 40개 / 피망 … 40개
당근 … 8~9개(가로세로 1㎝ 깍둑썰기)
양파 … 20개(듬성듬성 썰기)
간 마늘 … 100g / 간 생강 … 100g
A | 버터 … 120g / 밀가루(박력분) … 120g
B | 혼다시(화학조미료) … 2큰술
피시부용 과립(크노르) … 2큰술
치킨콘소메 과립(크노르) … 5큰술
케이준스파이스 … 3큰술
칠리파우더 … 2큰술
가람마살라파우더 … 2큰술
카이엔파우더 … 1/2큰술(치폴레를 넣는 경우 사용하지 않는다)
파프리카파우더 … 1큰술
바질파우더 … 1큰술
코리앤더파우더 … 1큰술
터메릭파우더 … 1큰술
타임파우더 … 1/2큰술
어니언파우더 … 1큰술 / 월계수잎 … 4~5장
다이스드토마토(통조림) … 2.5㎏
화이트와인 … 1/2병 / 레드와인 … 1/2병
강낭콩(통조림) … 2캔(864g) / 병아리콩(통조림) … 2캔(878g)
우스터소스 … 150cc / 간장 … 150cc
다진 치폴레(Embasa) … 2~3개 분량
퓨어올리브오일 … 적당량

만드는 방법

1 B의 재료를 볼에 넣고 섞은 후 비닐랩을 씌워둔다. 강낭콩과 병아리콩은 체에 올려 물기를 뺀다.
2 베샤멜소스를 만든다. A의 버터를 작은 냄비에 넣고 녹인 후, 밀가루를 넣고 잘 섞는다.
3 내열냄비에 퓨어올리브오일을 적당량 두르고 마늘, 생강을 넣은 후 약불로 볶는다. 향이 나면 양파를 넣고 중불~센불로 투명해질 때까지 볶다가, 당근을 넣고 살짝 볶는다.
4 내열냄비 속 당근이 익으면 섞어둔 B를 넣고 잘 섞는다. 치폴레(없다면 카이엔파우더)도 넣고 섞는다.
5 화이트와인과 레드와인을 넣고, 센불로 알코올을 날린 후 2의 베샤멜소스를 넣고 섞는다.
6 다이스드토마토, 우스터소스, 간장을 넣고 잘 섞는다.
7 한소끔 끓인 후 오크라, 피망, 물기를 뺀 콩 2종류를 넣는다. 눌어 붙지 않도록 나무주걱으로 냄비바닥을 긁듯이 섞어가며 끓인다.
8 전체량의 60~70% 정도까지 줄어들면 소금으로 간을 하고 불을 끈다.
9 남은 열이 식으면 보관용기에 옮겨 담고 표면을 비닐랩으로 씌워 밀폐한다. 냉장고에서 한 김 식히고 뚜껑을 덮어 보관한다.

[완성] 검보수프나 검보라이스로 제공하는 경우, 마지막에 생크림이나 사워크림, 파르메산 치즈와 다진 파슬리를 뿌린다. 검보버거에 사용할 때는 검보수프를 작은 냄비에 넣고 센불로 졸인다. 멕시칸라이스(레시피 p.205)와 함께 담아서 낸다.

NEW ENGLAND CLAM CHOWDER
뉴잉글랜드 클램차우더

미국 동쪽 해안의 뉴잉글랜드에서 처음 만들었다. 바지락이 재료인, 우유 베이스의 새하얀 크림수프다. 미국에서는 가정식으로도 레스토랑 요리로도 단골 메뉴다.

재료 10인 분량

냉동 바지락살 … 500g
감자 … 6개(가로세로 1.5㎝ 깍둑썰기)
양파 … 2개(듬성듬성 썰기)
베이컨 … 250g(채썰기)
퓨어올리브오일 … 적당량
물 … 2ℓ
우유 … 3ℓ
A | 버터 … 150g
밀가루 … 130g
생크림 … 200cc
소금 … 적당량
메이플시럽 … 1~2큰술

만드는 방법

1 냉동 바지락살과 물을 냄비에 넣어 데치고 체에 올린다.
2 깍둑썰기한 감자를 뭉개지지 않을 정도로 소금물에 삶고 체에 올린다.
3 냄비에 퓨어올리브오일을 적당량 넣고, 양파를 넣어 투명해질 때까지 볶은 후 베이컨을 넣고 볶는다. 미리 데쳐놓은 바지락을 더해 볶은 후 불을 끈다.
4 재료 A로 베샤멜소스를 만든다. 큰 냄비에 버터를 약불로 녹이고, 밀가루를 넣어 거품기로 섞는다. 덩어리가 없어지면 생크림을 조금씩 넣어가며 거품기로 섞어 걸쭉하게 만든다.
5 4의 냄비에 데운 우유를 넣고 거품기로 다시 섞는다. 부드러운 크림소스 상태가 되면, 2의 감자와 3을 넣고 감자가 잘 익을 때까지 약불로 끓인다.
6 마지막으로 메이플시럽을 넣고 소금으로 간을 한다.
7 남은 열이 식으면, 보관용기에 옮겨 담고 표면을 비닐랩으로 씌워 밀폐한다. 냉장고에서 한 김 식히고 뚜껑을 덮어 보관한다.

[완성] 작은 냄비에 수프 180~200cc를 데워 그릇에 담고, 마지막에 파르메산 치즈, 다진 파슬리, 검은 후추를 뿌린다.

감자샐러드

매시트포테이토

코울슬로

POTATO SALAD
감자샐러드

「부민 Vinum」에서 일할 때 프렌치 셰프가 가르쳐준 사이드메뉴 레시피다.

재료 3~4인 분량

감자 … 3~4개
안초비소스* … 적당량
소금 … 취향에 따라
검은 후추(굵게 간 것) … 적당량
파슬리(굵게 다진 것) … 적당량

만드는 방법

1 감자를 껍질째 깨끗이 씻어서 물을 듬뿍 담은 냄비에 넣고, 잘 익을 때까지 삶는다.
2 냄비의 물을 버리고, 다시 불에 올려 수분을 날린다.
3 감자가 뜨거울 때 껍질을 벗기고 굵게 으깬다.
4 안초비소스를 넣고, 나무주걱으로 살짝 버무려 맛을 낸다.
5 접시에 담고, 굵게 간 검은 후추를 한꼬집 정도 뿌린 후 파슬리를 올린다.

ANCHOVY SAUCE
안초비소스*

여기서는 감자샐러드에 넣었지만 드레싱 재료, 소스에 감칠맛과 깊은 맛을 내고 싶을 때 사용할 수 있는 만능소스다.

재료

레드와인비네거 … 60g
엑스트라버진 올리브오일 … 400g
소금 … 6g / 흰 후추 … 3g / 갈릭파우더 … 0.5g
안초비퓌레 … 100g

만드는 방법

1 안초비퓌레 외의 재료를 볼에 넣고, 핸드믹서로 섞어서 유화시킨다.
2 안초비퓌레를 넣고 굵게 으깨면서 섞는다.
3 용기에 담아 냉장보관한다.

MASHED POTATOES
매시트포테이토

유럽과 미국의 대중적인 감자요리다. 햄버거 재료든 곁들이는 메뉴든 단품 사이드메뉴든 다양하게 활용할 수 있다.

재료 15~20인 분량

감자 … 2kg(10~14개)
우유 … 210~230g
생크림 … 350g
소금 … 5~7작은술
흰 후추 … 적당량

만드는 방법

1 감자는 껍질째 깨끗이 씻어 물을 듬뿍 담은 냄비에 넣고, 센불로 삶는다.
2 감자가 잘 익으면 불에서 내려 체에 올리고, 뜨거울 때 껍질을 벗겨 테플론 냄비나 프라이팬에 넣는다.
3 포트 등에 우유와 생크림을 섞어둔다.
4 나무주걱을 이용해 감자를 냄비에서 으깨고, 약불로 우유와 생크림을 3번에 나눠 넣으면서 반죽하듯이 섞은 후 소금, 흰 후추로 간을 한다.
5 마지막으로 센불에 올려 재빨리 섞는다.

MARINATED COLESLAW
마리네이드 코울슬로

본래 샐러드나 사이드메뉴지만, 미국에서는 주로 풀드포크나 슬로피 조 등과 조합한다. 먹기 좋도록 양배추는 작게 자른다.

재료 3~4인 분량

A | 양배추 … 1/4개(가로세로 1㎝ 깍둑썰기)
당근 … 1/2개(1㎝ 길이 채썰기)
양파 … 1/2개(가로세로 7~8㎜ 깍둑썰기)
소금 … 1/2작은술

사과식초 … 3~4큰술 / 꿀 … 1큰술
마요네즈 … 1~2큰술 / 소금 … 적당량
검은 후추 … 적당량 / 파프리카파우더 … 적당량

만드는 방법

1 볼에 A의 채소를 넣고 소금을 뿌려 살짝 섞는다. 비닐랩을 씌워 30분 정도 둔 후, 채소에서 나오는 수분을 짜서 다른 볼에 담는다.
2 1에 사과식초, 꿀, 마요네즈를 넣고 잘 섞은 후 소금, 검은 후추, 파프리카파우더로 간을 한다.
3 보관용기에 담고, 가끔씩 전체를 섞어가며 냉장고에 하룻밤 둔다.

ONION RINGS
양파링

단골 사이드메뉴다. 양파는 지름이 큰 가운데 부분은 햄버거에 사용하고, 지름이 약간 작은 부분은 양파링을 만든다. 자투리는 소스에 넣어 남김없이 활용한다.

재료

양파 … 8~10㎜ 두께 슬라이스
소금 … 조금 / 검은 후추 … 조금
튀김반죽* … 적당량
튀김기름 … 적당량

만드는 방법

1 트레이에 양파슬라이스를 나란히 올리고 물을 분사한다. 양면에 소금, 검은 후추를 가볍게 뿌린다.
2 튀김반죽에 담근 후 170~180℃로 달군 튀김기름에 넣어 튀긴다. 취향에 따라 타르타르소스를 곁들인다.

튀김반죽*

양파링 외에 피시프라이(생선튀김)에도 사용할 수 있는 튀김옷이다.

재료

밀가루 … 150g / 소금 … 1작은술 / 상백당 … 1작은술
베이킹파우더 … 1작은술 / 전분가루 … 1큰술
식용유 … 2큰술 / 파프리카파우더 … 조금 / 물 … 200cc

만드는 방법

1 물 이외의 모든 재료를 볼에 넣는다.
2 거품기로 섞으면서 물을 붓고, 덩어리가 없어질 때까지 가볍게 섞는다.
3 보관용기에 넣고 냉장고에 보관한다.

FISH & CHIPS
피시앤칩스

영국을 대표하는 패스트푸드다. 재료를 함께 쓸 수 있기 때문에 햄버거 가게에서는 흔한 메뉴다. 몰트비네거 외에 레몬과 타르타르소스(레시피 p.205)를 곁들여도 좋다.

재료

흰살생선 퓌레(메기) … 적당량
소금 … 조금 / 검은 후추 … 조금 / 카레파우더 … 조금
케이준스파이스 … 조금 / 갈릭파우더 … 조금
튀김반죽 … 적당량 / 튀김기름 … 적당량
몰트비네거 … 적당량 / 프렌치프라이 … 적당량

만드는 방법

1 트레이 등에 생선퓌레를 나란히 놓고, 키친타월로 물기를 닦아낸다.
2 생선 양면에 소금, 검은 후추, 카레파우더, 케이준스파이스, 갈릭파우더를 뿌린다.
3 튀김반죽에 담근 후 170~180℃로 달군 튀김기름에 넣어 튀긴다.
4 프렌치프라이와 함께 담고, 몰트비네거를 뿌려서 먹는다.

FRIES
프렌치프라이

햄버거와 떼려야 뗄 수 없는 것이 프렌치프라이다. 껍질째 튀긴 프렌치프라이는 감자의 맛, 폭신폭신한 식감, 껍질의 바삭한 악센트가 식욕을 자극한다. 햄버거에 곁들이면 완벽하다.

재료

감자 … 적당량
물 … 적당량
소금 … 적당량
검은 후추 … 적당량
튀김기름 … 적당량

만드는 방법

1 감자를 껍질째 씻어서 깊은 냄비에 넣고, 물을 넉넉히 부은 후 소금을 적당량 넣어 불에 올린다.
2 감자가 조금 단단할 때 불에서 내리고, 체에 올려 식힌다.
3 남은 열이 식으면 냉장고에 넣어 식힌다.
4 식으면 웨지모양으로 8등분한 후, 보관용기에 넣고 냉장고에 보관한다.
5 170~180℃로 달군 튀김기름에 감자를 필요한 만큼 튀긴 후 볼에 담고 소금, 검은 후추를 고르게 뿌린다.

BUFFALO WINGS
버팔로윙

뉴욕주 버팔로에서 시작된 아메리칸 패스트푸드의 대표메뉴. 튀김옷 없이 튀긴 닭날개를 매운맛과 신맛이 강한 소스에 버무린다.

재료

닭날개 … 2㎏
소금 … 적당량／검은 후추 … 적당량
흰 후추 … 적당량／카이엔파우더 … 적당량
케이준스파이스 … 적당량
갈릭파우더 … 적당량
파프리카파우더 … 적당량
밀가루 … 적당량／BBQ소스 … 적당량
레드핫칠리소스(레시피 p.205) … 적당량
버터 … 조금／튀김기름 … 적당량

만드는 방법

1 닭날개를 물로 헹궈 체에 올리고, 키친타월로 물기를 닦아낸 후 큰 트레이에 나란히 놓는다.
2 꼬챙이로 닭날개 끝에 구멍을 내고 소금, 향신재료를 양면에 뿌린다.
3 밀가루를 차거름망에 넣고 **2**의 양면에 뿌린다.
4 180℃로 달군 튀김기름에 6~7분 튀긴다. 꼬챙이 등으로 중심온도를 확인한 후 꺼낸다.
5 BBQ소스, 버터 조금, 닭날개를 볼에 담고 스패츌러 등으로 소스와 닭날개를 버무린다. 핫칠리소스도 같은 방법으로 작업한다. 블루치즈소스나 스틱채소를 곁들여 낸다.

버팔로윙

AMERICAN CHERRY PARFAIT
아메리칸체리 파르페

과일애호가들의 성지라 불리는 도쿄 요츠야 「후르츠 팔러 후쿠나가(Fruit Parlor Fukunaga)」의 파르페다. 단골손님의 조언으로, 햄버거 다음에 먹는 디저트로 만들었다. 소르베 중심의 가벼운 식감이 계절감을 살린다.

재료 10잔 분량

A 셔벗
- 아메리칸체리 … 400g
- 물 … 400cc
- 상백당 … 55g
- 레드와인 … 15cc

B 밀크아이스
- 상백당 … 55g
- 연유 … 70cc
- 생크림 … 400cc
- 우유 … 100cc

아메리칸체리(장식용) … 적당량
생크림(휘핑크림) … 적당량／민트 … 적당량

만드는 방법

1 체리는 씨를 제거해, A의 재료와 함께 냄비에 넣고 15분 정도 약불로 끓인다. 거품을 꼼꼼히 걷어낸다.
2 남은 열이 식으면 냉동실에 얼린다. 얼리는 동안 공기가 들어가도록 몇 번 섞어준다. 완전히 얼면 완성.
3 블렌더에 B의 재료를 모두 넣고 걸쭉해질 때까지 섞는다.
4 냉동실에서 얼리고, 반 정도 얼면 1번 더 블렌더로 갈아 공기를 넣어 폭신하고 부드럽게 만든다. 완전히 얼면 완성.
5 파르페 잔에 밀크아이스→셔벗→밀크아이스→셔벗 순으로 넣고 위에 휘핑크림, 체리 과육, 민트를 올린다.

BANANA CHOCOLATE VANILLA SHAKE
바나나 초콜릿 바닐라 쉐이크

다이닝에 나오는 단골 쉐이크다. 바닐라아이스와 우유를 베이스로 계절과일을 넣어 다양성과 계절감을 살렸다. 술을 넣어서 프로즌칵테일처럼 만들 수 있다.

재료 1잔 분량

냉동 바나나 … 1개
바닐라 아이스크림 … 4스쿱
우유 … 200cc
얼음 … 2~3개
꿀 … 30cc
초콜릿시럽 … 적당량
민트 등 장식용 재료 … 적당량

만드는 방법

1 완숙 바나나는 껍질을 벗기고 비닐랩으로 감싸 냉동실에 얼려둔다. 쉐이크용 잔도 냉동실에 넣어 차게 해둔다.
2 냉동 바나나를 2㎝ 폭으로 잘라 믹서에 넣은 후 얼음→바닐라 아이스크림→우유→꿀을 넣고 믹서에 갈아 섞는다. 단맛은 꿀로 조절한다.
3 차게 해둔 잔 안쪽에 돌려가면서 초콜릿시럽을 둘러 모양을 낸다. 쉐이크를 넣고, 위에 초콜릿시럽을 적당히 뿌린 후 민트를 올린다.

[완성] 취향에 따라 구운 아몬드슬라이스, 웨하스, 블루베리 등을 토핑하고 빨대, 롱스푼과 같이 제공한다. 바나나 초콜릿 바닐라 럼 쉐이크의 경우에는, 믹서로 섞을 때 마이어스 럼(Myers's Rum)과 같은 좋아하는 럼을 1잔 넣는다.

햄버거, 어떻게 조립해야 하나?

수제버거 맛집 #9

업계에서도 주목하고 있는,
최상위 랭킹의 도쿄 수제버거 가게를 소개한다.
이 책 전반부에 있는 「햄버거의 각 파트별 역할」을 숙지한 다음 읽으면
각 가게의 특징을 더욱 잘 이해할 수 있다.

#1 Baker Bounce
#2 R-S
#3 E·A·T GRILL & BAR
#4 Sun 2 Diner
#5 shake tree burger & bar
#6 No.18 DINING & BAR
#7 CRUZ BURGERS & CRAFT BEERS
#8 OLD NEW DINER
#9 ICON

GOURMET BURGER

#1

Baker Bounce

매일 아침 준비를 하는 동안 고기와 대화하면서 어떻게 하면 스스로 만족할 만한 햄버거를 만들 수 있을까 생각한다. 「미국의 식문화」를 지향하는 햄버거 가게다.

주　소	東京都世田谷区太子堂5-13-5
전　화	03-5481-8670
영업시간	10:30~20:00 ※ 매진 시 영업종료
정기휴일	화요일(공휴일은 영업, 다음날 휴일)
홈페이지	http://blog.livedoor.jp/bakerbounce/
오 픈 일	2002년 8월 5일
좌 석 수	24석(카운터 2석, 테이블 22석)

베이컨치즈버거

와타나베의 모든 열정이 담긴 Baker Bounce의 대표 햄버거. 「건조한 겨울철과 습기가 많은 여름철에는 맛이 전혀 다르게 느껴지므로, 조립순서를 다르게 한다.」(와타나베)

번	제조점	산와롤랑(Sanwa Roland)
	크기(지름×높이)	115×50㎜(제조업체 공식)
	토핑	참깨
	재료특징(밀배아가 있으면 ok)	오리지널 사양이었으나 현재는 일반 사양
패티	고기 종류	호주산 소고기
	고기 부위	척롤(어깨등심), 브리스킷(양지머리), 클로드(앞사태)
	구입시 상태	냉동육 덩어리(지정된 두께로 슬라이스한 것)
	가공(손으로 다지기 / 직접 갈기 등)	부위, 슬라이스 두께에 따라 다른 크기로 자름
	고기입자 크기	큰 것은 가로세로 10㎜
	패티 크기(무게 / 지름)	155g 이상, 지름 120㎜(성형할 때 사용하는 접시의 안쪽 지름)
	부재료	없음
	밑간	소금, 검은 후추, 삼온당
수제소스	명칭 / 특징 / 사용	케첩, 타르타르소스, 브라운소스, 비네거소스 등
수제토핑	명칭 / 특징 / 사용	베이컨

2002년 도쿄 산겐자야에서 조금 거리가 있는 주택가에 오픈한, 노포 아메리칸 다이닝이다. 온도 관리가 어려운 숯불을 열원으로 조리하며, 소스나 토핑을 직접 제조하는 방식을 수제버거 업계에 도입한 선구자다.
「Baker Bounce」의 오너 와타나베 다카히로는 「어제보다 더 맛있는 오늘을 만들자!」며 자신에 대한 엄격함과 발전을 목표로, 새벽 4시 30분부터 2시간 동안 미트패티를 묵묵히 준비한다. 스스로 만족할 만한 햄버거를 만들기 위해, 고기의 반죽과정을 바꿔가며 매일 고기와의 대화로 새로운 발견을 한다고 한다.
2002년 오픈할 때의 목표는 햄버거, 스페어립, 스테이크, BBQ 등 당시 제공하는 가게가 없었던, 미국요리 전반을 다루는 다이닝 형태였다. 오픈 초기에는 좀처럼 손님이 늘지 않아 고전했지만 TV 프로그램에 소개된 것을 계기로 맛집으로 등극, 노포가 된 현재도 그 인기는 시들지 않았다. 「햄버거는 말 안해도 손님이 찾아온다」는 이유로 다른 메뉴를 중심으로 영업해왔지만, 입점한 상업시설의 매장이 문 닫은 3년 전을 계기로 「지금까지도 꾸준히 노력해 왔지만, 좀 더 나만의 맛을 추구하고 싶다」는 생각이 들었다. 그래서 햄버거에 진심을 담고, 햄버거 중심의 메뉴를 짜서 심플하면서 가장 맛있게 만드는 방법을 찾기 시작했다.
「맛있어진다면 어떤 노력도 한다. 맛없어지는 일은 하지 않는다.」
양파나 토마토 같은 채소류는 햄버거 종류에 따라, 더 나아가 계절에 따라 슬라이스의 두께를 조절하거나 조립 위치를 변경한다. 요령을 피우지 않고 모든 일을 열심히 하면, 가장 맛있게 만들 수 있는 길을 헤매지 않고 찾을 수 있다. 그때 찾아오는 일생 단 한 번뿐인 기회에 최고의 햄버거를 만들어보자는 자세다. 와타나베는 매일 아침 그날 만든 미트패티를 시식하는데 「만족했던 적은 없다」고 한다. 그래도 「매일 조금씩이나마 맛있어진다는 점이, 나나 손님에게 기쁜 일이 아닐까?」라는 생각에, 개성을 자랑하는 것보다 기본을 지키면서 정교함을 높이는 방향으로 나아가고 싶다고 한다. 기본기가 향상해야 햄버거 업계 전체의 수준도 향상한다. Baker Bounce의 미래가 기대된다.

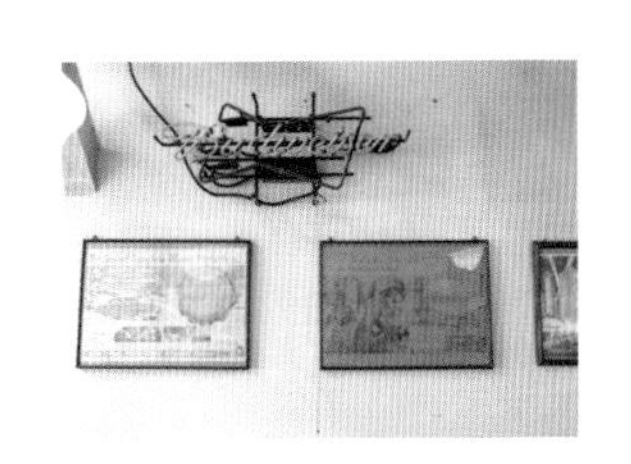

왼쪽부터
Baker Bounce 로고에 새겨진 「Real American Flavour」를 와타나베는 창업 때부터 지금까지, 변함없이 온 힘을 다해 추구하고 있다. ／콜라에서 버드와이저, 로큰롤까지. 상품포스터, 레코드 재킷, 네온사인이 미국의 분위기를 그대로 자아낸다. ／50~60년대 미국의 느낌이 가득한 가게 내부. 올려다보면 미국 영화에서 본 듯한 높은 천장이 눈에 들어온다.

조리특징

번은 아래 철망에 충분히 굽고, 위 철망에 올려 보온한다. 이렇게 하면 번의 수분이 빠져서, 육즙으로 번의 힐이 무너지지 않는다.

햄버거에 숯불을 사용한 선구적인 가게다. 불 온도는 300~500℃로 일정하지 않다. 번과 패티의 위치를 섬세하게 바꿔가면서 고르게 굽는다.

숯불이 열원인 플랫그릴 위에서, 재료의 중심온도에 주의하면서 조립한다.

「육즙은 패티 안에서 순환한다. 패티가 잘 구워질수록 완성될 때쯤 가운데가 볼록하게 팽창한다. 육즙이 전체에 잘 돌고 정착하는 미디엄 상태로 완성한다.」(와타나베)

「육즙이 갑자기 빠져나오기 때문에, 놓치지 않고 받을 수 있도록 번을 바싹 굽는다. 어설프게 구우면 안 된다.」(와타나베)

「특별 주문으로 만든 구이대. 이 구이대는 마스터하기 정말 힘들었다. 열사병에 몇 번 걸렸는지 셀 수도 없다. 숯불은 온도가 일정하지 않아서 작업 중 한순간도 눈을 뗄 수 없다.」(와타나베)

수제소스

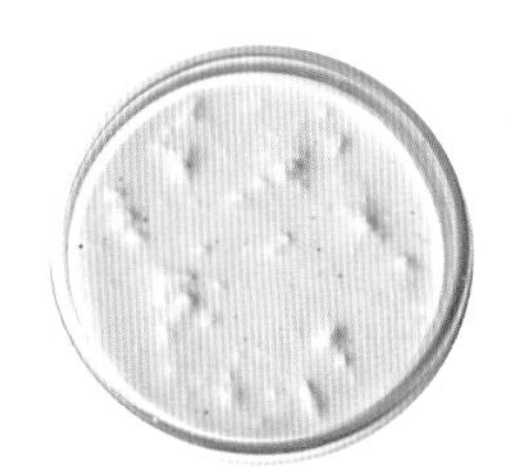

타르타르소스 달걀과 마요네즈를 같은 양으로 섞어서 달걀의 느낌을 살린 타르타르소스다. 「부드럽게 만들지 말고 재료의 거친 느낌을 살리도록 한다.」(와타나베)

비네거소스 케첩이 별로 어울리지 않는 칠리버거용으로 개발한, 매운맛을 조절하는 비네거소스다. 칠리 위에 올리면 맛이 더 좋다.

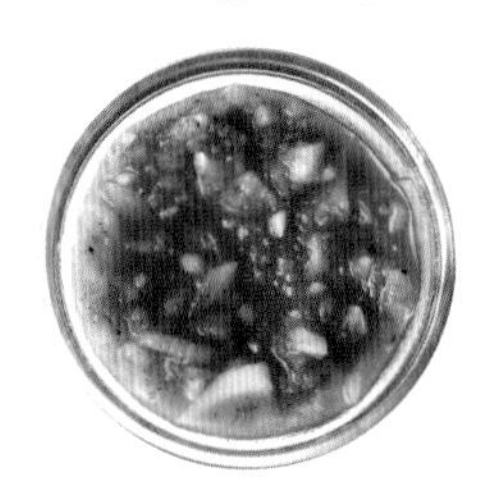

브라운소스 스테이크소스용으로 개발한, 간장으로 맛을 낸 고기에 어울리는 소스. 양파를 뭉근히 조려 단맛을 살린 점이 포인트다. 지금은 아보카도에 사용하고 있다. 요리를 시작한 시기에 배웠던 일본요리의 기법과 지식을 활용했다.

케첩 햄버거에 잘 어울리는 맛을 찾아, 살짝 단맛 나는 토마토의 느낌을 살렸다. 자투리 양파와 토마토를 활용해 만든다. 「사실 숙성시키는 편이 맛있는데, 그 전에 모두 사용해버리고 마네요.」(와타나베)

수제파트

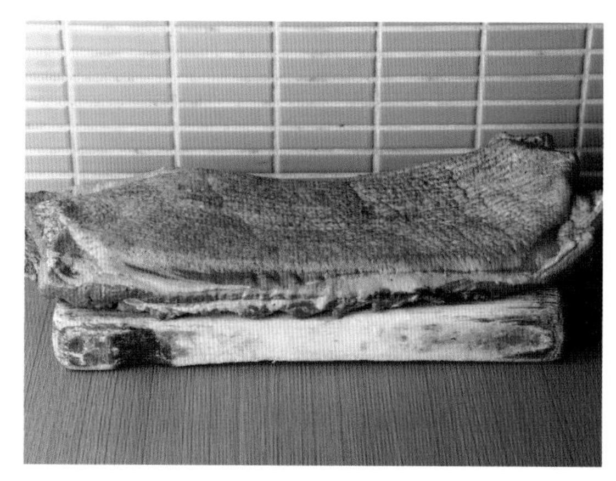

베이컨은 한 번에 2개씩 만든다. Baker Bounce를 상징하는 인기 재료여서 일주일에 6~7개도 사용한다. 소금절이, 건조, 훈연까지의 전 과정을 가게에서 5일에 걸쳐 만든다.

더블패티치즈버거

「매일 먹는 것이 아니니까, 무심코 감탄사가 나올 만한 맛을 목표로 삼고 싶다.」(와타나베) 마지막까지 질리지 않고 다 먹을 수 있는 방법을 항상 염두에 두고 있다.

아보카도치즈버거

여성에게 인기 있는 메뉴. 아보카도에 브라운소스를 바르고, 고르게 먹을 수 있게 펼쳐 놓는다. 아보카도와 조합할 때 치즈는 가열하지 않는다.

패티

패티 고기재료는 부위의 특성과 그날의 고기 상태를 판단해서, 고기를 크고 작게 나눠 자른다. 「크고 작게 자르는 것은, 다양한 크기가 합쳐지면 마지막 순간까지 입에 들어갈 때마다 다른 맛이 느껴지기 때문이다.」(와타나베)

채소

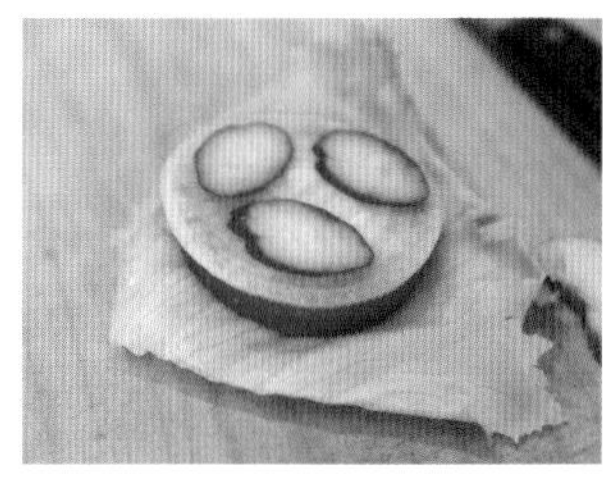

잘라놓지 않고, 햄버거 종류에 따라 주문이 들어올 때마다 두께를 바꿔가며 준비한다. 「마르면 맛이 없어지므로, 번거롭더라도 그때그때 자르도록 한다.」(와타나베)

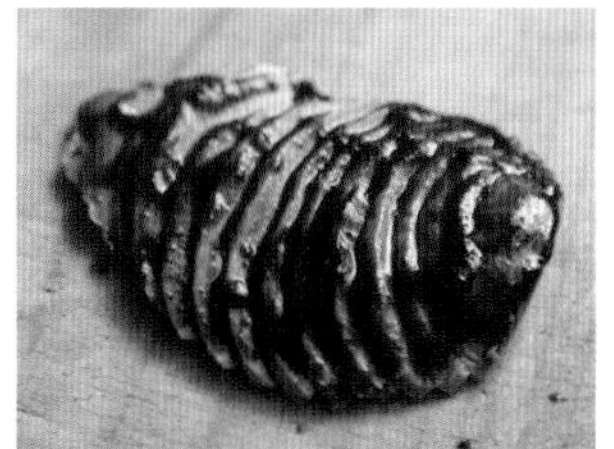

아보카도는 L(300g)사이즈의 절반 분량을 사용한다. 정성껏 자른 후 '투박한 느낌'이 들지 않도록, 직접 만든 브라운소스를 발라서 완성한다

PROFILE

와타나베 다카히로

초등학생 때 심야방송에서 우연히 본 영화 「American Graffiti」에 등장한 다이닝의 세계를 동경해, 고교졸업 후 요리의 길로 들어섰다. 일식에서 시작해 아메리칸 다이닝으로 실력을 닦고, 33살에 「Baker Bounce」로 꿈을 이루었다. 미국요리의 가치를 높여 가는 「미국요리 향상운동」을 과업으로 삼고 밤낮으로 매진하고 있다.

#2

R-S

다양한 맛의 모험에서 얻은 승리의 소울푸드. 일본인이라면 분명 공감할 것이다. 이 햄버거만을 먹으러 마츠도 고가네하라 상점가까지 가더라도 후회는 없을 것이다.

주 소 千葉県松戸市小金原6-2-6
전 화 047-312-6668
영업시간 11:00~22:00
정기휴일 화요일
오 픈 일 2008년 7월
좌 석 수 18석
평 수 15평

THE 버거

와규 미트패티로 만든, 「시마모토가 생각하는 가장 기본적인 햄버거」이다.

번	제조점	빵 굽는 공방 ZOPF
	크기(지름×높이)	100×65㎜
	토핑	호박씨
	재료특징(밀배아가 있으면 ok)	매시트포테이토 반죽보다 가수율은 높지 않지만, 밀가루와 다른 보수성을 가진다.
패티	고기 종류	호주산 소고기, 와규(히타치규)
	고기 부위	정육점에 부탁해서 다양한 부위를 블렌딩한다.
	구입시 상태	냉장 다짐육
	가공(손으로 다지기/직접 갈기 등)	없음
	고기입자 크기	굵게 간 다짐육:살코기=7:3이 기준
	패티 크기(무게/지름)	130g(호주산 소고기), 180g(와규) 지름 95㎜
	부재료	없음
	밑간	없음
수제소스	명칭/특징/사용	갈릭간장, 타르타르소스
수제토핑	명칭/특징/사용	없음

마츠도 고가네하라 상점가에 있는 수제버거 가게, 「R-S」의 오너 시마모토 료는 네버랜드에 사는 영원한 소년 피터팬 같다. 「R-S」는 마치 갈라파고스 제도의 생물같이 독자적으로 발전한 역사를 가진 보기 드문 맛집이다. 시마모토는 30살에 독립하여 가게를 오픈할 생각으로, 「RAINBOW KITCHEN」에서 음식업의 첫걸음을 떼면서 햄버거를 비롯해 모든 것을 배웠다. 이후로는 햄버거 트렌드에 영향을 받지 않고 매장 설립, 조리도구나 식재료의 선택까지 독자적인 길을 걸었다. 이전 경험에서 얻은 아이디어로 넘치는 가게가 된 것은 사실 전국적인 유명 베이커리 「ZOPF」의 번, 친구 가게의 와규 등과 운명적인 만남을 거듭해온 덕분이다.

아무튼 이곳에서는 로컬 룰(Local Rule)과 마이 룰(My Rule)이 화려하게 펼쳐진다. 가게 안에는 JACK IN THE BOX(서프라이즈 상자)가 있으며, 메뉴도 기본 햄버거를 비롯해 치즈가 들어간 치즈버거처럼 일반적인 것들이 아니라 하나하나 놀랍고 독자적인 것들을 만들어왔다. 그래서 준비 테이블은 특정 메뉴에만 사용하는, 고유 품종 같은 식재료로 가득하다. 누군가에게 알랑거리는 자세가 아니라 「내가 무엇을 좋아하는지 먼저 생각하고, 내가 싫어하는 것은 사용하지 않고, 내가 먹고 싶은 것을 만든다」는 압도적인 자기중심주의를 표방한다. 「내 입맛은 그냥 평범한 아이 수준」이라고 시마모토는 말하지만, 실은 그 입맛 덕분에 맛있게 구운 오코노미야키처럼 「일본인에게 절대적으로 친숙한 맛」이 나왔고, 남녀노소 누구나 으레 「맛있다」고 하는 햄버거 메뉴의 구성이 가능했다.

이 햄버거의 독창성은 어딘가에서 우연히 떨어진 것이 아니다. 「갈팡질팡하다 간신히 지금처럼 되었다」고 시마모토는 말한다. 우연히 집 근처로 이사 온 이웃가족이 ZOPF(→p.30)의 이하라였다는 기적 같은 만남으로 시작해, 「번이 맛있는 햄버거」라 불리는 무적의 콜라보레이션으로 발전했다. 정육점 친구가 소개해준 「와규」를 만났을 때는 지방의 감칠맛에 충격을 받았다고 한다. 패티도 처음에는 부서졌지만, 부재료를 넣거나 다지는 방법을 바꾸는 등 여러 가지를 시도하면서 온도관리, 성형방법, 굽는 방법, 볼륨감 등이 현재 스타일에 이르렀다.

결국 모든 요소를 갖춘 네버랜드에서, 피터팬은 (원정경기 없이 늘 홈경기이므로) 연전연승할 수밖에 없다. 그렇기 때문에 마츠도까지 일부러라도 찾아갈 필요가 있다. 직접 가보지 않고는 경험할 수 없는 특별한 가게다.

왼쪽부터
시마모토의 '꿈'과 '인생의 역사'가 담긴 네버랜드. 미국문화의 비밀창고다. / 초밥집에서 많이 사용하는 「재료 케이스」를 카운터 아래 공간에 끼워 절묘하게 활용하고 있다. 원래 모양에서 리폼하는 방식은 이전 가게에서 배웠다.

번

미트패티의 종류에 따라 번을 자르는 위치도 바뀐다. 와규패티의 경우(패티의 오른쪽) 바로 전달되는 고기의 식감과 흘러나오는 와규 지방을 받아내기 위해 두껍게 자른다.

패티

미트패티는 메뉴에 따라 2종류로 나눠 사용한다. 왼쪽이 호주산 소고기 130g, 오른쪽이 와규 180g이다. 가능한 부풀지 않게 중심을 눌러가며, 부드럽게 팽창되도록 모양을 잡는다.

채소

「THE 버거」의 조립방법은 양상추나 토마토 등의 채소류에 시즈닝을 올려둔 다음, 같은 방법으로 그리들 위에서 조립한 미트패티와 결합해 완성하는 스타일이다.

조리특징

와규 미트패티에서 흘러나오는 지방이 한 방울도 헛되지 않게 유지한다. 「고급 고깃집을 갔을 때, 같은 방식으로 작업하는 것을 보고 내 방법이 틀리지 않았음을 확신했다.」(시마모토)

조리특징

구운 양파는 뜨거운 채로 미트패티 위에 듬뿍 토핑한다. 중간에 마늘간장을 뿌리거나 뚜껑을 덮는 등 세심하게 관리하면서, 지나치게 굽지 않고 미디엄으로 완성한다.

번 굽는 방법

그리들은 2가지 온도범위를 설정한다. 온도가 낮은 영역에서 번을 굽는다. 힐은 자른 면뿐 아니라 크러스트 부분도 구워서 첫입부터 강렬한 식감을 선사한다.

수제소스

칠리소스 「RAINBOW KITCHEN」에서 일할 때 배운 오리지널 소스를 베이스로, 지금 사용하는 재료와 어울리게 응용했다.

토마토소스 토마토 통조림을 베이스로 토마토주스, 토마토케첩, 기타 향신료로 부드럽게 조린다. 남녀노소 모두 좋아할 만한 맛이다.

리얼버거

「R-S」 하면 「리얼버거」를 꼽는 사람도 많다. 채소를 사용하지 않으며 많은 양의 데리야키소스, 마요네즈, 달걀프라이로 만든다. 유명 맛집 「이키나리 스테이크」에 버금가는 「이키나리 햄버거」를 직접 체험할 수 있다.

사무라이버거

「RAINBOW KITCHEN」의 오마주 메뉴다. 「흰 대파채의 날카로움이 마치 사무라이 같다.」(시마모토)

PROFILE

시마모토 료

이전 직장에서 주택 리모델링 영업 및 시공관리를 했는데, 근처 「FIRE HOUSE」에서 햄버거를 먹은 일이 계기가 되어 햄버거의 길에 들어섰다. 여러 햄버거 가게를 찾아다니던 중 레인보우 키친의 여주인장이 선보이는, 강렬한 맛 속의 오묘한 부드러움에 매력을 느껴 그곳에서 견습을 거쳐 독립했다. 가게 내부도 메뉴도 자신이 좋아하는 것만 구성한다는 신념을 갖고 있다.

#3

E·A·T GRILL & BAR

프렌치 셰프 MICHI가 LA에 24년간 체류한 경험을 바탕으로 만든 햄버거. 채소가 듬뿍 들어있어서 매일 걱정 없이 맘껏 먹을 수 있다.

주 소	東京都渋谷区千駄ヶ谷4-10-4 1F
전 화	03-6447-2218
영업시간	[월~금] 11:00~15:00, 18:00~22:00(LO) [토·일·공휴일] 11:00~15:00, 18:00~21:00(LO)
정기휴일	없음
오 픈 일	2009년
좌 석 수	31석
평 수	20평

E·A·T 100% 비프버거

「정말 맛있긴 한데, 당분간은 안 먹어도 되겠어」라는 생각이 들지 않도록, 채소를 미트패티와 똑같이 120g을 넣어서 부담 없이 자주 먹을 수 있게 만들었다.

번	제조점	미네야
	크기(지름×높이)	120×70㎜
	토핑	밀가루
	재료특징(밀배아가 있으면 ok)	프랑스산 밀가루로 밀도 높고 단단하게 완성한 특별 주문품
패티	고기 종류	호주 청정우
	고기 부위	비공개
	구입시 상태	비공개
	가공(손으로 다지기 / 직접 갈기 등)	비공개
	고기입자 크기	비공개
	패티 크기(무게 / 지름)	비공개
	부재료	없음
	밑간	키리바시공화국 크리스마스섬 해염
수제소스	명칭 / 특징 / 사용	오로라소스, 데미소스, 바질머스터드, 가스트리크(설탕과 식초로 졸인 갈색 소스)
수제토핑	명칭 / 특징 / 사용	없음

「미국에 있을 때, 재료의 신선도를 중시해 갓 만들어 제공하는 패스트푸드 햄버거 체인 IN-N-OUT BURGER를 정말 좋아했는데 자주 먹을 때는 주 4~5번이나 먹었다」며 MICHI가 웃는다. 햄버거를 좋아하게 되면 은근히 돈이 많이 든다.

「너무 공을 들이면 질려버린다」는 경험에서 자연스럽게 심플한 버거를 좋아하게 되었다. 그래서 MICHI의 햄버거는 「greasy(기름이 많은)하지 않고, 채소가 듬뿍 들어간」 스타일이다. 목표는 「매일 먹을 수 있는 햄버거」이다. 말 그대로 일반 수제버거와는 조금 다르게 부담 없이 먹을 수 있는, 어느 쪽인가 하면 샌드위치에 가까운 햄버거다.

줄곧 프랑스요리로 경력을 쌓아왔다. 귀국한 2009년, 가이엔마에에서 「CALIFORNIA DINER E·A·T」를 오픈했을 때도 햄버거 가게를 할 생각은 없었다.

「일본에 가게를 열었을 때, 캘리포니아에서 먹을 수 있는 고봉샐러드 등의 메뉴에 햄버거도 포함된 가게를 목표로 하고 있었다.」

현지 레스토랑은 주방에 멕시코인뿐이었다. 그래서 멕시코요리도 자연스레 능숙해졌다. 이 사실을 알게 된 외국인 손님의 요청으로 멕시칸 메뉴도 늘어나, 이른바 CAL-MEX(California Mexican) 스타일이 되었다. 미국에서도 햄버거는 해피아워 시간에나 내놓는 정도였다. 그런데 일본에 「E·A·T」가 오픈하자마자, 가게에서 선보인 「고베규 햄버거」가 폭발적인 인기를 얻었다.

당시에는 MICHI가 고베규패티를 눈앞에서 굽고, 멋진 솜씨로 햄버거를 조립하는 스타일이었다. 이런 프레젠테이션과 맛은 당시 일본인에게 놀랄 만한 것이었다. 현재 미트패티는 호주산 소고기로 대체되었지만, MICHI만의 절묘한 균형감각은 직접 만든 소스나 오퍼레이션으로도 쉽게 알 수 있다.

게다가 주방을 취재했을 때, 식품위생에 매우 신경을 쓴다는 사실을 알았다. 「햄버거를 몇만 개 만들어도 그중 1개도 식중독을 일으키지 않아야 한다는 것이 대전제」라고 이야기한다. 24년 동안 주무대였던 미국은 식중독에 관한 처벌이 엄격한데, 심지어 수감되는 경우도 있다고 한다. 자연스럽게 매장 안과 오퍼레이션의 위생기준이 높게 유지된다. 지금 개업을 준비하는 사람이라면 이 가게의 위생을 꼭 참고하기 바란다.

왼쪽부터
미국 LA에서 독립해 오픈한 프렌치 레스토랑 「Michi Manhattan Beach」가 유명세를 탔고, 「Los Angeles Magazine」의 「TOP10 셰프」를 비롯해 수많은 상을 받았다. / 하이테이블이 31석 배치되어 있다. 고정이 아니라서 배석 자유도가 높고 대처 속도도 빠르다.

조리특징

미트패티는 가스가 열원인 용암석 그릴에 굽는다. 기름기 제거와 원적외선 효과가 있다. 뚜껑으로 굽는 정도를 조절해가며 6분 정도 굽는다.

「달걀프라이의 노른자가 덜 익어 흘러내리는 것을 좋아하지 않는다」는 MICHI. 토핑용 달걀프라이는 프라이팬에서 오버이지로 굽는다.

플랫그릴로 단면을 충분히 굽는다. 프랑스산 밀가루로 밀도 높고 단단하게 만든 미네야의 특별 주문품이다. '정말 부드러운 베이글' 같은 식감을 목표로 한다.

머스터드는 미국산 하인즈와 프랑스산 마이유를 반반 섞어서 지나치게 고급스럽지는 않게, 기성품을 잘 사용해 자신만의 맛을 만든다.

오로라소스, 데미그라스소스 순으로 크라운에 원을 그리듯이 짜는데, 이렇게 짜면 맛이 고르게 전달되고 분량 컨트롤도 쉽다.

수제파트

고베규를 사용했던 적도 있지만, 현재는 호주산 소고기를 사용한다. 부재료는 없고 크리스마스섬의 소금만 사용하며, 지방은 10% 안팎의 것을 사용한다.

햄버거 1개에 양상추는 1/7개, 토마토는 1/4개 분량을 사용한다. 조립순서에서 채소류가 아래에 놓이는 이유는 「육즙이 번에 스며들지 않도록」 하기 위해서다.

수제소스

오로라소스, 데미그라스소스, 바질머스터드 등은 직접 만든다. 바질머스터드는 생바질, 이탈리안파슬리, 로즈마리 등의 향신료를 씨겨자와 함께 섞는다.

양고기버거

부드럽고 은은한 단맛이 나는 양고기패티에 바질머스터드와 케이준파우더를 듬뿍 매치한다. 소스를 작은 용기에 담아서 내고, 손님이 취향에 맞게 얹어 먹는 방식이다.

PROFILE

MICHI / 다카하시 미치카즈

요리의 세계에 이탈리아요리로 입문했고, 야마모토 히데마사 셰프의 사사를 받은 후 1983년에 미국으로 건너갔다. 할리우드의 유명 셀럽도 드나드는 프렌치 레스토랑 「Michi Manhattan Beach」를 오픈해 대히트를 쳤다. 'Los Angeles Magazine'을 시작으로 많은 상을 받아 인기 셰프가 되었다. 2007년에 귀국, 가이엔마에에 「CALIFORNIA DINER E·A·T」를 오픈했다. 2번 이전한 후 현재 기타산도에 「E·A·T GRILL & BAR」로 자리 잡았다.

바삭한 케이준치킨스테이크(런치메뉴)

MICHI가 「치킨을 가장 맛있게 먹는 방법」이라 자부하는 메뉴다. 스파이스메이커의 특별 사양인 오리지널 케이준파우더를 뿌리고 바삭하게 구워서 완성한다.

#4

Sun 2 Diner

샌디에이고에서 경험했던 서민들의 일상식사가 잊히지 않는다. 일상식사 수준이 굉장히 높은 CAL-MEX를 식문화로 널리 알리고 싶다.

주 소	東京都世田谷区代沢4-34-12 淡島マンション 1F「淡島倉庫」内
전 화	050-3556-3207
영업시간	[수~월]11:00~15:00(14:30LO)
정기휴일	화요일
오 픈 일	2011년 7월 20일
좌 석 수	12석
연 락 처	daisuke@sun2diner.com

풀드포크버거

다지마는 일본 수제버거 업계에 풀드 포크를 널리 전파한 선구자 중 하나다. 「스모키하게 응축된 바비큐 맛을 선보이고 싶다.」

번	제조점	미네야
	크기(지름×높이)	105×60㎜
	토핑	참깨
	재료특징(밀배아가 있으면 ok)	미네야 특별주문
패티	고기 종류	호주산 소고기
	고기 부위	덩어리 : 척롤(어깨등심)
	구입시 상태	매우 거칠게 다진 고기 : 클로드(앞사태)
	가공(손으로 다지기 / 직접 갈기 등)	덩어리를 직접 다져서 사용
	고기입자 크기	직접 다지기(10㎜ 정도) : 거칠게 다진 고기=1:1
	패티 크기(무게 / 지름)	120g, 지름 110㎜
	부재료	없음
	밑간	소금, 검은 후추
수제소스	명칭 / 특징 / 사용	콥드레싱, 런치드레싱, 데리야키소스, 마요네즈 등
수제토핑	명칭 / 특징 / 사용	저크치킨, 베이컨, 풀드포크, 칠리

오너인 다지마 다이스케가 햄버거 맛집「FUNGO」를 거쳐 독립하게 된 것은「샌디에이고에 있었을 때 경험한 CAL-MEX를 식문화로 널리 알리고 싶다」는 열정 때문이다. 샌디에이고는 멕시코 국경과 가깝고, 많은 멕시코인이 생활하고 있어「거리 안쪽 한적한 곳에 자리 잡은 숨은 가게조차도 깜짝 놀랄 정도로 훌륭한 맛」이라고 한다. 고급 요리가 아니라 일본메뉴로 치면 '나폴리탄 스파게티' 같은, 서민의 흔한 일상식사 수준이 정말 높다.

로컬의 맛은 고급레스토랑이 아닌 서민음식점에서 진정으로 느낄 수 있다. 그런「일상식사는 현지에서 경험한 사람만이 재현할 수 있다」는 것, 이를 사명으로 삼고 있다.

다지마는 일본 수제버거 업계에 '풀드포크'를 도입한 선구자 중 하나다. 미국 BBQ스타일이 트렌드인 지금에야 풀드포크라는 이름이 조금씩 알려지고 있지만, 판매 초기에는 아무도 알지 못했고 전혀 받아들여지지 않았다.「Sun 2 Diner」의 메뉴는「한 번 먹으면 반할 수밖에 없는 것들이 대부분」이라고 한다. 그중 최고는 샌디에이고의 정통 로컬요리인 카르네 아사다와 미국 가정요리의 정석인 맥앤치즈 등이다. 햄버거가 메인이지만, 샌드위치나 수제재료도 포함된 다이닝 메뉴가 라인업을 이루고 있다. CAL-MEX의 식문화를 널리 알리려면 다양한 동기를 가진 손님들을 모아야 한다는 생각에서다.

오너가 기본적으로 모든 일을 하는 수제버거 가게에서「다른 사람이 자신의 오퍼레이션을 얼마나 재현해줄 수 있는가」 또한 상황에 따라 중요하다.「Sun 2 Diner」에서 미트패티를 준비할 때, 소금과 검은 후추를 충분히 넣어 밑간을 하는 이유가 그렇다. 푸드트럭이나 이벤트 때의 요리, 피크시간대나 오너가 없을 때 매장 퀄리티를 안정시키기 위해서다. 다지마는 위생의식이 투철하다. 알코올스프레이를 항상 사용하고, 걸레도 용도에 따라 색깔로 구분하며, 요리장갑을 끼고 오퍼레이션하는 등 자신부터 철저히 준수하고 있다. 준비 재료는 항상 비닐랩으로 싸서 보관하고, 오퍼레이션은 준비와 과정을 빈틈없이 해낸다. 체인스토어 레벨을 기준으로 삼으며, 오너가 제시한 기준도 꼭 참고하게 한다.

왼쪽부터
사소한 부분까지 놓치지 않고 꾸며놓은 건물 주변. 다지마가 추구하는 '정통성 있는 수제' 느낌을 자아낸다. ／캘리포니아 스타일의 가게 벽에는 다지마와 직원들의 예술 작품이 곳곳에 그려져 있는데, 가게의 역사와 함께 유일무이한 서드플레이스(휴식할 수 있는 공간)가 되었다. ／풀드포크, 베이컨, 고다 치즈 등 다양한 수제파트를 만드는 데 필수품인 스모커(오른쪽). 왼쪽의 드럼형 스모커도 아직까지 사용하고 있다.

조리특징

「Sun 2 Diner」라고 하면 가장 먼저 차콜그릴이 떠오를 정도로 상징적인 존재다. 「숯 가격이 비싸다」(다지마)는 점이 조금 고민이 될 수 있다.

눌은 자국과 차콜향이 배어들기 직전까지 굽는다. 온도가 일정하지 않으므로, 항상 주의해가며 구워진 상태를 관리한다.

차콜그릴에서 플랫그릴로 옮긴 후 구워서 마무리한다. 뚜껑을 덮어가며 찌듯이 굽는데 미트패티 속은 너무 익히지 않고, 겉은 충분히 구워 감칠맛을 낸다.

양상추 접는 방법은 특별한 기술이 필요하지 않고, 번의 지름에 크기를 맞추는 것이 기준이다. 조립순서는 위가 필링이면 채소가 아래다. 기능적인 목적이 없고 맛 차이가 나지 않는다면 먹기 좋은 방법을 선택한다.

패티 · 채소 · 번

손으로 직접 다진 척롤 덩어리와 매우 거칠게 다진 앞사태를 50:50으로 배합한다. 여러 오퍼레이션 속에서도 안정적인 퀄리티를 유지하기 위해 소금과 검은 후추로 충분히 밑간을 한다.

양파는 그릴에 구워 준비해둔다. 차콜그릴의 화력 상태에 따라 미트패티를 굽는 시간이 좌우되기 때문에, 안정적인 퀄리티를 내려면 구워두는 편이 좋다.

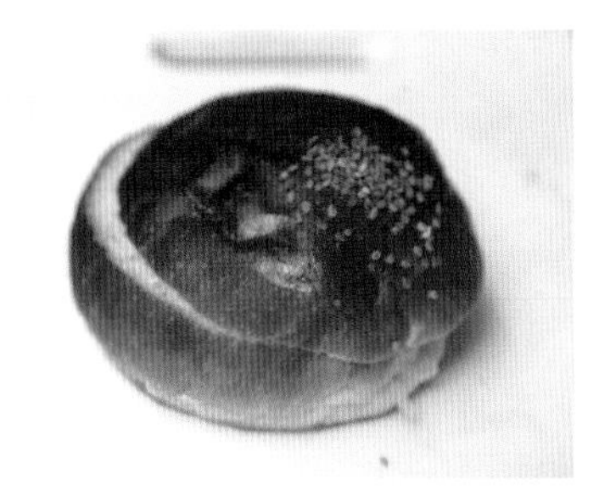

미네야의 오리지널 사양으로 오븐에서 전체를 굽는다. 오븐을 사용하는 장점 중 하나로, 겉을 바삭하게 구워 보기 좋게 완성할 수 있다.

수제파트

1주일 소금에 절이고, 다시 1주일 소금기를 뺀다. 총 2주일 뭉근히 숙성시킨 후 8시간 동안 벚꽃칩으로 훈연한 수제베이컨이다.

최종적으로 수율이 60% 정도가 되도록 뭉근히 훈연해 감칠맛을 응축시킨다. 풀드포크 전용의 BBQ소스로 맛을 낸다. 토핑뿐 아니라 크래프트 맥주의 안주로도 사용할 수 있다.

마카로니 & 치즈버거

맥앤치즈(Mac'n Cheese)라는 약칭으로 친숙한 유명 미국요리를 햄버거로 만들었다. 풀드포크의 마리네이드용 믹스스파이스를 사용해 조금 스파이시하게 완성한다.

카르네 아사다 프라이

카르네 아사다(carne asada)는 소불고기를 의미한다. 와플모양의 튀김에 체다와 고다 슈레드 치즈, 과카몰리, 사워크림을 듬뿍 올린 샌디에이고의 로컬푸드다.

오리지널소스

풀드포크용 소스 뭉근하게 훈연한 「풀드포크」에 어울리는, 단맛과 감칠맛을 확실히 더해주는 소스다.

데리야키소스 매콤달콤한 맛이 절묘해 남녀노소 모두 좋아하는 끝판왕 소스다. 데리야키 버거의 미트패티에 듬뿍 묻혀 제공한다.

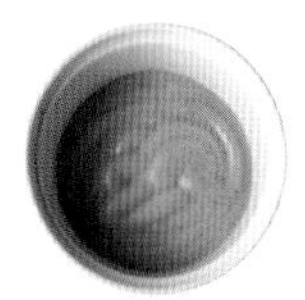

콥드레싱 랜치드레싱에 케첩을 넣어 만든다. 캘리포니아 주민들이 좋아할 법한 새콤달콤한 드레싱이다. 콥샐러드에 사용한다.

사워크림 어니언딥 사워크림에 어니언파우더와 소금을 넣어 만든 딥소스. 다지마 오너가 생각하는 캘리포니아의 맛이란 바로 이런 느낌이다.

베이컨잼 수제베이컨에 양파, 마늘, 발사믹, 꿀을 섞는다. 데워서 사용하는데, 단맛이 강하지 않아 질리지 않고 먹을 수 있다. 베이컨잼버거에 사용한다.

저크치킨용 소스 이 가게의 인기 메뉴인 「저크치킨」용 소스다. 가장 중요한 포인트인 '훈연향'이 잘 살아있다. 뒷맛은 산뜻하고 칼칼하다.

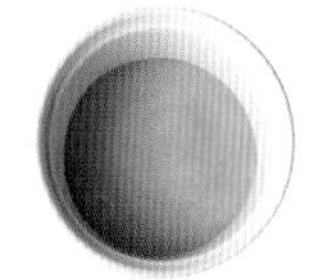

마요네즈 그대로도 맛있게 먹을 수 있는, 조금 달달한 오리지널 마요네즈. 사용하는 노른자 양이 많기 때문에 부드럽고 진한 맛이 난다. 햄버거나 드레싱에 두루 사용한다.

PROFILE

다지마 다이스케

버블시대가 끝날 무렵 캘리포니아 샌디에이고에서 1년 정도 머물렀다. 푸른 바다, 빛나는 태양, 최고로 맛있는 멕시칸푸드, 현지에서 보고 먹으며 느꼈던 분위기, 모두 모아 만들어낸 세계가 「Sun 2 Diner」이다. 다음 목표는 푸드트럭이다.

#5

shake tree burger & bar

손님이 각자의 시간을 즐길 수 있는 「burger & bar」이다. 국내뿐 아니라 해외에 진출해서 외국에서도 평가받는 「일본 햄버거문화」를 만들어가고 싶다.

주 소 東京都墨田区亀沢3-13-6 岩崎ビル 1F
전 화 03-6658-8771
영업시간 [화~금] 런치11:00~15:00(14:30LO) · 디너17:00~21:00(20:30LO)
[토] 11:00~21:00(20:30LO) [일 · 공휴일] 11:00~17:00(16:30LO)
정기휴일 월요일(공휴일 영업, 다음날 휴일)
홈페이지 http://www.shaketree2011.com/
오 픈 일 2011년 11월 12일
좌 석 수 40석
평 수 25평

B · B · B 베이컨 블루치즈 블랙페퍼

「A · A · A」, 「C · C · C」와 함께 대문자 이름을 가진 메뉴 3개 중 하나다. 이런 재미가 shake tree의 인기 비결이다. 블루치즈를 언뜻 봐도 알 만큼 듬뿍 넣었다.

번	제조점	그림하우스 미요시야
	크기(지름×높이)	110×60㎜
	토핑	없음
	재료특징(밀배아가 있으면 ok)	없음
패티	고기 종류	미국산 소고기
	고기 부위	척아이롤(어깨등심), 사태
	구입시 상태	냉장육 덩어리(척아이롤), 냉장 다짐육(사태)
	가공(손으로 다지기 / 직접 갈기 등)	덩어리는 부위에 따라 크기가 다르게 썰고, 다짐육과 50:50으로 섞는다.
	고기입자 크기	상황에 따라 조절
	패티 크기(무게 / 지름)	120g, 지름 110㎜(성형용 틀의 안쪽 지름)
	부재료	없음
	밑간	없음
수제소스	명칭 / 특징 / 사용	다양하며, 시판품을 베이스로 한다.
수제토핑	명칭 / 특징 / 사용	없음. 이 부분에는 힘을 쏟지 않는다.

오너인 기무라 유우타는 독립한 가게들을 상당수 배출한 유명 햄버거 맛집 「BROZERS'」 출신이다. 그는 이미 맛집이었던 이 가게의 오너 기타우라를 만나 「햄버거 길」에 입문했다. 5년간 상품개발뿐 아니라 손님 관리, 독립하는 데 원동력이 되는 가게문화까지 몸소 익혔다. 마지막으로 지역매니저라는 직책을 경험하면서, 독립하기 전에 경영자의 관점을 체험할 수 있었던 일이 지금의 기무라를 만들었다.

shake tree의 운영 스타일이 수제버거 업계 선두주자 중에서도 눈에 띄게 특별한 점은 「햄버거」라는 상품만 고집하지 않는다는 것이다. 가게가 때마침 고기열풍을 타고 수많은 미디어에 소개되었는데, 번 대신 미트패티를 사용해 히트를 친 「와일드 아웃」도 한몫했다. 그리고 이 메뉴를 방송에서 소개했던 탤런트의 팬들에게 일종의 「성지순례」가 되어 손님들의 발길이 잦아졌다. 이곳은 본래 유쾌하고 산뜻한 분위기의 아메리칸 다이닝을 지향하며, 「일하는 직원이 즐겁지 않으면 손님을 즐겁게 할 수 없다」가 기무라의 철학이다. 손님과의 커뮤니케이션과 친절함을 중시하며, 그것이 가게를 커뮤니케이션의 장으로 만드는 힘이 되어 큰 인기를 얻고 있다.

기무라의 메뉴개발 콘셉트는 「집중해야 할 포인트를 최대한 살리는 것」이다. 햄버거는 미트패티가 중심이고, 채소는 어디까지나 곁들이는 요소다. 「햄버거는 고기요리니까 미트패티를 맛있게 먹으려고 채소를 끼워 넣는 것이지, 채소를 먹는 게 목적은 아닙니다」, 「조립순서를 보면 그 가게의 햄버거에 대한 생각이 보여요」라고 말한다. 가게가 고기의 존재를 중시하면 미트패티를 아래쪽에 두고, 밸런스를 중시하면 가운데 둔다는 것이다.

「메이플 프라이드 치킨」의 발상도 재미있다. 시작은 「미국에서 본 치킨와플의 모습을 그대로 재현」하려는 생각이었다. 현지에서는 손님이 메이플시럽을 직접 듬뿍 뿌려 먹으며, 새콤달콤한 맛이 특징이다. 그러나 「일본에서는 손님에게 맡기면 절대 양껏 뿌리지 못하기 때문에(조금만 뿌리게 되므로) 이 상품의 좋은 점이 전달되지 않는다」는 생각에서, 시럽은 뿌려서 제공한다.

호소력 있는 상품을 만들고 각자가 제 역할을 해내서 장소와 분위기가 형성되면, 선순환이 이루어지며 손님이 상품을 찾아 되돌아온다. 그것이 기무라의 「햄버거 철학」이다.

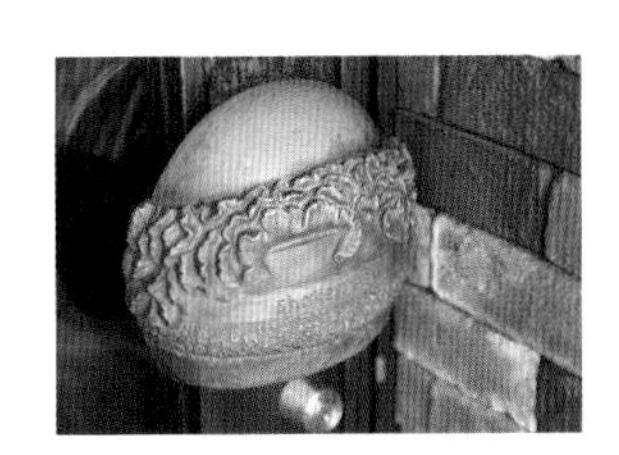

왼쪽부터
많은 손님들이 벽에 남긴 그림과 메시지. shake tree뿐 아니라 그동안 직원이 손님에게 받아온 사랑의 역사가 새겨져 있다. / 하루하루 발전해나가는 shake tree의 상징인 굿스파이럴이 들어간 로고. / 문고리는 햄버거를 본뜬 조형물이다. 가게에 들어서는 순간 햄버거의 세계로 빨려 들어간다.

조리특징

WILD OUT 조리과정. 그리들에 패티를 올리고 소금, 검은 후추를 뿌린다.

WILD OUT 조리과정. 약 1분 50초 후에 뒤집는다. 다진 고기가 도드라져서 거칠어 보인다.

WILD OUT 조리과정. 뜨겁게 내는 것이 무엇보다 중요하므로, 온도가 잘 유지되도록 그리들 위에서 조립해 나간다. 마요네즈를 펴 바른 후 토마토슬라이스를 올린다.

WILD OUT 조리과정. 토마토 위에 생양파슬라이스, 양파BBQ소스를 올리고 이후 체다 치즈, 또 한 장의 미트패티를 조립해 완성한다.

110㎝ 길이의 그리들을 준비해, 피크시간대에 여유롭게 대응할 수 있도록 기동력 있는 오퍼레이션을 갖춘다.

수제소스

시저드레싱 마요네즈+파르미지아노+식초로 만든다. 양상추가 번 역할을 하는「버거 인 어 볼」이나 시저샐러드에 사용한다. 양상추와 미트패티를 연결해서 맛의 일체감이 생겨나도록 돕는다.

오로라소스 케첩+마요네즈+마늘+타바스코로 만든다. 기본 햄버거「A · A · A」와 애피타이저「댓츠 브로콜리」에 사용한다. 크리미하면서 깔끔하고, 은은한 신맛과 감칠맛이 잘 살아 있다.

타르타르소스 달걀+마요네즈+양파+피클로 만든다. 생선메뉴에 사용한다. 농후한 느낌을 내면서 부드럽고 가볍게 완성한 소스다.

양파BBQ소스 콘소메+양파+BBQ소스+케첩+주노소스+꿀+타바스코로 만든다. 조금 스모키한 간장스테이크소스 이미지다. 일부러 일본인이 좋아하는 맛에 맞춰서 개발했다.

홀스래디시소스 홀스래디시+사워크림+마요네즈로 만든다. 고기를 잘라 만든, 180g의 미트패티가 들어간 햄버거「청키정키」에 양파BBQ소스를 사용한다. 미트패티를 끝까지 맛있게 먹을 수 있도록 부드러운 맛을 낸다.

패티

직접 다진 고기를 다짐육으로 연결하는 듯한 이미지다. 햄버거의 촉촉함과 스테이크의 풍부함을 모두 표현하면서 그 중간지점에 능숙하게 도달한다.

번

근처에 위치한「그림하우스 미요시야」의 오리지널 번을 사용한다. 조금 낮은 온도대에서 자른 면과 크럼(겉면)을 굽는다.

WILD OUT(와일드아웃)

shake tree라면 당연지사 WILD OUT이다. 이 햄버거는 말 그대로 고기요리인데, 미국 체류시절 언제나 제멋대로 주문했던 손님들이 발상의 계기가 되었다.

메이플 프라이드 치킨

치킨와플이라는, 와플에 프라이드치킨을 올리고 메이플시럽을 뿌려 먹는 미국요리에 영감을 받았다. 메이플시럽의 양이 정말 대단하다.

PROFILE

기무라 유우타

「BROZERS'」에서 경험을 쌓고, 29살에 「shake tree」를 오픈했다. 가게 이름은 사람을 기쁘게 해준다는 의미인 「shake a person's tree」에서 따왔다. 모든 직원의 몸에 밴 「손님 한 사람 한 사람과의 커뮤니케이션을 소중히 여긴다」는 오너의 철학이 인기의 원동력이다.

#6

No.18 DINING & BAR

햄버거는 「먹었을 때 입안에서 비로소 맛이 완성되는」 재미있는 요리다. 가능한 군더더기 없이 심플하게, 고기를 어떻게 맛있게 만들지가 항상 중심이 되어야 한다.

주 소 東京都豊島区東池袋2-57-2 コスモ東池袋105
전 화 03-6914-3718
영업시간 런치타임 [월·수·금·토·일] 11:00~15:30(15:30LO)
디너타임 15:30~20:30(20:30LO)
정기휴일 화요일
홈페이지 https://m.facebook.com/no.18diningbar/
오 픈 일 2014년 9월 1일
좌 석 수 16석(카운터 6석, 테이블 10석)

아보카도치즈버거

보기에도 좋은 밸런스를 가진 No.18 DINING&BAR의 대표 메뉴다.

번	제조점	미네야
	크기(지름×높이)	120×50㎜
	토핑	참깨
	재료특징(밀배아가 있으면 ok)	미네야의 스탠더드 타입
패티	고기 종류	미국산 소고기
	고기 부위	척아이롤(어깨등심)
	구입시 상태	냉장육 덩어리
	가공(손으로 다지기 / 직접 갈기 등)	덩어리는 부위에 따라 크기가 다르게 9부위로 자른다.
	고기입자 크기	다짐육에서 가로세로 5㎜ 크기까지 다양하게
	패티 크기(무게 / 지름)	130g, 지름 105㎜
	부재료	없음
	밑간	없음
수제소스	명칭 / 특징 / 사용	오렌지머스터드, 타르타르소스, 아보카도소스
수제토핑	명칭 / 특징 / 사용	베이컨, 미트소스

수제버거 가게를 하겠다는 사람은 모두 미국문화와 미국음식을 동경할 것 같지만 꼭 그런 것도 아니다. 하세가와 형제 중에 형인 다카히로는 「미국 본토는 가본 적도 없고 관심도 없다. 미국문화를 싫어하지는 않지만, 영향 받지 않았고 동경하는 마음도 없다」고 말한다. 그러니까 No.18 햄버거의 고향은 미국이 아니다. 「미국에서 태어났지만 일본인의 감각으로 다시 만들면, 정크푸드가 아닌 멋진 고기요리가 된다.」 그런 맥락에서, 햄버거의 기원을 확인하기 위해서라면 미국에 가보고 싶다고 한다.

다카히로는 요리가 하고 싶어서 음식업의 길로 들어선 것이 아니다. 본래 미대에서 매장 설계를 공부하고 있었다. 처음에는 좋은 공간의 가게를 디자인할 수 있으면 좋겠다고 생각했지만, 점차 「가게의 다이닝은 손님이 와서 입김을 불어 넣어야 비로소 완성되기 때문에, 거기까지 지켜보지 않으면 일이 완성된 것 같지 않아 내키지 않는다」는 생각을 갖게 되었다. 결국 스스로 가게를 내지 않으면 고민이 끝나지 않을 것을 깨닫고, 독립을 염두에 두게 되었다. 프렌치 비스트로 등을 거쳐, 하고 싶은 일과 방향이 잘 맞는 햄버거 가게 「MUNCH'S BURGER SHACK」에서 약 2년간 경험을 쌓았다. 이후 선술집에서 일하던 동생 마사히로를 불러들여서 콤비가 되고 독립하기에 이르렀다.

그들이 생각하는 햄버거의 정의는 「먹었을 때 입안에서 비로소 맛이 완성되는 요리」이다. 빵과 사이드디시와 고기를 전부 입에 넣고, 그 안에서 정합성과 통일감을 얼마나 불러일으키느냐에 따라 한 끼 식사가 완성된다. 조리과정 중에 맛의 밸런스를 체크하기 힘들다는 사실이 햄버거의 어려운 점이다.

이들이 생각하는 햄버거의 중심은 단연 「고기」이다. 햄버거의 한 파트인 미트패티를 「어떻게 맛있게 만들까」가 가장 큰 주제다. 한 덩어리의 고기를 먼저 잘게 나누고 다시 뭉치는 준비과정은 물론이며, 그 스탠스가 가장 잘 나타나는 부분이 「조립순서」이다. 「한입 물었을 때 마지막에 고기 느낌으로 마무리되는 리듬을 만들고 싶다. 고기를 제대로 맛보도록 미트패티를 아래에 둔다.」(다카히로)

하세가와 형제가 독립할 때부터 목표로 내걸고 있는 것은 「미슐랭가이드 등재」이다. 그들의 햄버거가 고기요리로서 설득력을 갖고, 식사로도 충분하고, 심플하며 아름다운, 필요한 것만 부족함 없이 담아낸 「일본 오리지널 수제버거」로 인정받는 날이 머지 않았다고 확신한다.

왼쪽부터

매장 안의 디스플레이는 수제버거 가게의 표준인 미국스타일이 아니며 의외로 깔끔하다. 호수 근처의 보트하우스처럼 오히려 아늑한 편이다. ／기호처럼 누구나 읽을 수 있고 기억하기 쉬우며 의미가 있어 보이는 이름이 되었으면 해서 「No.18」로 정했다. 2×9＝18이나 노래방 18번 등의 뉘앙스도 담겨 있다. ／다카히로는 본래 매장 설계를 공부했다. 「가게는 손님이 들어왔을 때 비로소 완성된다」고 생각한다.

조리특징

달구지 않은 팬에 식용유를 두르고 미트패티를 올려서 굽기 시작한다. No.18 DINING&BAR의 독특한 조리법이다. 「일정한 온도에서 시작되므로 안정적이며 관리하기 쉽다.」(다카히로)

미네야 번의 정중앙을 자른다. 중간에 뒤집어 가며 오븐에 굽는다.

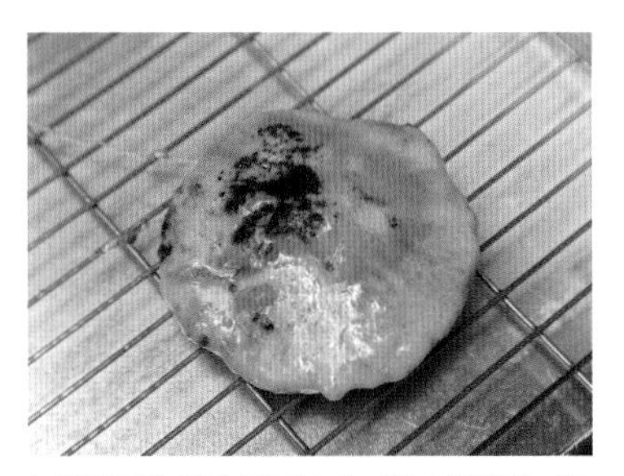

뉴질랜드산 체다 치즈(슈레드)를 사용한다. 「프라이팬 오퍼레이션에는 슬라이스보다 슈레드가 더 잘 어울린다.」(다카히로)

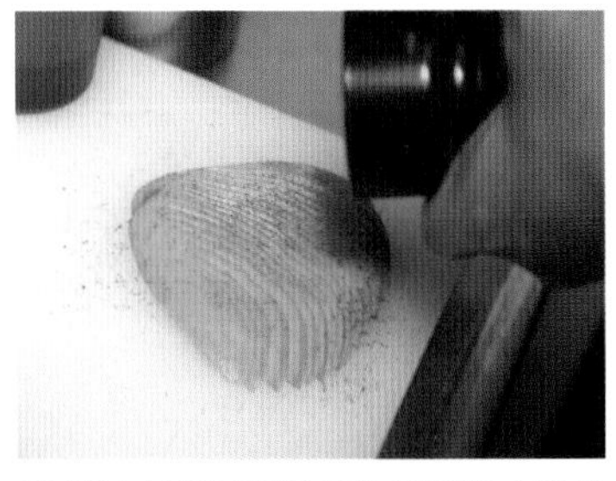

아보카도 1/2개 분량을 듬뿍 사용한다. 보기 좋도록 곱게 자른 아보카도를 부채 모양으로 펼치고, 검은 후추를 뿌린다.

아보카도용 소스(간장+올리브오일)로 밑간한다.

패티 · 채소

지방과 힘줄을 최대한 제거했기 때문에 진홍색을 띤다. 척아이롤은 고기맛이 굉장히 강한 부위이므로, 너무 단단하지 않고 촉촉하며 보슬보슬한 식감이 되게 만든다.

미국산 척아이롤(어깨등심)을 사용한다. 먼저 크게 4부분으로, 더 세분화해서 최종적으로 10부위로 나눈다. 될 수 있는 한 고르게 익도록 모두 섞어서 미트패티를 만든다.

양상추는 아삭아삭하고 가벼운 느낌을 줘서 식감을 보충하는 용도다. 어느 정도 부푼 모양으로 먹기 좋고 흩어지지 않게 접는다. 토마토는 지방을 끝까지 제거한 미트패티에 수분을 보충해주고, 채소만이 가진 감칠맛을 더한다.

마치 예술작품처럼 한없이 얇게 자른 아보카도. 패티 전체를 부드럽게 감싸는 듯한 효과를 기대할 수 있다. 햄버거 1개에 아보카도 1/2개 분량을 사용한다.

고기재료를 벚꽃과 히코리칩으로 훈연한 후 향신료와 버번(미국 위스키)을 넣은 진공팩에 담아 저온조리(75℃에서 15시간)한다. 훈연향과 고기의 감칠맛 모두 고기에 배는 독자적인 기술이다.

수제소스

수제소스는 오렌지머스터드와 타르타르소스 2종류다.

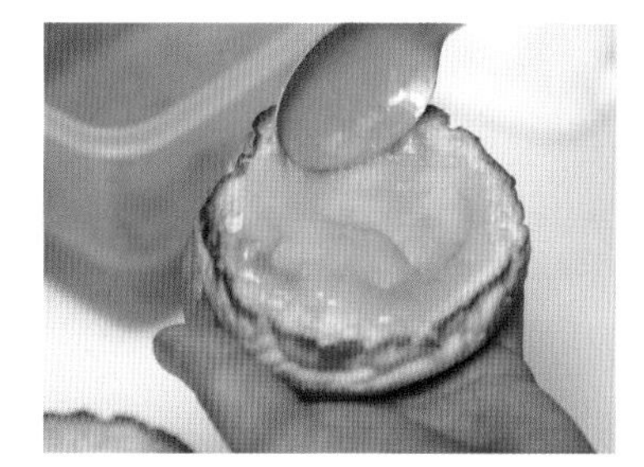

힐에 오렌지머스터드를 바른다.「고기와 찰떡궁합 맛을 가진 만능소스를 만드는 데 성공했다.」(다카히로)

크라운에는 타르타르소스를 바른다. 빵과 양상추를 연결하는 역할이다. 유지분을 조금 더한다는 느낌으로 매우 얇게 바른다.

캐러멜베이컨치즈버거

노르웨이를 대표하는 염소치즈「Ski Queen」을 사용한다. 캐러멜처럼 농축된 달콤짭짤함이 베이컨의 맛을 살려준다.

PROFILE

하세가와 다카히로(오른쪽) / 하세가와 마사히로(왼쪽)

사이타마현 고노스시 출신의 하세가와 형제. 본가는 찻집을 운영한다. 형인 다카히로가 재료 만들기와 접객을 주로 담당한다. 동생 마사히로는 오퍼레이션 담당이다. 둘 다 비슷한 수준으로 미트패티를 만들고 햄버거를 오퍼레이션할 수 있는 것이 강점이다. 미슐랭가이드 등재가 목표다.

#7

CRUZ BURGERS & CRAFT BEERS

꾸준한 연구와 노력은 언젠가 빛이 난다. 스스로 계속 노력하고 도전하다보면 시대도 변하지 않을까 하는 생각으로 매일 햄버거를 만들고 있다.

주　　소	東京都新宿区三栄町15-6 小椋ビル 1F
전　　화	03-6457-7706
영업시간	[월·수·목·금] 11:00~23:00(22:30LO) [토·일·공휴일] 11:00~21:00(20:30LO)
정기휴일	화요일
오 픈 일	2015년 11월 25일
좌 석 수	21석(카운터 5석, 테이블 16석)
평　　수	15평

베이컨치즈&프라이드에그메인

「부동의 인기 NO.1 메뉴」의 베이스 양념은 BBQ소스다. 곳곳에 조금씩 넣어서 소스맛이 너무 강하지 않게 밑간한다.

번	제조점	미네야
	크기(지름×높이)	110g, 110×70㎜
	토핑	없음
	재료특징(밀배아가 있으면 ok)	프랑스 생지에 약간의 설탕을 넣고, 주종을 사용
패티	고기 종류	호주산 소고기
	고기 부위	척플랩테일(살치살)
	구입시 상태	냉장육 덩어리, 다짐육
	가공(손으로 다지기 / 직접 갈기 등)	손으로 다진 고기 50%, 다짐육 50%, 소지방 8% 첨가
	고기입자 크기	불분명
	패티 크기(무게 / 지름)	120g, 지름 120㎜
	부재료	없음
	밑간	소금, 검은 후추
수제소스	명칭 / 특징 / 사용	BBQ소스, 타르타르소스, 데리야키소스, 토마토소스
수제토핑	명칭 / 특징 / 사용	베이컨, 칠리빈즈, 풀드포크

가게 이름은 미국 서해안의 비치타운 「SUNTACRUZ(산타크루스)」에 있을 법한 햄버거와 크래프트 맥주 가게의 이미지에서 나왔다. 「CRUZ BURGERS & CRAFT BEERS」가 다른 수제버거 가게와 확실히 다른 점은 「크래프트 맥주」를 햄버거만큼이나 중요하게 다룬다는 것이다. 8개의 공랭식 서버를 배치하고, 색다르며 개성 있는 미국 크래프트 맥주를 선별 제공하고 있다.

오너인 노모토 마사키가 햄버거에 매진하게 된 계기는, 이 책의 기술감수인 요시자와 세이타 등이 만들어온 「일본 햄버거」 스타일을 동경했기 때문이라고 한다. 즉, 내놓았을 때 비로소 맛의 밸런스가 완성되는 「요리」다운 햄버거다. 「뭘 먹어도 맛있고, 미트패티에 악센트가 있으며, 모양도 보기 좋을 뿐 아니라 맛의 밸런스가 좋아서 흠잡을 부분이 없다. 그게 일본 햄버거 스타일이다.」(노모토)

노모토는 노력파다. 자신이 파악한 정보를 항상 검증하고, 동업자 사이의 정보교환에도 적극적이다. 고교동창들이 우연히도 모두 다른 장르의 음식에 종사하고 있는데, 거기서도 정보를 교환하고 「햄버거만 고집하지 않고 다양한 생각을 받아들이고 싶다」며 연구에 몰두한다. 그런 노모토의 햄버거는 BBQ소스의 사용법 하나만 봐도 A&G 다이너, 닭꼬치, 돼지고기구이 조리기법의 발상을 엿볼 수 있다. 끊임없이 소화해가며 「나만의 스타일로 시도해 나가면 점점 바뀌어 간다.」(노모토)

셰프 경험이 있는 아내 준코의 아이디어나 레시피도 상품을 만들 때 중요한 역할을 한다. 고르곤촐라에는 셀러리피클, 풀드포크에는 코울슬로 등 서로 부족한 부분을 보완해가며 새로운 요리를 만들어간다. 「다른 종류의 고기에 같은 BBQ소스를 사용하면 일체감이 생긴다」는 등 유연한 발상이 돋보인다.

햄버거에 대해서 「누구나 만들 수 있는 장르가 되는 것은 원치 않는다. 좀 더 기술의 장벽을 높여 요리로서 인정받고 싶다」고 한다. 「각각의 재료가 아무리 맛있어도, 하나로 묶어서 맛을 내려고 하면 갑자기 어려워진다. 뭔가가 너무 튀어도 안 되고, 어디에 중심을 둘지 전체적으로 대조해가며 만들어야 한다. 그것이 햄버거다.」 이런 연구가 새로운 햄버거의 흐름을 만들어낼 것이다.

왼쪽부터
'아류'라고 말하지만 매일 연구에 매진한다. FIREHOUSE만의 흐름을 구성하는, 준비과정과 순조로운 오퍼레이션 순서. 앞으로 수제버거 업계를 이끌어갈 인재다. / 「햄버거를 만들다보니 미국 크래프트 맥주에 빠져버렸다」는 노모토. 호시자키전기의 공식 커스텀인 공랭식 맥주 서버로, 매우 신중하게 고른 아메리칸IPA를 선보이고 있다. / 매장 안은 미국 스타일이 과도하지 않은 카페 분위기다. 햄버거와 크래프트 맥주라는 조금 비일상적인 세계를 전파하려면, 문턱이 너무 높아선 안 된다.

조리특징

용암석그릴에 미디엄으로 굽는다. 용암석의 원적외선 효과는 숯의 몇 배이며, 불필요한 기름을 빼내면서 안쪽까지 제대로 구워준다. 「주로 살코기를 손으로 다지기 때문에, 고기의 감칠맛을 살리려면 용암석그릴이 좋다.」(노모토)

햄버거 메뉴에는 BBQ소스가 기본 양념이다. BBQ소스를 솔로 꼼꼼히 발라 밑간한다. 소스가 맛의 중심이 되지 않게 하면서 전체적인 느낌을 정리하는 독특한 방법이다.

바삭하게 구운 베이컨을 미트패티에 올린다. 이어 BBQ소스를 다시 바르고 얼마간 두면 「등갈비를 오븐에 구운 것처럼 바삭하고 맛있게 완성된다.」(노모토)

완전히 녹은 체다 치즈 위에 전체를 덮듯이 완숙 달걀프라이를 올린다. 각 파트의 온도가 유지되도록 그리들 위에서 작업한다.

채소가 들어가는 햄버거에는 타르타르 스프레드를 바른다. 미트패티를 비롯한 재료의 맛이 강하므로 힐을 두툼하게 잘라 「모두 받아낼 수 있도록 한다.」(노모토)

양상추는 토마토의 둥근 테두리 안쪽에 맞춰 넣는다. CRUZ BURGERS 햄버거의 모습이 매우 아름다운 것은, 이런 의도가 반영된 덕분이다.

수제파트

이겹살(스페어립을 떼어낸 후의 삼겹살로 기름기가 많다)을 사용해 직접 만든 베이컨. 「달지 않은 BBQ소스와 어울리도록, 너무 짜지 않고 약간 달게 만들고 있다.」(노모토)

향신료가 강하게 느껴지지 않도록, 달달한 맛의 믹스스파이스로 마일드하게 완성한다. 주문이 들어오면 바로 구워서 바삭하고 고소하게 제공한다. 코울슬로와 반드시 세트로 내는 것이 철칙이다.

수제소스

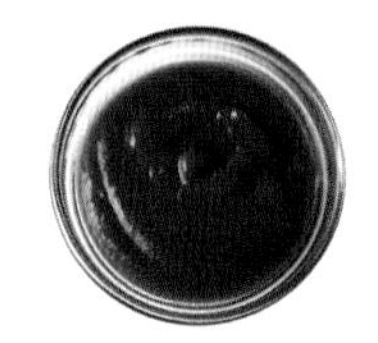

BBQ소스 「닭꼬치 양념같이 고기의 맛을 살려주는 보조 역할」 콘셉트. 달지 않고 스컬핀 IPA(화사한 과일향과 홉의 상쾌함이 조화로운 맥주)를 넣어 졸이기 때문에, 크래프트 맥주와 잘 어울릴 수밖에 없다.

데리야키소스 섬세하고 깔끔한 단맛으로 친숙하다. 「단맛을 원하지 않아서, 땅콩페이스트로 마일드하고 깊은 맛을 전체에 낸 후 고춧가루로 맛을 더한다.」

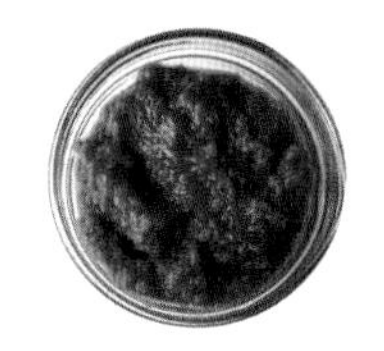

토마토소스 채소를 듬뿍 넣어 포근포근한 식감을 준다. 드라이토마토 같은 신맛과 감칠맛을 가진다. 주로 모짜렐라치즈버거(일부 한정버거)에 사용한다.

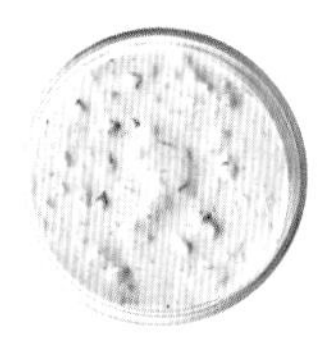

사우전드아일랜드 스타일의 타르타르 스프레드 사우전드아일랜드 드레싱을 베이스로 양파와 스위트렐리쉬의 아삭아삭한 식감이 악센트를 더한다. 번과 채소의 맛을 이어줘 전체를 정리하는 역할을 한다.

칠리빈즈 미트패티를 손으로 다지고 남은 자투리 고기를 활용해 만든 필링. 맵지 않고 끈끈한 바디감이 있는 식감이다.

FAT WRECK CHORDS

「FAT WRECK CHORDS」란 SFC의 인디라벨이다. 다큐멘터리 영화 「A FAT WRECK」의 개봉 기념메뉴. 미트패티(120g)+풀드포크(120g)+베이컨(60g)=300g 극단적인 볼륨의 고기 3중주 버거다

고르곤촐라 셀러리

소스 역할을 하는 고르곤촐라 피칸테와 새콤달콤하게 절인 셀러리피클, 2가지의 다른 요소가 훌륭하게 매치된다. 이상한 조합 같지만 확신을 갖고 만든 메뉴다.

패티

다짐육과 덩어리 고기를 50:50 배합한다. 석쇠판(철망)과 용암석의 거리가 가까워 온도가 금방 오르므로, 살코기를 보호하기 위해 윗등심 지방을 8% 넣는다.

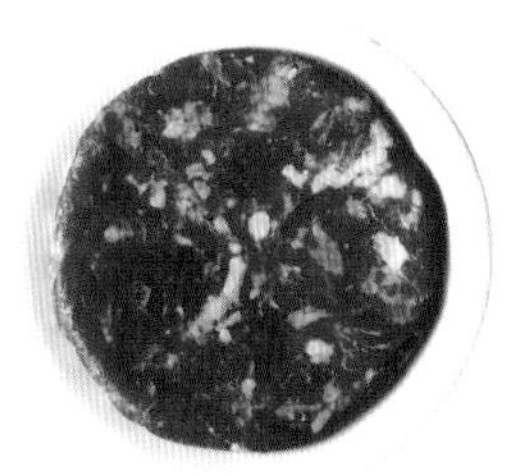

섞어서 넣은 소금 알갱이는 이틀 후에 모두 자취를 감춘다. 시간이 지나면 짠맛이 스며들어 고른 맛을 갖게 된다. 기본적으로 구입 2일 후부터 사용하고, 3일째 런치 때는 모두 사용하도록 한다.

채소 & 번

보관용기에 당일 사용할 양상추와 토마토를 조립해서 냉장보관한다. FIREHOUSE에서 배운, 피크시간대에 대응하는 방법이다.

「노모토 번」이라 불리는, 미네야의 2대 사장 다카하시 겐타가 감수한 스페셜 스펙이다. 감주효모를 사용하고 약간의 설탕을 첨가한 롤 생지다. 「입안에 무언가 남는 느낌이다. 때문에 패티도 입에 남아 잘 어우러지게 만든다.」(노모토)

PROFILE

노모토 마사키

수제버거 업계의 명문 「FIREHOUSE」 출신이다. 6년 동안 일하면서 점장도 지냈다. 프레쉬니스 버거의 프렌차이즈 매장을 맡았을 때 경영의 기초를 배워서 독립했다. 「아메리칸 크래프트 맥주를 서서 마실 수 있는 햄버거 배달 전문점」이 꿈이다.

#8

OLD NEW DINER

미국차를 좋아하다가 다이너에 입문했다. 새로워진 옛 미국 풍경. 푸짐한 수제요리로 아메리칸 다이너의 왕도를 걷는, 미국보다 더 미국적인 가게다.

주　　소　東京都立川市錦町1-8-5 イーグル立川 1F
전　　화　042-512-9864
영업시간　[화~토·공휴일 전날] 11:00~22:00(21:30LO)
　　　　　[일·공휴일] 11:00~21:00(20:30LO)
정기휴일　월요일(월요일이 공휴일인 경우, 화요일이 정기휴일)
홈페이지　http://www.oldnewdiner.jp/
오 픈 일　2016년 6월 17일
좌 석 수　23석 전석 금연
평　　수　20평

더블버거

140g의 미트패티 2장과 120g의 번이 압도적인 볼륨감을 뽐낸다. 베이스는 BBQ소스. 구성이 간단하기 때문에 먹는 데 집중할 수 있다

번	제조점	미네야
	크기(지름×높이)	115×65㎜
	토핑	참깨
	재료특징(밀배아가 있으면 ok)	AS CLASSICS DINER와 같은 120g 크기
패티	고기 종류	호주산 소고기
	고기 부위	클로드(앞사태)
	구입시 상태	냉장육 덩어리
	가공(손으로 다지기 / 직접 갈기 등)	직접 손으로 다진 것, 지방 없음
	고기입자 크기	9㎜(20%)+12㎜(80%) / 9㎜는 연결하는 역할
	패티 크기(무게 / 지름)	140g, 지름 108㎜
	부재료	없음
	밑간	소금, 검은 후추
수제소스	명칭 / 특징 / 사용	데리야키소스, 마요네즈, 살사소스, BBQ소스, 타르타르소스
수제토핑	명칭 / 특징 / 사용	소시지, 베이컨, 칠리미트

오너 다나카 노부유키는 골수 자동차 마니아다. 자동차 중에서도 미국의 올드카를 가장 좋아한다. 차 판금도장 일을 하다가 독립해서 아메리칸 다이너 가게를 차리게 된 것도 「차가 좋아서」이다. 미국문화와 미국음식을 좋아해 햄버거 세계에 들어서게 된 점이, 다른 수제버거 오너들과 시작이 완전히 달라 흥미롭다.

스켈레톤 방식으로 만든 가게는 1956년식 진품 캐딜락의 조형물은 물론 바닥매트나 포스터, 직원 유니폼 등 세세한 부분까지 재현성과 완성도가 매우 훌륭하다. 트렌드를 쫓는 데 만족하면 음식으로는 전문성이 낮은 '그냥 그런 미국 테마 레스토랑'이 되는 경우가 일반적이다. 그런 점에서 다나카는 아메리칸 다이너로서의 기능(분위기뿐만 아니라 음식 퀄리티까지)을 모두 높은 수준까지 끌어올렸다는 점에서 매우 훌륭하다. 1950년대 미국문화를 현지에서 체험한 일본인이 손님 중에 거의 없다고 한다면, 「OLD NEW DINER」에서의 체험이야말로 처음 접하는 진정한 50년대 미국이 되는 셈이다.

다나카의 음식업 경력은 하나같이 햄버거 가게다. 「FIREHOUSE」에서 2년, 「AS CLASSICS DINER」에서 5년, 이렇게 수제버거 가게에서 '제대로' 배웠다. 「FIREHOUSE」에서는 오퍼레이션을, 「AS CLASSICS DINER」에서는 대부분의 요리를 직접 만든다는 신념, 멕시코요리 베이스, 차콜그릴 활용 등을 자기 것으로 만들어서 자연스러운 흐름으로 담아내고 있다.

햄버거 메뉴판을 보면 심플하고 기본적인 구성이라 「어디 음식이지?」 하며 고개를 갸웃거릴 일이 없다. 140g의 미트패티를 사용한 햄버거 메뉴의 볼륨감은 「이게 바로 아메리칸 다이너 햄버거」라고 외치는 듯하다. 일일이 언급하지는 않지만 세세한 부분까지 착실하게 직접 만들고 있는 「OLD NEW DINER」는 아메리칸 다이너의 왕도를 걷는, 미국보다도 미국적인 가게로 나아가고 있다.

왼쪽부터

미국에 진짜 있을 것 같은 사인보드. 세세한 부분까지 공들여 만들었다. / 점장으로 일했던 「AS CLASSICS DINER」의 유니폼 볼링셔츠. REVERENCE(경의)를 표하기 위해 쇼케이스에 넣어두었다. / 1950년대 미국으로 돌아간 듯한 멋진 인테리어. 1956년식 진품 캐딜락의 조형물이나 사인보드 등 미국 분위기가 물씬 풍긴다.

조리특징

미트패티도 베이컨도 차콜그릴에서 굽기 시작한다.

미트패티는 1번 뒤집은 후 플랫그릴로 옮긴다.

「번은 오븐에 구워야 가장 맛있다.」(다나카) 따라서 크러스트(겉)는 바삭하고 고소하게, 크럼(속)은 폭신함이 남게 굽는다.

미트패티는 플랫그릴에서 구워가며 상태를 세심하게 조절한다.

「푸석하지 않고 볼록하게」(타나카) 커버를 씌워 뜸을 들이면서 익힌다.

구운 번의 크라운과 힐의 자른 면에 고무 스패츌러로 수제마요네즈를 적당히 바른다.

수제파트

소금, 삼온당, 검은 후추를 섞어 멕시코산 삼겹살에 문지르고 하룻밤 재워 훈연한다. 시간을 덜 들이면서 퀄리티도 낼 수 있는 주목할 만한 파트다.

패티

미트패티는 조금 큰 140g이다. 취재할 당시에는 앞사태를 사용했다. 지방은 모두 제거해서 일체 들어있지 않게 한다. 덕분에 볼륨에 비해 질리지 않고 먹을 수 있다.

번

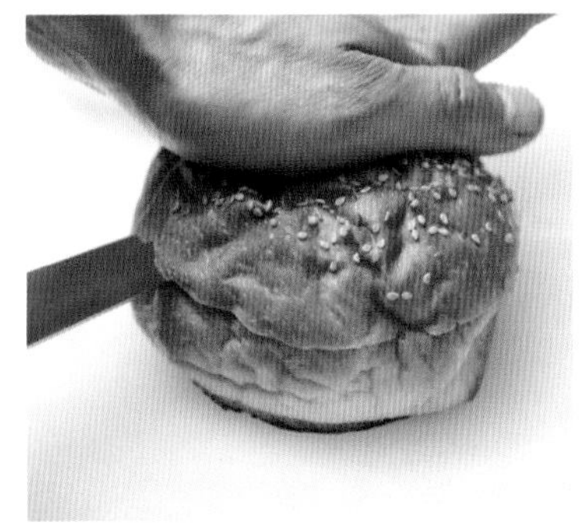

「들어가는 토핑이 많으므로 무너지지 않도록」(다나카) 힐을 도톰하게 자른다.

채소

양파는 단맛을 내기 위해 굽는다. 양상추를 접어 넣는 방법과 채소 조립순서는 「딱히 배웠던 곳의 영향 없이, 저한테 편한 방향으로 하고 있어요.」(다나카)

올드뉴버거

미트패티, 베이컨뿐 아니라 치킨, 아보카도, 칠리미트까지 들어간, OLD NEW DINER의 전부를 넣은 햄버거. 이벤트처럼 눈에 띄게 멋진 모습으로 조립한다.

엔칠라다(Enchi Lada)

멕시칸 메뉴의 기술은 「AS CLASSICS DINER」에서 몸에 익혔다. 그릴치킨, 강낭콩 페이스트, 살사소스 등 직접 만든 재료를 사용해서 선명한 맛을 낸다.

수제소스

BBQ소스 양파와 마늘을 푸드프로세서로 갈고 다이스드토마토, 간장, 우스터소스 등과 함께 약 5시간 약불로 졸인다.

살사소스 양파, 다이스드 토마토, 할라피뇨, 갈릭칩, 갈릭오일, 카이엔페퍼 등을 섞는다.

칠리미트 오크라, 토마토, 피망을 푸드프로세서로 갈고, 다짐육과 향신료를 넣은 후 수분이 없어질 때까지 5시간 졸인다.

테리야키소스 「AS CLASSICS DINER」의 역사가 깃든 데리야키소스. 청주, 간장, 된장, 삼온당 등을 타지 않게 주의하면서 약불로 2시간 졸인다. 이미 만들어 둔 소스에 첨가해가며 이어서 만든다.

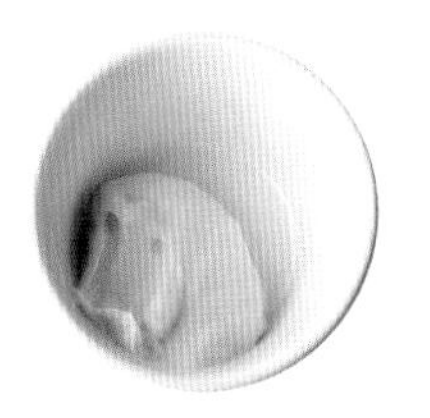

마요네즈 노른자를 많이 넣은 걸쭉한 마요네즈.

PROFILE

다나카 노부유키

매장이 있는 다치카와시 옆 히노시 출신이다. 미국의 올드카와 그 당시 문화를 좋아해서 햄버거의 길로 들어섰다. 「FIREHOUSE」에서 2년, 「AS CLASSICS DINER」에서 5년, 수제버거의 주류로 알려진 가게에서 경험을 쌓았다. 「현지에서 가게를 내고 싶었다.」

#9

ICON

'프로 햄버거 마니아'가 만드는 유일무이한 햄버거. 라이브 연주처럼 완성되는 햄버거로, 사진 찍기 좋은 비주얼을 자랑한다.

주 소	東京都渋谷区代々木2-30-4 ヨシダペアランドB棟101
전 화	03-6385-2587
영업시간	[화·수·금] 11:30~15:30 [목·토·일·공휴일] 11:30~15:30
정기휴일	월요일(월요일이 공휴일인 경우, 다음날 휴일)
홈페이지	http://burger.tokyo/
오 픈 일	2017년 3월 15일
좌 석 수	11석
평 수	6.05평

ICON BURGER

베이컨치즈버거에 「긴디야」라 불리는, 스페인 풋고추로 만든 피클을 넣었다. 맵지 않지만 신맛이 강하다. 긴디야를 반으로 잘라, 한입 물었을 때 반드시 입 안에 들어가도록 교차시켜서 넣는다.

번	제조점	바바 FLAT
	크기(지름×높이)	105×55㎜
	토핑	없음
	재료특징(밀배아가 있으면 ok)	일본산 밀 100%
패티	고기 종류	미국산 블랙앵거스
	고기 부위	척아이롤
	구입시 상태	냉장육 덩어리
	가공(손으로 다지기 / 직접 갈기 등)	덩어리 절반은 손으로 다지고, 나머지는 푸드프로세서로 다진 후 섞어서 사용
	고기입자 크기	가로세로 6~8㎜ 크기
	패티 크기(무게 / 지름)	110g, 지름 115㎜
	부재료	없음
	밑간	소금 · 검은 후추 · 니겔라(블랙시드) · 설탕
수제소스	명칭 / 특징 / 사용	징거버거용 소스, 매콤한 BBQ소스, 타르타르소스, 아히 아마리요(남미 안데스지역의 노란 고추) 페이스트
수제토핑	명칭 / 특징 / 사용	베이컨, 드라이토마토, 한정메뉴용 토핑은 상황에 맞게 사용

오너인 가타요세 유우타는 「프로 햄버거 마니아」이다. 그 앞에는 아마 「일본에서 유일한」이라는 수식어도 붙어야 할 것이다. 디자이너 일을 하면서 취미로 만들기 시작한 햄버거가 독특한 센스로 화제를 모았고, 지금은 인기 맛집이 되었다. 매장 안은 햄버거와 관련된 많은 굿즈와 서적으로 가득한데, 그 내용이나 양이 압도적이다.

「요리를 좋아해 어릴 적부터 계속하고 있다」는 가타요세. 어느새 좋아하게 된 햄버거에 대해, 햄버거 가게를 순회하거나 잡지, 책을 읽으면서 지식을 쌓았고 마니아답게 고기 한 덩어리를 산 다음 집에서 직접 잘라 패티부터 만들었다고 한다.

하지만 특정 햄버거 가게에 들어가 견습하는 과정은 없었다. 어디어디 출신 등과 같은 '고정 컬러'에 물드는 것을 피하고 싶었다. ICON 햄버거는 가타요세만의 오리지널 디자인이다.

디자이너라는 직업의 편린은 주방에 준비된 향신료에서도 엿볼 수 있다. 「디자인과 마찬가지로, 사용하지 않아도 전부 알고 이해하는 게 중요하다. 햄버거뿐 아니라 다른 요리에서도 새로운 것을 받아들이려고 한다」고 말한다. 닥치는 대로 향신료를 사서 시도하다 보니 지금의 경지에 이르렀다.

반면 뮤지션으로서의 자세도 햄버거를 만드는 데 영향을 주고 있다. 「ICON은 라이브하우스, 이곳의 연주를 들으러 와줘」 하는 느낌이다. 「햄버거 레시피는 말하자면 악보 같은 것이다. 악보를 바탕으로 그때그때 재료 상태, 먹는 사람과의 소통 등에 따라 익히는 정도나 맛을 미묘하게 응용할 수 있다.」

새로운 햄버거를 구상하는 과정도 독특하다.

「곡을 만드는 과정에는 가사 선행과 멜로디 선행이 있다. 햄버거도 마찬가지다. 채소 등의 재료를 우선시해 만드는 햄버거=가사 선행, 맛과 만들고 싶은 이미지를 우선시해 만드는 햄버거=멜로디 선행 같은 느낌이다.」

「예를 들어 사과버거는 받은 사과가 있어서 만들었다. 마칸버거는 모두가 즐겁게 먹을 수 있는 흥겨움을 햄버거로 표현했다.」

최근 그는 니가타 농원에서 갑자기 보내준 채소상자를 열어보고 「자, 어떻게 할까」라며 매우 즐거워하고 있다.

다른 장르에서 얻은 참신한 발상이 수제버거의 세계를 또 한걸음 진전시키고 있다.

왼쪽부터

매주 바뀌는 「한정버거」가 적힌 게시판. 아는 농원에서 갑자기 채소를 보내주면, 그 채소로 새로운 햄버거가 탄생하는 경우도 많다. / ICON의 로고는 한눈에 햄버거임을 알 수 있는 훌륭한 픽토그램(그림문자)이다. 디자이너이기도 한 가타요세의 작품. / 가타요세는 골수 햄버거 마니아다. 수집 중인 햄버거 굿즈와 서적류가 넘쳐나는 이 가게는 마니아들이 탐내는 보물창고다.

조리특징

화구 위에 씌운 그릴판을 사용해 굽는다. 온도는 170℃ 전후. 미트패티 겉쪽에 와규향을 입히기 위해 다짐육 형태로 잘게 얼린 와규 지방을 녹여 패티를 굽는다.

체다 치즈 슈레드를 그릴판 미트패티 위에 넘칠 만큼 듬뿍 올린다. 그 다음 뚜껑을 덮어 전체를 녹인다. 치즈를 구우면서 생기는 고소한 향이 섞여서 향에 악센트를 준다.

미트패티와 베이컨에 베이컨프레스를 올려 굽는다. 전면에 구운 색을 고르게 내면, 굽는 시간이 짧아진다는 장점이 있다.

도쿄 다카다노바바의 인기 베이커리 「바바 FLAT」. 밀키한 느낌도 들지만, 가열하면 브리오슈 같은 단맛이 사라지고 밸런스가 좋아진다. 앙증맞은 원모양이 특징이다.

패티·수제파트

고기 덩어리에서 힘줄과 지방 부분을 모두 제거했기 때문에 붉은색이다. 90%는 직접 손으로 다지고, 나머지는 푸드프로세서로 보슬보슬하도록 곱게 간다. 소금, 검은 후추, 설탕, 니겔라(블랙시드)를 넣어 간을 한다.

모든 메뉴에 들어가는 파트다. 생토마토는 안정적이지 않아서 응축된 맛을 위해 개발했다. 둥글게 썬 것을 철판에 올리고 소금을 뿌린 후 오븐에 6시간 굽는다. 토마토의 크기나 품종은 자신의 취향에 따라 정한다.

수제베이컨. 냄비 형태의 훈연기로 훈연한다. 슬라이스한 것 외에 자투리는 잘게 잘라 토핑이나 스프에 사용한다.

향신료 특징

일본에서 보기 드문 캄보디아산 고급 후추다. 레드, 블랙, 화이트, 생후추가 있다. 근처 캄보디아 음식점의 판매패키지를 디자인한 인연으로 구입하고 있다.

요리연구가의 연구실처럼 정리되어 있는 향신료 선반. 「사용하지 않아도 알아 두는 것이 중요하니까, 향신료는 일단 모두 사서 여러모로 시도하고 있어요.」

PEPPER PEPPER PEPPER BURGER(페퍼 페퍼 페퍼 버거)

이름 그대로 3종류의 페퍼를 사용했다. 녹인 스티펜 치즈 위에 풍미가 다른 블랙, 레드 페퍼를 각각 다른 방식의 그라인더로 갈아서 뿌린다. 패티 아래에 생후추 알갱이를 뿌려넣으면, 씹었을 때 신선한 후추향이 퍼진다.(100엔을 추가하면 생후추를 알맹이째로 넣어준다.)

사과버거

사과의 1/3정도에 칼집을 얇게 촘촘히 넣고 프라이팬으로 카다멈(소두구), 레몬즙, 레드와인 등과 함께 사과 식감이 살도록 흔들면서 익힌다. 다진 베이컨과 크림 치즈, 사과공포트가 안에 숨어서 잘 보이지 않지만, 먹을수록 맛의 변화를 느낄 수 있다. 신맛과 향이 고기와 잘 어울린다.

수제소스

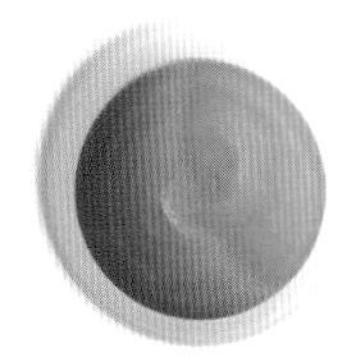

아히 아마리요 아히 아마리요는 남미 안데스요리에 빠지지 않는 노란 고추다. 페루산 페이스트를 소금으로 간해서 사용한다. 상큼하고 부드러운 매운맛이 난다.

타르타르소스 딜피클에 양파, 삶은 달걀, 마요네즈, 소금, 후추 등을 배합한다. 햄버거맛의 베이스를 만드는 데 만능이다. 힐에 거칠게 바른 듯한 느낌을 준다.

매콤한 BBQ소스 베이컨 에그&여름채소 버거에 사용하는 오리지널 소스. 발사믹, 케첩, 꿀, 향신료(칠리페퍼, 정향, 올스파이스, 팀불파우더) 등으로 달지 않고 매콤하게 만든다. 한정버거 전용 소스가 매번 등장한다.

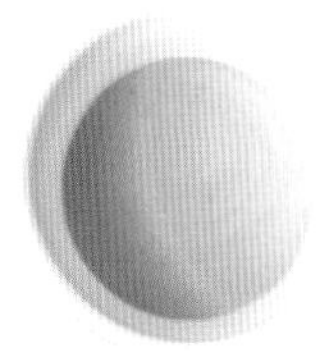

아히 아마리요 + 마요네즈 아히 아마리요 페이스트에 마요네즈를 더해서 한층 마일드하게 만든 「남미풍 겨자마요네즈」이다. 아보카도용 소스로도 사용한다.

생강소스 생강채가 듬뿍 들어간 한정 생강버거용 소스로 개발했다. 발사믹의 새콤함으로 생강의 매운맛을 줄이고 좋은 밸런스를 이룬다.

PROFILE

가타요세 유우타

음악전문학교를 졸업한 후 베이시스트로 활동했다. 그 후 디자이너로서 회사를 차렸고, 햄버거 골수 마니아가 되어 가게를 열게 되었다. 햄버거는 견습 없이 독학으로 배웠다. 현재는 햄버거 가게의 비중이 디자인 일을 넘어섰다. 챙 달린 모자가 그의 트레이드마크다. 미국문화를 좋아하며 앤디 워홀의 작품을 사랑한다.

이 책의 출간을 위해 많은 협조와 촬영장소를 흔쾌히 제공해주고, 직접 도와주기까지 한 VIBES 가시와점의 이시이 가즈야&아유미 부부, 이 책에도 등장해 협력해준 햄버거 업계의 중진이자 산겐자야의 맛집 「Baker Bounce」의 거장 와타나베 오너, 기타산도 E·A·T GRILL&BAR의 다카하시 오너, 마츠도 고가네하라 R-S의 시마모토 오너, 나카메구로 Sun 2 Diner의 다지마 오너, 료고쿠 shake tree burger&bar의 기무라 오너, 이케부쿠로 No.18 DINING&BAR의 하세가와 오너, 요츠야 CRUZ BURGERS&CRAFT BEERS의 노모토 오너, 다치카와 OLD NEW DINER의 다나카 오너, 미나미신주쿠 ICON의 가타요세 오너, 바쁘신 와중에도 여러 가지로 협력해주신 점 진심으로 감사드립니다.
주식회사 AS CLASSICS 대표 미즈카미 세이지, 미네야의 다카하시 사장, 빵 굽는 공방 ZOPF 이하라 사장, GORO'S★DINER, A&G DINER에서 함께 일해준 모든 분들, 단골손님들, AS CLASSICS DINER의 졸업생 모두, 이노우에 신고&아키코, Taka, 가린, 코지, 쇼우, 후지이, 이나리 에리카,

Special thanks from

S E I T A Y O S H I Z A W A

요시자와 세이타

모에, 다카다 미야비, W-ice의 겐, 고향 구라시키에서 함께 상경해 서로 의지하며 지내온 친한 친구이자 주식회사 JRD 대표 사사키 시게토시, Ciel Bleu의 이바라키 가즈키&미카, 모두 나열할 순 없지만 저와 관계된 모든 분들. 그리고 저의 아버지, 천국에 계신 어머니, 남매, 항상 응원해주는 가족 노리코, 아이리, 고로. 언제나 감사합니다.
마지막으로 이 책의 저자이자 셰어 해피니스의 대표이사 겸 사장 시라네. 부민 Vinum에서도 신세를 졌지만, 나를 햄버거의 세계로 이끌어 인생의 방향을 바꿔준 해결사입니다. 「언젠간 요시자와 세이타의 책을 내겠어!」라고 말해왔고 그것을 현실로 만든 언행일치의 남자입니다. 뭐라 감사드려야 할지 적당한 표현이 없습니다. 정말 감사드립니다.

DOCUMENT

햄버거, 어떻게 조립해야 하나?

참고자료

햄버거가 일본에 상륙해 수제버거가 되기까지
어떻게 진화했는지 자료와 함께 소개한다.
수제버거의 계보와 함께
수제버거 가게에 특화된 독립 후 개업 가이드도 수록했다.
좌담회에서는 일본 수제버거 업계 선두주자들의
햄버거에 대한 철학, 기술론, 업계 동향을
엿볼 수 있다.

「일본 햄버거」를 생각한다

미국을 상징하는 햄버거 스타일

1980년대 후반, 미국 햄버거 시장을 처음 살펴보러 갔을 때의 일이다. 댈러스에서 저녁식사를 하러 「Fuddruckers(푸드러커스)」라는 햄버거 레스토랑에 갔다. Fuddruckers는 후에 「Romano's Macaroni Grill(로마노스 마카로니 그릴)」과 HMR(Home Meal Replacement : 가정식 대체품) 붐을 일으켰다. 「Eatzi's(이치즈 : eat+easy의 신조어)」를 만들어낸, 천재 콘셉트 메이커로 불린 필 로마노가 개발한 매장이다. 당시에도 준비와 조리과정을 손님에게 공개하는 획기적인 스타일이 화제가 되었다.
먼저 카운터에서 미트패티의 크기와 굽는 정도, 번 종류 등을 주문한다. 미트패티가 구워지면 햄버거 컨디먼트 바(햄버거에 넣는 채소와 속재료, 소스류가 준비된 샐러드 바 같은 공간)에서 양상추, 토마토, 양파 등의 채소와 케첩, 머스터드, BBQ 등의 소스류를 얹어 자신이 원하는 오리지널 햄버거를 만드는 즐거움을 추구했다. 햄버거는 '가족, 동료와 함께 즐기는 단골메뉴'인 BBQ로 만들기 때문에 「국민음식」이라는 말을 들을 정도로 친숙하고 각자 맞춤형 음식을 먹을 수 있다는 데서 공감이 갔다. 본고장의 햄버거는 고기가 전부라는 사실 또한 일본에서 수제버거 붐이 생겨날 때까지 믿어 의심치 않았다.

일본 햄버거는 조화가 중요하다

1950년경 일본에 상륙한 햄버거는 일본에서 독자적인 발전을 거듭했고, 1990년대에 비로소 수제버거라는 개념이 등장했다.
일본 수제버거는 미국 햄버거 스타일과 약간 달랐는데, 고기요리라고는 하지만 고기를 중심으로 즐기는 식사법이 아니었다.
이 책의 첫머리(수제버거란 무엇인가?)에서 설명했듯이, 일본의 수제버거란 「기업의 대자본이 아닌 개인자본에 의해 경영되는 햄버거 전문점으로, 주인이 직접 재료 준비부터 오퍼레이션까지 담당하며 자신의 책임하에 영혼을 담아 햄버거 하나하나를 제공하는 스타일의 가게」에서 만드는 메뉴가 대부분이다. 그중에서도 「엄선한 재료 하나하나를 조합해서 만들어내는 화음, 그 조립 순서(쌓는 순서)로 맛의 밸런스가 완성되는 장인의 기술에 의한 예술작품」이라 할 수 있는 수준을 감히 「일본의 햄버거」라 부른다. 책에서 소개한 유명가게의 햄버거가 여기에 해당한다.
햄버거를 먹는 방법은 정해져 있지 않다. 하지만 수제버거 중에서도 일본 햄버거 수준의 작품을 먹을 때 먹는 사람은 만든 사람인 가게 오너가 마음에 그리는, 햄버거로 표현된 세계를 그대로 맛봐야 한다고 생각한다. 노포에서 초밥을 먹는 것과 같은 느낌이라면 이해하기 쉽겠다. 눈앞에서 펼쳐지는 장인의 기술이 고스란히 담긴 작품을 간장에 듬뿍 찍어먹지는 않는다. 각 지역의 불꽃놀이 대회에서 작품을 선보이는 참가자들이 색의 변화와 빛나는 타이밍까지 꼼꼼히 디자인해 불꽃놀이의 색채를 연출하는 것처럼, 수제버거도 오너의 의도하에 조립을 하고, 의도한 위치에 소스를 올리며, 먹는 사람의 입안에서 재료가 엉키는 입속 조미 단계까지 디자인해서 만들어낸 세계다.

이 책을 통해 실현하고 싶은 것

패스트푸드 햄버거는 이미 일상에 정착했지만 정크푸드로 취급되며 건강에 별로 좋지 않고 칼로리도 높다. 수제버기는 영양면에서 종종 정크푸드와 같은 기능을 한다고 여겨진다. 하지만 먹을 때 누리는 만족감과 스토리에 있어서는 뚜렷한 차이가 있다. 나는 수제버거의 기준을 명확히 하고, 햄버거와 수제버거는 언뜻 비슷해 보이나 전혀 다른 것이라는 인식을 하나의 문화로서 수제버거 가게에서 꾸준한 노력을 통해 전파하고 싶다.

현재로서는 수제버거의 기준에 아직 못 미치는 가게나, 수제버거의 조건은 충족시키지만 기술이 부족한 가게도 많다. 이 책은 수제버거의 개척자 중 하나이자 전설로 불리는 요시자와 세이타의 감수를 통해, 기본적인 준비부터 조립에 이르기까지 다양한 기술을 남김없이 공개하고 있다. 이제 수제버거 가게를 준비하는 사람은 이 책을 통해 기본적인 부분을 이해하고, 자신이 표현하고 싶은 햄버거의 세계를 만들어 갔으면 좋겠다.

나의 꿈은 이 책에서 소개한 수제버거 가게 같은 곳이 늘어나, 미슐랭가이드에 「햄버거」 카테고리가 생기는 것이다. 햄버거 전문점이 있는데 미슐랭가이드에는 왜 「햄버거」 카테고리가 없을까? 미슐랭가이드에는 일상적이지 않고 문턱이 높은 고급 레스토랑이 실린다는 이미지가 있지만, 「정성껏 만든 양질의 요리를 저렴한 가격에 먹을 수 있는 가성비 높은 음식점 · 레스토랑」을 기준으로 선발하는 「빕 구르망(Bib Gourmand)」 카테고리가 있다. 그러나 등재의 폭이 넓어진 후에도 현시점(2018년)에서 햄버거 전문점은 뽑히기 어려워 보인다.

추측컨대 일상성이 높은 식문화는 조리방법과 식재료에 대한 자유도가 높은데, 일관성 없는 「요리」, 「방법」이라서 인정받지 못하는 것은 아닐까. 햄버거는 결코 특별한 식사가 아니며, 일부 햄버거 마니아, 블로거, 인스타그래머 사이에서만 변화를 알아챌 수 있을 정도다. 중국 면요리를 기반으로 일본에서 독자적으로 진화한 라멘은 원스타를 획득한 매장이 등장했다. 미슐랭가이드는 전문성 높은 재료를 다루는 음식점의 경우, 재료 사용법과 조리기술, 제공방법을 평가하여 인정받을 만하다면 별을 부여한다. 수제버거 업계에서도 정크푸드가 아닌 「햄버거」를 제대로 어필하고 싶다. 한 곳이라도 등재되어 카테고리가 생긴다면, 일본의 햄버거 업계 관련 종사자 모두에게 격려가 될 것이며 더 큰 발전을 기대할 수 있을 것이다.

일본의 햄버거 역사

일본에 상륙하다

햄버거가 일본에 상륙한 것은 제2차 세계대전이 끝난 1950년 전후다. 도쿄도 훗사시의 요코타 공군기지, 가나가와현 요코스카시의 요코스카 해군기지, 나가사키현 사세보의 사세보 해군기지, 오키나와현의 미군기지군 등에 주둔한 미군에 의해 주변 거리에 전해졌다고 여겨진다. 햄버거가 최초로 전파되었다고 하는 거리에 대해 여러 가지 설이 있는데, 개인 가게가 많았던 나가사키현 사세보시에 가면 지금도 「사세보 버거」라는 이름이 익숙하게 들린다.
1948년에는 연합군 최고사령관 총사령부(GHQ)에 의해, 미군부대의 하사관병 숙소였던 도쿄 히비야의 산신빌딩에 레스토랑 「뉴 월드 서비스」가 오픈했다(2007년 폐점). GHQ 요리사로부터 현지의 레시피를 받아서 만든 햄버거와, 일본에 처음 소개되었다는 소프트 아이스크림 등을 제공하는 양식점이었다고 한다. 1950년에는 도쿄 롯폰기에 일본 최초의 햄버거 전문점이라 불리는 「더 햄버거 인(THE HAMBURGER INN)」이 오픈했다(2005년 폐점). 마찬가지로 1950년에는 미야기현 센다이시에 「호소야 샌드」가 오픈했는데, 「일본 햄버거는 여기에서 시작되었다」고 불리며 현존하는 가장 오래된 햄버거 전문점으로 꼽힌다. 모두 1950년 전후의 사건이며 지금에 와서는 발상 전후에 대해 분명하지 않지만, 햄버거는 제2차 세계대전 후에 일본에 전해져 현재까지 진화하면서 식사 형태로 일반화하고 정착했다고 볼 수 있다.

체인스토어의 등장

햄버거가 주인공인 패스트푸드 스타일이 일본에 처음 상륙한 것은 미국 체인스토어 「A&W」가 오키나와에 문을 연 1963년이다. 그러나 당시 오키나와가 미국의 통치하에 있었기 때문에, 일본 햄버거의 역사는 다이에(Daiei)가 1970년 2월 도쿄도 마치다시에 오픈한 「돔돔 버거」에서 시작되었다고 보는 경우가 많다.
다음해인 1971년 7월에는 도쿄 긴자 미츠코시에 「맥도날드」, 1972년 3월에는 도쿄 나리마스에 「모스버거」, 1972년 9월에는 도쿄 니혼바시 다카시마야에 롯데 그룹의 「롯데리아」 가 잇달아 1호점을 열었다. 메이지 유업도 1973년 7월에 「메이지 산테 올레(Sante Ole)」 1호점을 오픈하며 1970년대 초 일본 햄버거 체인의 시대가 열렸다.
이후 양념 감자튀김이나 소스 바 등을 비롯해 수많은 참신한 메뉴가 등장했으며, 햄버거 업계의 전설이 된 모리타 야스히코가 퍼스트 키친의 창업과 함께 입사해서 1977년 9월 도쿄 이케부쿠로 도부백화점 안에 「퍼스트 키친」 1호점을 열었다. 1980년 5월에는 다이에 그룹의 웬코-재팬이 「웬디스」 1호점인 긴자점을 도쿄 긴자 7가의 중앙대로변에 오픈했다. 1986년 11월에는 패밀리 레스토랑 로얄이 「Becker's(베커스)」 1호점을 도쿄 신주쿠 미츠이빌딩에 오픈했고, 「프레쉬니스 버거」는 1992년 12월 도쿄 도미가야에 1호점을 오픈했다. 「버거킹」은 1993년 9월 세이부 그룹에 의해 사이타마 이루마에서 세이부 이케부쿠로선의 역빌딩에 오픈했다. 여기까지가 모체가 바뀌면서도 살아남은, 햄버거가 중심인 패스트푸드 스타일의 체인스토어다. 2012년 12월에 「the 3rd Burger」가 도쿄 아오야마에 오픈했다. 이 가게는 미트패티와 번을 매장 안에서 만드는, 크래프트성이 높은 스타일을 취하고 있다. 해외에서 들여오지 않은, 국내기업의 신규사업으로 등장한 오랜만의 체인스토어다. 2018년 12월 기준으로 도내에 6개의 매장을 운영하고 있다.

1948	도쿄 히비야 산신빌딩에 레스토랑「뉴 월드 서비스」오픈. (2007년 폐점)
1950 전후	미군기지 주변 거리(요코타 공군기지, 요코스카 해군기지, 사세보 해군기지, 오키나와현 미군기지군 등)에서 미군이 햄버거를 전파했다.
1950	도쿄 롯폰기에 일본 최초의 햄버거 전문점이라 불리는「더 햄버거 인」오픈. (2005년 폐점)
1950	미야기현 센다이시에「호소야 샌드」오픈.「일본 햄버거는 여기에서 출발했다」고 불리며, 현존하는 가장 오래된 햄버거 전문점으로 알려져 있다.
1963	미국 통치하에서 오키나와현 야기바루에「A & W」오픈.
1970.12	오사카 신사이바시에 도우쇼쿠가「윔피(Wimpy)」오픈. (다음해 1971년 폐점) 일본에 진출한 첫 해외 외식체인이다.
1970.2	도쿄도 마치다시에 다이에 그룹이「돔돔 버거」오픈.
1971.7	도쿄 긴자 미츠코시에「맥도날드」오픈.
1972.3	도쿄 나리마시에「모스버거」오픈.
1972.9	도쿄 니혼바시 다카시마야에 롯데 그룹의「롯데리아」오픈.
1973.7	도쿄에 메이지유업의「메이지 산테 올레」오픈.
1974.3	요코하마에 후지이에 산하의 셰프재팬이「Burger Chef」오픈.
1975.12	도쿄 미타에 레스토랑 모리나가가「모리나가 러브」1호점 오픈. (2001년 철수)
1975	도쿄에 가네마츠 고쇼가「하디즈」오픈.
1977.9	도쿄 이케부쿠로 도부백화점에 산토리가「퍼스트 키친」오픈.
1980.5	도쿄 긴자 7초메에 다이에 그룹의 웬코-재팬이「웬디스」오픈.
1981.4	도쿄에 니혼쇼쿠도우가「선딘(SUNDINNE)」1호점 오픈.
1983.7	도쿄 롯폰기에 WDI 그룹이「Hard Rock CAFE」오픈.
1986.11	도쿄 신주쿠 미츠이빌딩에 패밀리레스토랑 로얄이「Becker's」오픈.
1986	오키나와현 로컬체인「Jef」창업.
1986	주식회사 사토가「White Castle」오픈.
1987.6	홋카이도 하코다테시에「럭키 피에로」창업.
1988.9	롯데리아「로로버거」오픈.
1989	오사카에 패밀리 레스토랑 프렌들리가「Carl's Jr.」오픈. (몇 년 후 철수)
1989	도쿄 롯폰기에「Johnny Rockets」오픈. (1991년 폐점)
1990	「Becker's」가 JR동일본의 계열사가 되다.
1992.12	도쿄 도미가야에「프레쉬니스 버거」오픈.
1993.9	사이타마 이루마시역에 세이부 그룹이「BURGER KING」오픈. (2001년에 철수)
1995	편의점「MINISTOP」이 매장 내 조리 햄버거 판매개시.
1997	도쿄 아오야마에 포시즈 그룹이「KUA'AINA」오픈.
1999.8	도쿄 시부야에 와타미 푸드서비스가「TGI FRIDAYS」오픈.
1999	도쿄 가구라자카에 모스버거의 새 브랜드「MOS'S C」오픈.
2000.9	도쿄 신주쿠에 패션 관련 기업「JOURNAL STANDARD」가「STANDARD BURGERS(현재 J.S. BURGERS CAFÉ)」오픈.
2002.12	웬코-재팬이「웬디스」를 ZENSHO에 매각.
2003	도쿄 나카노에 사세보버거「ZATS BURGER CAFÉ」오픈.
2003.2	도쿄도 아사가야역에 서점「VILLAGE VANGUARD」가「VILLAGE VANGUARD DINER」오픈.
2004.2	「모스버거」의 패스트 캐주얼판「모스버거 미도리」1호점을「신바시 2초메」에 오픈.
2005.8	도쿄 주조에 패밀리 레스토랑 사이제리아가 100엔 햄버거인「EatRun」오픈.
2007	도쿄 롯폰기에 건강식 햄버거「R BURGER」오픈.
2007	도쿄 니시신주쿠에 롯데 그룹과 Revamp의 공동출자로「BURGER KING」이 재상륙.
2009.10	도쿄 하라주쿠에 하와이의 BEST버거로 뽑힌「TEDDY'S BIGGER BURGERS」상륙.
2009.12	젠쇼의「웬디스」가 프랜차이즈 계약이 종료되어 철수.
2010.10	도쿄 아카사카 도큐플라자에 플로리다 캐주얼 아메리칸다이닝「HOOTERS」상륙.
2011.12	도쿄 오모테산도에 히가 인더스트리즈에 의해「웬디스」재상륙.
2012.12	도쿄 아오야마 골동품거리에 UNITED & COLLECTIVE가「the 3rd Burger」오픈.
2014.2.1	도쿄 롯폰기에「Wolfgang's Steakhouse」상륙.
2014.9.19	도쿄 롯폰기에「BLT STEAK ROPPONGI」상륙.
2015.7.19	도쿄 지유가오카에 어패럴 브랜드「투모로우 랜드」에 의해 유기농 햄버거「BAREBURGER」상륙.
2015	다이에 가나자와 핫케이점에 돔돔 푸드서비스가「건강을 지향하는 여성」을 타깃으로「DEAN'S BURGER」오픈.
2015.10.8	도쿄 기치조지에 프레쉬니스 버거의 풀서비스 카페다이닝「Crown House」오픈.
2015.11.27	도쿄 센다가야에 성인 스타일의 새로운 모스버거「MOS CLASSIC」오픈.
2016.3.4	도쿄 아키하바라에 미츠우로코 그룹에 의해「Carl's jr.」재상륙.
2016.9.22	도쿄 가이엔마에에 The SAZABY LEAGUE에 의해「Shake Shack」상륙.
2017.3.24	도쿄 아오야마에「UMAMI BURGER」상륙.
2017.3.31	도쿄 롯폰기에「THE COUNTER」상륙.
2017.6.30	도쿄 롯폰기에「BENJAMIN STEAKHOUSE ROPPONGI」상륙.
2017.10.17	도쿄 롯폰기에「Empire Steak House Roppongi」상륙.
2018.4.28	도쿄 시부야에「FATBURGER」상륙.

일본의 햄버거 역사

햄버거 체인이 아님에도 햄버거를 시작한 곳이 있었다는 사실을 돌이켜보고 싶다. 지금 생각하면 놀랄 만한 일인데(반대로 지금 시대에서는 전혀 놀랍지 않다) 편의점 중 노포격인 「미니스톱」에서는, 매장 내 조리 시스템인 TO ORDER(주문을 받고 나서 오퍼레이션을 시작하는 방식)로 햄버거를 판매하고 있었다. 예전 모리타와 함께 일본 패스트푸드 햄버거 업계의 전설이었던 이마이 히사시가, 1986년 당시 JUSCO 그룹에 입사하여 「편의점 + 패스트푸드의 융합」을 목표로 시작했던 사업분야다. 안타깝게도 창업 30주년 개편으로 햄버거는 파니니로 변경되어 자취를 감췄다. 이마이는 매장 안에서 채소를 재배하는 시도나 저당질 번의 도입 등 친환경, 건강 같은 당시 체인스토어에 없었던 개념을 도입한 공적으로 업계 내에서 높은 평가를 받고 있다.

특별한 햄버거의 시작

지금의 수제버거로 이어지는 흐름은 1985년 도쿄 히로오에 오픈한 「Homework's」에서 시작되었다. 대사관을 비롯한 외국계 기업, 외국인 거주자가 많은 지역으로 외국인과 부유층 사람들이 모두 이용했다.
맥도날드의 「땡큐 세트」와 롯데리아의 「산파치 트리오」가 전성시대였는데, 서민들에게는 가격도 상황도 이질적이었다. 1990년 도쿄 고탄다에 테라스가 있는 독자적인 레스토랑 「7025 Franklin Avenue」의 오픈으로 이어졌다. 오너 마츠모토 고조는 일본 햄버거 업계의 개척자이며 현역 레전드다.
견습 후 독립하고 매장을 차린 졸업생들을 다수 배출하여, 현재 수제버거 업계의 큰 뿌리가 된 원조가게는 3곳이다. 첫 번째는 1995년 도쿄 미슈쿠에 오픈한 세키 순이치로의 「FUNGO」(햄버거가 메뉴화된 것은 1999년), 두 번째는 1996년 도쿄 혼고에 오픈한 요시다 다이몬의 「FIREHOUSE」, 그리고 세 번째는 2000년 도쿄 닌교초에 오픈한 기타우라 아키오의 「BROZERS'」다. 각각 미국과 호주 현지 체류 경험에서 실제 매장을 열 생각에 이르렀다는 점이 공통적이다. 이 가게들은 현재도 최고의 맛집이지만, 직원이 바뀌어도 매일 퀄리티가 떨어지지 않고 높은 레벨을 유지한다는 점이 대단하다. 표준화된 작업을 제대로 이어가고 있다는 증거다.

「수제버거」라고 불리기 시작하다

「수제버거」란 말은 어떻게 생겨났고, 언제부터 그렇게 불리며 정착해 왔을까?
당시 상황을 아는 햄버거 마니아들을 면면이 취재했는데, 「2007년 〈Rich Rich★Burgers(리치 리치 버거스)〉(이노우에 신고 지음 / 요이즈미사)의 출간이 하나의 계기가 된 것 같다」는 대답이 공통적이었다.
햄버거 블로그 「palog」를 운영하는 이노우에 신고는, 마찬가지로 햄버거 블로그 「HAMBURGER STREET」를 운영하는 버거연구가 마츠바라 요시히데, 「W-ICE 지라시의 이면」을 운영하는 W-ICE와 함께 그 당시 많지 않았던 '햄버거 전문 탐방 블로거'의 선구자다. 이노우에 신고에 따르면 책 출간과 함께 미디어 노출이 늘었을 때 「가격도 비싸지만 퀄리티도 높은 햄버거」라는 새로운 음식 장르를 찾아낸 방송국 측이, 당시 유행하던 '수제'라는 단어를 사용해 '수제버거'라는 새로운 호칭을 쓰고 싶어했다. 이

때 이노우에 신고는 「별로 내키지 않는데……」라고 했지만, 그가 사용하던 「리치버거」라는 호칭에 대해 묻자 대본대로 「글쎄요, 수제버거라고도 할 수 있겠네요」라고 대답한 일이 그 시작인 것 같다고 한다.
이노우에 신고가 내키지 않았던 이유는 「원래 주먹밥이나 라면 등은, 수제주먹밥이나 수제라면이라고 말하지 않기 때문」이었다. 그러나 별다른 호칭이 없었던 햄버거에 새로 다른 이름을 붙이자는 움직임도 없었고, 이후 '가칭'으로 「수제버거」라 불리기 시작해 대안 없이 현재에 이르렀다고 볼 수 있다. 「프리미엄 버거」라는 표현도 심심찮게 찾아볼 수 있다.

패스트푸드 체인의 도전

체인스토어 햄버거 업계가 수제버거 업계에 도전장을 낸 역사도 있다.
2015년 주식회사 프레쉬니스가 도쿄 기치조지에 「Crown House(크라운 하우스)」를 오픈했다. 「일상에 녹아드는 조금 사치스러운 공간」이 콘셉트인 이 가게는 프레쉬니스 버거의 플래그십으로 자리매김했고, 주종으로 만든 미네야의 번을 사용했다. 또한 같은 시기에 주식회사 모스푸드서비스가 도쿄 센다가야에 「MOS CLASSIC(모스 클래식)」을 오픈했다. 이곳은 「'수제버거'와 '술'을 즐기는 어른들의 모스버거」가 콘셉트였다. 두 가게 모두 베이컨, 치즈 등의 파트는 패스트푸드 사양 그대로지만, 가격 면에 중점을 두면서 나갈 길을 모색하고 있었다. 그렇게 상품 면에서 「패스트푸드의 최고봉」이라는 위치를 지향했지만, 위의 이유 때문에 선을 넘을 수 없어 수제버거의 영역에는 도달하지 못했다. 「수제버거는 패스트푸드 햄버거의 연장선상에 존재하지 않는다」는 사실이 검증된 사례였다.

수제버거의 계보

계보의 흐름에 대해 짧게 설명하자면, 먼저 「현재 수제버거 업계의 큰 뿌리가 된 원조가게는 3곳」이라는 점이다. 그 3곳의 오너는 어떤 형태로든 「7025 Franklin Avenue」 마츠모토 고조의 영향을 받고 있다. 그리고 자신의 매장을 오픈하기 전에 「Homework's」의 설립에 온 힘을 다한 사람도 마츠모토이다. 그러면 계보를 따라갔을 때 도달하는 일본 수제버거의 아버지는 바로 마츠모토다.

수제버거 가게는 법인으로 운영한다 해도 기본적으로 기업이라 불릴 규모가 아니다. 원조가게의 매장 수는 「BROZERS'」가 3곳, 「FUNGO」가 2곳, 「FIREHOUSE」가 1곳이다. 운영하는 매장의 질을 유지하면서, 독립할 수 있을 만큼 직원이 성장하면 '졸업'할 타이밍이다. 매장 관리를 경험한 점장급, 즉 가장 일을 잘하는 직원이 빠져 버리는 것은 회사로서 좀 아쉬운 일이지만 경험자가 말하길 조직이 재충전하기에 좋은 계기가 된다고 한다.

가장 세력이 큰 BROZERS'는 직영 레스토랑이 3곳, 기타우라 대표가 공식 인정한 독립매장은 20곳이 넘는다. 이곳에서 견습을 마치고 고향에서 자신의 가게를 오픈하는 패턴이 일반적이므로, 그 장소는 일본 전역에 퍼져 있다. 계보로 인정받으려면 운영뿐 아니라 매장 관리까지 충분히 견습한 실적이 필요하다. 「독립매장에서 견습하고 독립한다」는, 본점에서 봤을 때 「다단계 매장」 같은 곳도 오픈한다고 한다.

BROZERS'는 공식 사이트에도 리크루트 페이지를 마련해 적극적으로 문호를 열고 있다. 미디어 취재도 많아서, 수제버거를 목표로 삼는 사람은 우선 목표로 삼아야 할 등용문 같은 존재다. 사원교육도 정평이 나 있어서, 매일 아침 매장 주변뿐 아니라 거리까지 범위를 넓혀 청소하고 있는 모습도 볼 수 있다. 사회에 공헌하는 훌륭한 자세는 독립 후에도 계승되어 전국에서 실천하고 있다.

FIREHOUSE에서 독립한 사람들에게 특히 「오퍼레이션」이 몸에 익었다는 말을 듣는다. 오퍼레이션이란 매장을 컨트롤(예측과 실적을 일치시키는 기술)하는 감각이다. 예산에 맞춰 인력과 자재를 준비하고, 혼잡한 피크시간대에 대비한 작전을 실행한다. 자신뿐 아니라 직원까지 확실히 관리할 수 있는지가 중요하다. 그런 의미에서 인기 맛집 FIREHOUSE는 독립 전에 거치는 가장 훌륭한 훈련장이다.

FUNGO는 예전 산겐자야에 새 매장 「TEN FINGERS BURGER」를 오픈해 원조매장이 2개가 되었다. FUNGO에서 독립한 오너들은 세타가야공원 앞 본점의 역대 점장들이다. 이 책의 기술감수를 맡은 요시자와 세이타, 「AS CLASSICS DINER」를 운영하는 미즈카미 세이지, 이 책에서 소개한 「Sun 2 Diner」를 운영하는 다지마 다이스케 등 쟁쟁한 인재를 배출했다. AS CLASSICS DINER에서는 도쿄 다치카와에서 「OLD NEW DINER」를 운영하는 다나카 노부유키가 독립하여, 본점의 손자격인 매장도 만들어 활약하고 있다. FUNGO의 본점은 원래 세키 대표가 미국 유학 중에 경험했던 「샌드위치 카페」를 콘셉트로 시작해서, 그곳 메뉴인 애플파이를 기본으로 「GRANNY SMITH APPLE PIE & COFFEE」라는 대히트를 친 매장 콘셉트도 내놓았다. 세키 대표의 「자기 회사에서 제조한 번을 공급해 자급자족한다」는 구상이, 자사 베이커리 매장인 「CROSSROAD BAKERY」의 오픈으로 실현되었다.

수많은 독립매장을 배출해내는 바탕에는 제대로 된 오퍼레이션 체계가 있다. 양상추 접는 방법이나 조립순서 등의 흐름이 자연스럽게 계승되며 기기 선택도 마찬가지로, 예를 들어 차콜그릴을 사용해 견습하면 자연스럽게 차콜그릴을 선택하게 되는 점을 계보 속에서 찾아볼 수 있다.

계보	가게	개업일	소재지
Homework's	Homework's 히로오점	1985.7.1	도쿄도 미나토구 히로오
	Homework's 아자부주반점	1988.4.1	도쿄도 미나토구 아자부주반
	the pantry 마루노우치점	2005.3.1	도쿄도 치요다구 마루노우치
7025 Franklin Avenue	7025 Franklin Avenue	1990.9.25	도쿄도 시나가와구 고탄다
	├→base	2008.8.8	도쿄도 시부야구 하츠다이
	├→HAMBURGER & SANDWICH FURUSATO	1962 (HB 개시 : 2009.5.2)	도쿄도 주오구 츠키시마
	└→FAITH	2007.11.17	도쿄도 신주쿠구 아라키초
BROZERS'	BROZERS' 닌교초본점	2000.7.3	도쿄도 주오구 닌교초
	BROZERS' 신토미초점	2012.7.20	도쿄도 주오구 신토미
	BROZERS' 니혼바시점	2018.9.25	도쿄도 주오구 니혼바시
	├→CENTER 4 HAMBURGERS	2006.8.25	기후현 다카야마시
	├→LAYER'S	2006.12.4	아이치현 나고야시 나카구
	├→BIGSMILE	2005.1.11	이바라키현 도리데시
	├→Reg-On Diner	2008.8.15	도쿄도 시부야구 히가시
	├→LOCOFEE	2011.1.5	도쿄도 오타구 오모리니시
	├→shake tree burger & bar	2011.11.12	도쿄도 스미다구 가메자와
	├→Burger & Beer VIBES	2011.11.24 (2013.3.14 폐점)	도쿄도 미나토구 시바
	BURGERTRIBE VIBES	2013.11.8 (2016.10.30 폐점)	지바현 가시와시
	Burger / Tex-Mex VIBES	2018.4.15	지바현 가시와시
	├→Hamburger Monster	2012.5.1	오사카부 오사카시 니시구
	├→homeys	2012.11.18	도쿄도 신주쿠구 다카다노바바
	├→REDS' BURGER STORE	2013.6.13	미에현 욧카이치시
	├→HEAP BURGER STAND	2013.12.15	오카야마현 오카야마시
	├→Deli☆Boy BROS. HAMBURGER	2015.6.25	후쿠오카현 우키하시
	├→BURGER CRAZY	2016.7.9	효고현 니시와키시
	├→BURGER & MILKSHAKE CRANE	2016.12.5	도쿄도 다이토구 스에히로초
	├→marger burger	2016.12.12	도쿄도 시부야구 센다가야
	├→Gravy Burger	2017.3.1	미에현 스즈카시
	├→Skippers'	2017.3.13	도쿄도 고토구 시오미
	├→CLAP HANDS	2018.1.12	도쿄도 세타가야구 산겐자야
	├→Builders	2018.1.21	도쿄도 스미다구 히가시코마가타
	├→Burger Stand Tender	2018.4.30	니가타현 니가타시 주오구
	├→햄버거숍 스즈키	2018.8.1	사이타마현 구마가야시
	└→THE HAMBURGER	2018.10.7	교토부 교토시 기타구
FIREHOUSE	FIREHOUSE	1996.1.16	도쿄도 분쿄구 혼고
	├→ARMS	2005.8.16	도쿄도 시부야구 요요기
	├→Authentic	2006.11.18	도쿄도 미나토구 아카사카
	├→GRILL BURGER CLUB SASA	2009.4.22	도쿄도 시부야구 다이칸야마
	└→THE GIANT STEP	2017.4.29	도쿄도 네리마구 네리마
	├→Sherry's Burger Cafe	2011.5.25	도쿄도 시나가와구 고야마
	├→CHATTY CHATTY	2014.7.4	도쿄도 신주쿠구 신주쿠
	├→GREAT ESCAPE	2014.12.15	사이타마현 사이타마시
	├→Jack 37 Burger	2015.9.14	도쿄도 주오구 니혼바시코덴마초
	├→CRUZ BURGERS & CRAFT BEERS	2015.11.25	도쿄도 신주쿠구 산에이초
	└→folk burgers & beers	2018.8.6	도쿄도 지요다구 간다진보초
FUNGO	FUNGO 미슈쿠본점	1995.12.1	도쿄도 세타가야구 게바
	TEN FINGERS BURGER	2018.6.3	도쿄도 세타가야구 니시타이시도
	├→AS CLASSICS DINER KOMAZAWA	2005.12.17	도쿄도 메구로구 야쿠모
	├→AS CLASSICS DINER ROPPONGI	2013.4.19	도쿄도 미나토구 롯폰기
	└→OLD NEW DINER	2016.6.17	도쿄도 다치카와시 니시키초
	├→Sun 2 Diner	2011.7.20	도쿄도 메구로구 가미메구로
	├→Beach Hill Food Works	2016.5.10	후쿠이현 사카이시
	├→三六〇	2017.10.20	오사카부 사카이시
	├→HELLO! NEW DAY	2018.2.16	오사카부 오사카시 니시구
	├→GORO'S★DINER →A & G DINER	2005.4.29 (2013.5.31 폐점)	도쿄도 시부야구 진구마에
	└→GORO'S★DINER 우다가와초점	2008.11 (2009.5 폐점)	도쿄도 시부야구 우다가와초
	└→syuzo.akutagawa	2015.8.14	시즈오카현 하마마츠시
THE GREATBURGER	THE GREATBURGER	2007.5.20	도쿄도 시부야구 진구마에
	cafe Hohokam	2010.6.7	도쿄도 시부야구 진구마에
	San Francisco Peaks	2012.7.30	도쿄도 시부야구 신구마에
	THE SMILE	2013.4.25	도쿄도 신주쿠구 신주쿠
	├→L.A.GARAGE	2015.5.29	도쿄도 세타가야구 이케지리
	└→THE BURGER STAND nutmeg	2017.6.19	오사카부 사카이시 나카구
BURGER MANIA	BURGER MANIA 시로카네점	2008.3.3	도쿄도 미나토구 시로카네
	BURGER MANIA 히로오점	2011.2.14	도쿄도 미나토구 히로오
	BURGER MANIA 에비스점	2014.3.3	도쿄도 미나토구 에비스
	├→McLean-old burger stand	2016.5.17	도쿄도 다이토구 고마가타
	└→She told me	2017.12.1	홋카이도 하코다테시
SUNNY DINER	SUNNY DINER 본점	2005.11.3	도쿄도 아다치구 센주
	SUNNY DINER 루미네 기타센주점	2009.6.25	도쿄도 아다치구 센주아사히초
	SUNNY DINER 롯폰기점	2016.5.11	도쿄도 미나토구 롯폰기
	SUNNY DINER T-site 가시와노하점	2017.3.2	지바현 가시와시 와카시바
	├→Jimmy's DINER	2015.10.26	도쿄도 고쿠분지시
	└→BASHI BURGER CHANCE IKEBUKURO	2016.8.4	도쿄도 도시마구 미나미이케부쿠로
MUNCH'S BURGER SHACK	MUNCH'S BURGER SHACK	2011.1.31	도쿄도 미나토구 시바
	└→NO.18 DINING & BAR	2014.9.1	도쿄도 도시마구 히가시이케부쿠로
RAINBOW KITCHEN	RAINBOW KITCHEN	2003.2.9	도쿄도 분쿄구 센다기
	└→R-S	2008.7.25	지바현 마츠도시
	└→ALDEBARAN	2018.6.1	도쿄도 미나토구 롯폰기
THE BURGER STAND FELLOWS	THE BURGER STAND FELLOWS	2005.11.14	도쿄도 미나토구 기타아오야마
	├→버거공방 체스가든	2011.8.10	도쿄도 시부야구 하타가야
	├→TIN'z BURGER MARKET	2013.5.5	군마현 다카사키시
	├→Burger Cafe honohono	2014.9.3	사이타마현 가와고에시 모토마치
	├→The Godburger	2016.12.17	이시카와현 가나자와시
	└→HAPPY	2017.7.17 (2018.4.30 폐점)	도쿄도 스기나미구 고엔지미나미

마케팅

수제버거 가게 오픈을 준비하는 사람들에게

나는 수제버거 가게를 포함해 수많은 음식점을 열었고, 현재 내 매장을 경영하는 것 외에 외식컨설팅도 하고 있다. 여기서는 수제버거 가게 오픈을 목표로 하는 독자에게 오픈 준비의 흐름을 대략적으로 설명하고자 한다. 시작은 독립해서 음식점을 시작하는 것이다. 이 책에서 말하는 수제버거 가게란 「오너 스스로 재료 준비부터 오퍼레이션까지 종사하면서 자신의 책임 아래 햄버거를 제공하는 스타일의 가게」이다. 기본적으로 오너가 중심이 되어 오퍼레이션을 하고, 규모나 시간대에 맞게 아르바이트(P/A) 직원을 고용해 팀을 구성한다는 전제다. 오픈 전 이미지 트레이닝을 할 때 필수 체크 항목이므로 참고하도록 한다.

예비단계

기술

기본 기술을 습득한다

음식업의 길로 나아가겠다고 결심했을 때, 우선 조리기술을 몸에 익히는 방법을 생각해봐야 한다. 고등학교 졸업 등 타이밍이 잘 맞으면 조리 전문학교에 입학하는 것도 좋고, 배우고 싶은 장르의 요리를 다루는 음식점에 취직해 견습하는 것도 좋다. 기업이 운영하는 매장, 개인사업자의 매장 등 음식점도 콘셉트와 전문성이 다양하다. 어느 정도 자신이 지향하는 스타일에 가까운 음식점을 선택하는 쪽이 결과적으로 지름길이다.

「요리를 좋아한다」, 「요리를 잘 한다」 같은 자신감만 갖고는 손님으로부터 돈을 받고 영업을 계속해 나갈 수 없다. 취미로 하는 요리와 음식점 요리는 전혀 다르다. 특히 수제버거에 대해 「집에서 먹을 수 없는 전문성 높은 요리」로서 가치를 느끼고 정확히 인식하는 것이 시작이다.

예비단계 * 아래 3항목을 병행한다.

기술	● 기본 기술을 습득한다. ● 수제버거 가게에서 견습을 하며, 독립한 후 오픈을 목표로 삼는다.
계획	● 콘셉트를 잡는다. ● 숫자로 서류를 만들어 경영계획을 세운다. • 오픈자금 : 예를 들어 설비, 기구 등이 갖춰진 매물의 경우 보증금(10개월 정도), 조작양도비, 중개수수료, 전월세, 개장비용, 집기비, 운전자금 등을 계산한다. • 사업전망 : 매상고 상정(객단가×객수), 매상원가, 인건비, 매장 월세, 관리비(수도광열비), 차입금의 반제 등. 오픈 시 예상외의 지출이 생긴다. F(FOOD) + L(LABOR) + R(RENT)로 매상고의 70%가 서류에서 채산 라인. ● 자금 조달 • 저축 외 일본정책금융공고, 자치체의 제도융자 이용 등. 차입 시 사업계획서, 계약서, 견적서 등의 서류작성과 제출이 필요하다. ● 매물 찾기
자격	● 영업허가서 ● 식품위생책임자 ● 규모에 따라 방화방재관리책임자 선임, 소방계획 제출이 필요하다.

수제버거 가게에서 독립, 오픈을 목표로 한다

수제버거 가게에서 독립한 후 오픈을 목표로 한다면, 독립을 장려하는 오너가 운영하는 수제버거 가게에 취직하는 길이 가장 빠르다. 기술을 습득한 직원의 독립에 너그러운 가게는 선배들의 전례가 있기 때문에 큰 도움이 된다. 이 책에서 소개하는 「계보가 있는 가게」는 이미 많은 성과가 있으므로 참고하기 바란다.

기술습득 과정을 마치고, 자신이 표현하고 싶은 수제버거의 방향이 잡히면 독립을 고려하기 좋은 때다. 매장운영 방식은 개인사업인지 법인을 만들지 상황에 따라 결정하면 된다.

지금부터는 누가 부탁한 길을 가는 것이 아니다. 경영자라는 위치는 누군가에게 배우기보다 항상 스스로 생각해서 판단해야 한다. 즉, 자신이 오너로서 「메인 플레이어」가 되어야 한다. 오픈은 가족들의 문제이기도 하므로 자신이 수제버거를 정말 좋아하는지, 이 길을 헤쳐나갈 결의와 각오를 다시 한번 되짚어보아야 한다.

계획

콘셉트를 정한다

수제버거가 메인이라는 것을 대전제로 삼고, 어떤 스타일의 가게를 차릴지 대략적인 콘셉트를 설정한다. 오퍼레이션을 하면서 손님과 대화를 나눌 수 있는 카운터인지, 테라스석이 있는 카페스타일인지, 반려견을 데려올 수 있는 가게인지, 미국차를 좋아하는 사람들이 모이는 가게인지 등등 구현하고 싶은 콘셉트에 따라 매물을 찾는 방법도 달라진다. 어느 정도 되는 직원수를 생각하고 있다면 사무실 공간이나 탈의실도 고려할 필요가 있다. 경우에 따라서는 노면(1F)보다 임대료가 저렴한 꼭대기 층도 고려해야 한다. 어떤 손님층을 타깃으로 잡을까? 객단가는? 영업시간대는? 정기휴일 설정은? 이런 조건을 확실히 정해둔다.

독립준비

실시계획	● 매장 만들기 • 시공업자 선정. 추후 신청 등에 필요하므로 레이아웃 도면은 보관한다. ● 주방기기 • 패티소성기, 냉동제조차 개수와 크기, 번 두는 공간 등을 고려한다. • 열원에 의한 공기의 흐름을 확인한다. 배기 덕트를 확인한다. ● 집기 준비 • 체크리스트를 작성해서 확인한다. ● 직원

오픈직전

매장운영 계획·준비	● 메뉴 구성 • 원가와 노동의 균형을 생각한다. • 원가계산은 정확히 한다. ● 공급처 • 고기재료와 번이 가장 중요하다. ● 오퍼레이션 • 제휴할 경우 플로우를 작성한다. ● 경영 • 영업, 손님수, 동향, 상품별 출수를 기록한다. 계속 쌓이다 보면 주간, 월간 경향 분석에 유용하다. ● 인프라 정비 • 수도광열, 전화, 폐기물, 매트, BGM, POS 계산시스템, 신용회사, 각종 보험 리스 계약 등. ● 맛집 사이트 • 각종 맛집 사이트에 등록한다. ● 채용 ● 홈페이지를 개설한다.

숫자로 서류를 만들어 경영계획을 세운다

「일단 시작해 보자」는 마음에서 음식점을 시작하는 사람이 많은 것도 사실이다. 그러나 현재 상황과 전망을 파악하지 않으면 인생을 건 도전이 좌절로 끝날 수 있다. 매물에 맞춰 수정할 수 있는 정도의 시안은 만들어 둘 필요가 있다.
먼저 오픈할 때 필요한 금액이다. 예를 들어 고기 바의 설비와 장비, 집기 등을 그대로 양도받아 구입할 경우 매물을 얻는 데 필요한 보증금(통상 집세 10개월 정도), 조작양도비용(내외장, 설비), 중개수수료, 전월세, 개장비용(내외장, 설비, 디자인비), 집기비품(가구, 계산시스템, 매장 내 장식품, 조리기구, 유니폼 등), 기타 운전자금 등 총 필요금액을 계산한다.
그 다음 사업 전망을 세운다. 매상고 상정(객단가×객수), 대략적인 매출원가(35% 정도에서 설정하는 편이 일반적), 인건비(종업원 지불 급여), 매장 월세, 유틸리티(수도광열비), 그 외 제비용, 차입금의 반제 등이다. 오픈 시에는 예상외의 지출도 많다. F(FOOD) + L(LABOR) + R(RENT)로 매상고의 70%가 서류에서 보통 채산 라인의 기준으로 여겨진다. 또한 오픈 당초에는 오픈경기가 있는데, 그것이 끝난 후에 상정 이하의 매상고로 어디까지 버틸 수 있을지 미리 잡아둬야 한다.

자금 조달

가게의 규모와 입지조건에 따라 필요한 자금도 다르다. 보유자금이나 친인척, 스폰서 지원으로 조달할 수 있는 경우는 문제없지만 대부분의 경우 차입을 통해 자금을 조달하게 된다. 업계의 창업세미나에서 자주 사용하는 예를 소개한다.
독립 전에는 먼저 월 10만 엔씩 저축한다. 음식점의 경우 식사가 제공되므로 식비 면에서는 다른 업종에 비해 조금 편하다. 1년 계속했을 경우 120만 엔, 어떻게든 5년 동안 열심히 모은다면 600만 엔이 된다. 이것이 하나의 단계다.
개업자금 대출로 잘 알려진 곳이 일본정책금융공고다. 창업계획서가 꼼꼼하고 사업 내용과 밝은 전망을 프레젠테이션할 수 있다면 대체로 원금까지는 문제없이 융자받을 수 있다. 자치체의 제도융자(스타트업 지원으로서 신용보증협회의 보증으로 신용금고 등에서 빌리기 쉽고, 이자율 우대도 있다)도 있지만, 지금까지의 경력이나 어느 정도 기반이 확실하지 않다면 문턱이 조금 높은 방법이다. 융자 신청을 검토받기 위해서는 계약 관련 서류(견적서나 계약서)가 필요하므로 자금과 관련해서는 준비절차가 중요하다.

매물 찾기

매물 찾기는 어떻게 보면 예측할 수 없는 부분이다. 우연한 기회나 운에 의지하는 경우도 많다. 조건이 좋은 매물은 누구나 원하기 때문에 경쟁이 치열하다. 따라서 매물정보에 대한 안테나를 항상 켜두어야 한다. 같은 매물이 두 번 다시 나오지 않기 때문에 기회는 단 한 번뿐이다.
우선 홈페이지 매물소개 사이트에 등록해 정보를 얻는다. 입지조건, 매장규모, 집세 예산 등을 좁혀서 등록하지 않으면 매일 방대한 메일을 받게 된다. 특정 지역에서 오픈을 노린다면 발품을 팔아 현지조사를 하는 것도 유효하다. 폐점할 것 같은 가게를 발견하거나 현지인만 아는 정보를 얻는 경우도 있다. 지인의 소개는 매물 주인에게 신용도가 올라가므로 고마운 일이다.

매물 조건에서 내장이 같이 거래되는지, 스켈레톤 방식인지, 음식에 대한 허가조건(중식 가능, 불가능 등)을 확인해야 한다. 메뉴 구성에 따라 다르지만 수제버거 가게는 그릴과 튀김기의 배기를 위해 덕트 설치가 필요하다. 매장 오너의 생각에 따라 다르겠지만 수제버거 가게는 중음식(조리를 직집 해서 판매하는 음식)과 경음식(본격적인 조리를 하지 않고, 음료나 간단한 스낵을 판메하는 음식) 사이에서 약간 경음식 쪽에 속한다.
내장 상태에 있어서 스켈레톤 방식은 처음부터 매장 설계를 할 수 있다는 장점이 있다. 반면 그리스 트랩(Grease trap)이나 전기배선 등의 인프라를 처음부터 모두 구축해야 하므로 확고한 구상과 자금, 공사기간에 여유가 있는 경우가 아니면 별로 추천하지 않는다. 매장의 조작설비를 그대로 이어받는 방식도 있다. 양도에 비용이 필요하지만, 전 오너와 업계가 같고 취향이 맞는 경우는 행운이다. 설비를 그대로 사용할 수 있어서 투자액을 크게 절약할 수 있다.
업계가 다른 경우 기기의 교체나 리폼이 필요하지만 스켈레톤으로 시작하는 경우와 비교했을 때 투자액도 공사기간도 압도적으로 유리하다. 주의할 점으로서 전 오너가 철수한 이유도 철저히 조사해서 알아두면 좋다. 그 이유에서 부정적인 부분은 검토할 필요가 있다.
그냥 믿지 말고 거리를 충분히 조사해「이곳이 수제버거 가게를 필요로 할까?」를 확실히 판단하고 나서 결단을 내려야 한다. 프리렌트기간(집세를 내지 않는 기간)이 있는 경우도 있지만, 계약했을 때부터 집세가 발생하는 경우 매물이 정해지면 즉시 공사에 들어갈 수 있는 준비가 필요하다.

자격

필요 자격

음식점을 운영하려면 규모에 관계없이「영업허가증 신청」이 필요하다. 관할 보건소에 신청하고, 담당 검사관의 입회하에 검사를 거쳐 위생상 문제가 없으면 영업허가증서가 교부된다. 단, 검사 일수와 교부 일수에 몇 주가 소요되는 경우도 있으므로 오픈 날짜에 늦는 일이 없도록 여유 있게 준비해야 한다. 신청할 때는「식품위생책임자 설치」가 필요하다. 식품위생책임자 자격이 없어도 조리사, 제과위생사, 영양사 등의 자격자가 재적하고 있으면 문제없다. 해당자가 없는 경우「식품위생책임자 양성 강습」을 수강해 자격을 취득한다. 이 강습은 신청 후 수강일까지 시간이 걸리므로, 가능하면 오픈 전에 취득해 두는 편이 안전하다.
매장의 수용규모에 따라서「방화방재관리책임자 선임」,「소방계획 제출」이 필요하다. 음식점 등 특정용도 대상물의 경우, 수용인원 30명 이상인 매장이 기준(건물 상태에 따라 다르다)이므로 해당하는 경우 관할 소방서에 신고한다. 방화방재관리책임자 자격 강습은 수강까지 상당한 시간이 필요하기 때문에, 이것도 오픈 전에 취득해 두는 편이 안전하다.

독립준비

실시계획

매장 만들기

결단을 내리고 오픈하는 이상, 매장 내외장 디자인이나 주방설비에 실현하고자 하는 세계관이나 추구하는 포인트가 많을 것이다. 전부 스스로 해내는 사람도 있지만, 시공업체에 리모델링을 의뢰하는 경우가 대부분이다. 모델로 삼는 가게가 있으면 매장을 설계한 디자이너나 해당 시공업체를 소개받는 방법도 있다. 시공업체는 실적이 있는 편이 좋은데, 음식점이나 햄버거 가게 시공 경험과 실적을 말한다. 음식업에 대한 이해가 깊고 오퍼레이션 동선을 고려한 레이아웃을 짜지 않으면 처음부터 사용하기 어려운 가게가 된다. 또한 디자인비용이나 시공비용은 대부분 처음 예산을 초과하게 된다. 따라서 이런 예산액도 합쳐서 관리할 필요가 있다. 여러 업체에 의뢰할 때 견적을 내고 비교검토를 하면 시세에 대한 감각이 생긴다.
레이아웃 도면은 보건소와 소방서 등의 신청서류에 첨부해야 하며, 이전 등 매각 시에도 필요하므로 작성 보관해 두어야 한다.

직원

오너의 마음을 이해하며 함께 일해주는 직원은 무엇보다 가장 소중한 존재다. 오픈할 때, 지금까지 알고 지내온 동료나 수제버거 가게 경험자가 있으면 든든하다. 새로 채용할 경우 조건과 어필 포인트를 세세히 조사해서 채용사이트에 모집공고를 낸다. 매체에 따라 게재 타이밍, 주력 장르, 지역성이 다르므로 다수의 채용사이트 대리점과 계약할 때는 상황을 파악하고 알맞은 어드바이스를 해주는 대리점과 계약하는 편이 좋다.
월간 워크스케줄을 작성하고 요일 시간대마다 과부족이 없는지 체크하며, 인건비가 예산을 초과하지 않게 관리한다. 영업시간 외에는 여러 식재료 준비가 필요하므로 자기가 해낼 수 있는 범위 내에서 할지 직원에게 분배할지 판단한다.

주방기기

자신이 만들려는 상품에 따라서 필요한 기기도 달라진다. 수제버거 가게에서 가장 중요한 「미트패티 굽기」를 담당할 기기는 당연히 콘셉트에 맞게 선택해야 한다. 차콜그릴, 용암석그릴, 플랫그릴, 프라이팬 등 어떤 기기로 구울 것인지 좌석수, 피크시간대 손님수, 그리고 가게의 생산 능력도 고려해서 결정한다.
구입한 미트패티를 보관하는 냉동냉장고의 문 개수, 판매와 비례해 물리적 공간을 차지하는 번을 두는 장소 또한 함께 검토할 항목이다.
수제버거 오퍼레이션의 경우, 열원에 의해 주방 내 온도가 매우 높아지므로 대책이 필요하다. 배기 덕트 사양은 피크시간대에 대처할 수 있는지가 포인트다. 부족할 경우 오퍼레이션 능력이 떨어질 뿐 아니라 이웃에게 민폐를 끼치기도 한다. 무엇보다 화재의 원인이 될 수 있으므로 만반의 대책이 필요하다. 오픈 후 수리나 추가공사에 따른 휴업은 영업 면에서 손해기 때문에, 부족한 경우 초기단계에서 대책을 강구해야 한다.

집기비품

매물 조건으로 내장을 같이 거래하여 가구류나 집기비품류를 인계받았다면, 부족한 부분은 구입하고 스타일에 맞지 않는 물건은 교환하는 정도로 당분간 견딜 수 있다. 식기류, 커틀러리류, 글라스류는 매장규모에 따라 큰 비용이 든다. 맥주회사의 협찬을 의미 있게 활용하도록 한다. 숍카드, 점포스탬프 등 가게만의 물품을 외주하는 경우 빨리 주문하도록 한다. 청소도구, 사무용품 등 준비품을 나열하자면 끝이 없다. 체크리스트를 만들어서 빠짐없이 챙긴다. 유니폼, 메뉴북, 메뉴보드, 매장 내 표시물 등은 가게의 「얼굴」이나 마찬가지다. 공들여 제작하도록 한다.

시험기간

내가 운영하는 셰어 해피니스사는 장래에 독립할 의지가 없는 사람은 채용하지 않는다. 사실 최종적으로 독립할 수 있는 사람은 극소수이므로, 다소 동기부여 차원의 표현이기도 하다. 내가 경영자로서 직원들에게 전하고 싶은 것은 「시험기관」이자 「시험기간」으로 회사를 이용하라는 점이다. 회사 일로서 무엇이든 도전할 수 있는 바탕인 「시험기관」, 그것이 허용되는 시기인 「시험기간」이라는 의미다. 즉, 이 권리를 유용하게 활용하면 「독립해서 만들고 싶은 스토리」, 「자신의 성공에 대한 확신」이 과연 정답인지 직감할 수 있다. 이 또한 본인의 리스크 없이 회사 일로써 경험할 수 있다.
나는 기업에 소속해 있던 20여 년 중 2년을 매장근무, 6년을 영업 관리업무(점장이나 SV), 6년을 본부 개발업무(상품개발 등), 나머지 6년을 역세권을 중심으로 한 업계 개발업무(신분야 개발·프로듀스 등)로 보냈다. 독립 후 가장 도움이 된 것은 마지막 부분이다. 기업이라는 간판은 정말 편리하며, 개인에 비해 경험할 수 있는 영역이 넓다. 그 시절의 나는 성공도 많이 했지만, 몇 배나 많은 큰 실수도 했다. 그러나 급여가 줄어든 적은 한 번도 없다. 좀 과장해서 말하자면 「직장인 시뮬레이션 게임」이라고 표현할 수 있다. 실물로서의 돈은 나와 관계가 없다. 그 점이 독립 후 가장 달라지는 것으로, 자신의 사업이라면 망설였을 과감한 선택도 할 수 있게 된다.
셰어 해피니스사는 독립을 응원하므로 직원에게 「독립 시뮬레이션」 체험을 권하고 있다. 프로젝트의 내용은 「신규 매장의 일체를 담당」하는 것이다. 사업계획에서 시작해 입지 선정, 매물 결정, 계약까지 포함된다. 포인트는 이 목록에 나오는 모든 항목을 한 번에 체험한다는 점이다. 매우 힘든 프로젝트지만 내가 생각한 계획이 잘 이루어지는지 독립 전에 시뮬레이션할 수 있다.
엉뚱한 이야기일 수 있지만, 그 매장에서 「사내독립을 한다」는 시나리오도 생각해 두면 좋다. 첫 번째 큰 걸림돌인 「자금조달」과 자신의 리스크를 피하고, 경험치를 최대한 높이는 것이다. 이상이 내가 직원들에게 권하는 벙법이다.

오픈직전

매장운영 계획·준비

메뉴 구성

수제버거 가게의 중심은 당연히 햄버거다. 전문점의 자존심을 걸고, 압도적인 가성비를 가진 상품 위주로 메뉴를 구성한다. 그리고 자신이 추구하는 스타일의 사이드메뉴로 방향성을 잡는다.
독립해서 자신만의 상품을 내놓을 수 있게 되면, 좋은 퀄리티를 내려는 각별한 열의가 생기는 것이 당연하다. 그러나 이 단계에서 원가와 노동비의 밸런스를 꼼꼼히 계산해볼 필요가 있다. 예를 들면 다음과 같다. 다짐육을 구입해 미트패티를 만들다가 덩어리 고기를 직접 손으로 다졌더니, 품은 더 들지만 원가도 내려가고 퀄리티도 비약적으로 올랐다고 하자. 수제버거 전문점의 메뉴로서는 훌륭한 부분이다. 하지만 여기에는 자신의 노동력이 투입되어 있다. 자신이 맡고 있는 한 자신의 시간에 흡수되어 보이지 않는 노동이지만, 영업규모가 한층 커져 직원의 노동도 투입해야 한다면 숫자로 나타난다. 수제파트도 처음에는 구입해 사용하되 여유가 생긴 다음 실행할 포인트를 미리 정해두면 목표가 생긴다.
또한 레시피를 만들 때 원가계산을 하면 좋다. 평균적으로 총 원가율을 정해놓을 필요가 있다. 예를 들어 최대한 낮춰서 45%의 원가를 가진 수제버거를 1500엔에 주문받는다고 하자. 음료가 물이면 원가율은 45%이다. 하지만 여기에 원가율 15%인 하이볼 500엔을 2잔 조합한다면 총 원가율은 33%가 된다. 퀄리티를 유지하면서 판매할 방법을 생각해내는 것이 경영자의 역할이다. 가게 영업은 오늘 하루만을 위한 것이 아니다. 퀄리티를 중시하면서도 무리 없이 이어갈 수 있는 시스템을 구축해야 한다.

공급처

식재료와 소모품을 구매하는 루트는 잘 검토해두면 좋다. 수제버거 가게에서 중심이 되는 구매는 「고기재료」와 「번」이다. 자신이 목표로 삼는 스타일을 함께 구현할 공급처를 만난다면 행운이다. 기타 자재는 업무용 식재료도매회사나 업무용 주류도매회사의 시스템을 활용한다. 신선도나 가격 등을 인근 슈퍼마켓과 비교·검토해서 선택하자. 채소와 같이 날씨나 재해로 시세가 변동하는 것은 연간 구입 예정계약(시세에 관계없이 같은 가격으로 구입)을 설정하는 방법도 유효하다.

오퍼레이션

오너 혼자 햄버거 제조 오퍼레이션을 하는 경우에도 작업을 정리하는 의미로 절차(작업공정)를 모아서 정리하자. 직원과 함께 일하는 경우 주문전달방법이나 전화주문방법, 직접 구워서 바로 제공할 수 있는 범위 등 결정사항을 상의하여 진행과정을 확인해둔다. 오픈 전에는 드라이 런(관계자를 손님으로 설정한 영업 시뮬레이션)을 설정해서 문제 있는 포인트를 발견하고 해결해 두어야 한다.

관리

영업과 관련된 수치를 관리하는 작업을 말한다. 추후 판단에 중요한 베이스가 되므로 판매나 손님 기록, 시간대별 동향, 상품별 출수 등을 매일 꼼꼼히 기록해 두면 좋다. 직원이 있는 경우에는 워크스케줄을 작성하고 시프트인 시간을 관리함과 동시에 작업 할당량을 계획한다. 노동 생산성을 나타내는 「인시 매상고」도 주시한다. 자료가 쌓여야 주간, 월간 데이터의 비교 분석이 가능하며 영업 대책을 세울 때 효과를 발휘한다.

인프라 정비

계약이 수반되는 준비작업은 일찍 시작한다. 신규 오픈이면 종종 개시 심사에 시간이 걸린다. 전기, 가스, 수도, 전화는 신고를 거쳐 문제없이 마무리한다. 폐기물, 매트, BGM, POS 계산시스템, 신용카드회사, 각종 보험, 리스 계약 등에 차질에 생기면 영업에 지장이 생긴다는 점을 잊지 말도록 한다.

홈페이지 개설

바쁜 기간이긴 하지만 마지막으로 추천하고 싶은 일은 바로 매장 홈페이지 개설이다. 기본정보의 안내서 역할도 하며 자신이 지금부터 하려는 사업의 총괄에 도움이 된다. 이 시점에서는 크게 공들이지 않아도 좋다. 어떤 생각으로 가게를 열었는지, 어떤 햄버거가 있는지, 특징적인 상품은 무엇인지, 얼마에 먹을 수 있는지, 크래프트 맥주가 있는지 등을 알려준다.

이는 오너인 자신이 스스로 확인하는 작업인 동시에, 직원이 있는 경우 매장 콘셉트를 공유하는 방법도 된다. 영업시간 변경, 햄버거 완판, 먼슬리 버거 등 그날그날의 소식도 「트위터」, 「페이스북」, 「인스타그램」 등 SNS와 연동하여, 가능하다면 홈페이지로 유도한다. 맛집 사이트는 신규 손님이 적극 활용하는 곳으로, 재방문 손님에게는 홈페이지를 반드시 안내해야 한다. 꾸준한 정보 전달이 가장 중요한데 맛집 사이트를 경유하는 전화나 예약은 추가비용이 발생하는 경우가 있기 때문이다.

맛집 사이트

「구루나비」, 「다베로그」, 「핫페퍼구루메」, 「레티」 등 각 맛집 사이트를 활용한다. 초기에는 무료 플랜 내에서도 문제없다. 오픈 후에는 여유가 없는 기간이 얼마간 계속되므로 오픈 전에 주소, 영업시간, 전화번호, 정기휴일 등 기본정보만이라도 등록해둔다.

확장 계획

추후의 확장을 막연하게나마 그려놓으면 공간할당이나 레이아웃, 기기선택의 견적이 나온다. 구체적으로는 배달, 케이터링 서비스, 푸드트럭, 이벤트 출점, 매장 전세영업 등이 있다. 오픈 직후에는 도입이 어렵겠지만 매장에서의 일반 영업과 별도로 하나 더 기반이 있다면 경영이 안정된다. 매장공간, 준비, 직원 등에 순발력이 필요하므로, 장벽이 높을지라도 염두에 두고 있으면 좋다.

일본 수제버거의「현재」와「미래」

취재를 거듭해가면서 수제버거에 대한 생각이 일본에서 독자적으로 발전하고 있다는 사실을 깨달았다.
수제버거의 차세대 주인공 3명과 이 책의 기술감수를 맡은 요시자와가 모여
그들의 공통분야인 일본 수제버거가 현재 어떻게 진화하고 있는지,
그리고 앞으로의 발전에 대해 이야기를 나누었다.

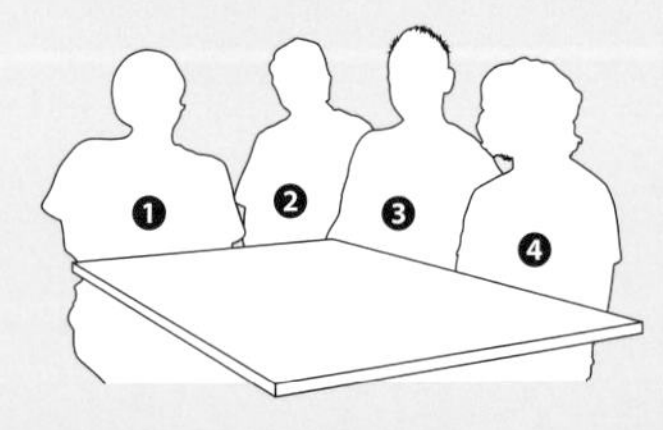

❶ 하세가와 다카히로 (No.18 DINING & BAR / p.158)

❷ 노모토 마사키 (CRUZ BURGERS & CRAFT BEERS / p.162)

진행자 ❸ 요시자와 세이타 이 책의 기술감수 / 아메리칸푸드 연구가

❹ 가타요세 유우타 (ICON / p.170)

햄버거의 정의

요시자와 먼저 햄버거의 정의에 관한 얘기로 시작해보죠. 정의가 있는 듯 없는 게 현실이지만, 일본 햄버거 업계의 선구자인 마츠모토(7025 Franklin Avenue)가 일찍이 언급한 바에 따르면 소고기 100%, 부재료 없음, 철판에서 굽는 것이 햄버거라 했습니다. 다짐육이지만 소고기 100%, 절대적이진 않더라도 그걸 기준으로 삼으면 특징을 알기 쉬워지죠.

하세가와 제가 생각하는 햄버거의 정의는, 고기를 빵 사이에 끼운 것입니다. 그게 번인지 아닌지를 떠나서 입에 넣고 씹으면서 완성되는 요리, 그게 마지막 조리과정이지요. 이 과정이 샌드위치와 다른 점으로, 햄버거는 모든 재료의 일체감을 고려해 만드는 요리입니다. 그래서 위아래도 뒤집어 먹을 수 있는 거죠. 하지만 나이프와 포크로 먹는 건 별로 내키지 않네요.

노모토 「FIREHOUSE」 햄버거를 보고 저도 가게를 하고 싶다고 생각했습니다. 근데 그때는 이미 그런 형태가 있었으니까 별다른 정의를 생각해 본 적이 없네요. 간단히 번 사이에 미트패티를 끼워넣는 게 햄버거라고 생각합니다. 햄버거를 선보이고 있는 「FIREHOUSE」라는 장소를 경험해보고 싶었어요. 그런데 그 장소에는 그 밖에도 다양한 것들이 있는 느낌이었죠.

하세가와 확실히 그 점은 윗세대의 업적입니다. 우리 세대는 햄버거 1개가 1000엔이면 비싸다고 생각했지만, 이미 그렇게 판매하고 있는 장소가 있으니까 의심치 않고 원래 그런 거라고 인식해버리게 되죠.

가타요세 저는 미국문화를 아주 좋아해요. 고기라는 재료도 좋아하지만, 스테이크 형태로 먹는 방법은 별로 좋아하지 않습니다. 그런데 「Baker Bounce」에서 햄버거를 처음 먹었을 때 미트패티 맛에 깜짝 놀랐어요. 자투리 고기라든가, 저렴한 스테이크보다 낮은 등급의 고기로 스테이크 이상의 맛을 낼 수 있는 미트패티의 발상이 재미있다고 생각해서 관심을 갖기 시작했죠. 그래서인지 저한테 햄버거는 미트패티가 들어간 음식입니다.

햄버거와 샌드위치

요시자와 햄버거와 샌드위치의 차이점은 뭘까요?

노모토 햄버거는 입안에 들어간 느낌과 맛이 완성되는 방식이 샌드위치와 다르고, 일체감 있는 독자적인 음식입니다. 샌드위치는 재료 하나하나의 출력이랄까 맛의 개성이 강하기 때문에 각각의 재료를 먹는 이미지죠.

하세가와 맞아요, 햄버거는 먹는 사람의 입안에서 마지막 조리가 이루어진다는 점이 중요합니다. 친구인 프렌치 셰프가 NO.18 햄버거를 먹고 스타터, 사이드, 메인의 풀코스를 한 번에 먹는 듯한 느낌이라고 표현한 적도 있습니다. 먹는 방식이 화려하죠.

요시자와 그러고 보니 햄버거 마니아 중에, 육즙이 스며든 번은 디저트라고까지 말하는 독특한 사람도 있었죠.

가타요세 샌드위치는 재료가 중심인 음식이어서 각각의 재료맛을 즐기는 느낌이랄까요. 그래서 재료를 더하면 이런 맛이 될 거라고 떠올릴 수 있습니다. 햄버거는 온도 차가 있는 재료가 섞여 있다는 점도 어려워요.

요시자와 물론 햄버거는 중간에 맛을 보면서 조정할 수 없고, 통째로 하나로 완성되니까 조립순서도 고민을 해야 해요. 미트패티는 기본적으로 전부 들어가지만 채소, 소스, 토핑은 덧셈 같은 느낌으로 생각되죠?

하세가와 저는 처음부터 더하는 것을 전제로, 어떤 채소나 토핑이 들어가도 잘 어울리게 기본 소스를 조합해요. 요시자와 씨처럼 「이 버거에는 이 소스」 같은 영역까지는 넘어가지 못했기 때문에, 범용성 있고 대부분의 채소나 토핑에 어울리는 독창적인 소스를 베이스로 사용하고 있죠. 반대로 재료에서 거슬러 올라가 오리지널 소스를 바꾼 적도 있네요.

가타요세 그거 오렌지머스터드소스를 말씀하시는 거죠?

요시자와 No.18의 햄버거를 흉내내서 만들었을 때 마멀레이드를 넣었죠(웃음). 그것만으로 독창성이 생기고 그 가게의 맛을 연상시키는 포인트가 된다는 점에서 정말 대단하다고 생각합니다.

일동 맞습니다.

요시자와 그럼 베이컨을 토핑으로 사용할 때는 어떤 생각으로 만드나요?

노모토 베이컨을 넣으면 염분이 늘어납니다. 그래서 감칠맛이 생기는 만큼 염분도 함께 먹게 되는 토핑입니다. 햄버거는 염분농도가 맛을 내는 방식에 큰 영향을 주니까 조심하지 않으면 안 돼요. 그래서 베이컨뿐 아니라 소금기가 있으면 뭐든 짠맛을 부드럽게 만들어 강도를 조절해야 합니다. 반대로 예를 들어 아보카도를 토핑으로 넣으면 전체적으로 맛이 옅어지니까, 그만큼 어딘가 짠맛을 조정하거나 소스를 강하게 하거나……. 비책을 짜내야 하지요.

하세가와 햄버거라는 음식은 번거롭게도 하나를 통째로 먹어야 알 수 있죠. 한입 두입 먹으면 맛있지만, 마지막 한입에 질려버리기도 합니다. 그래서 마지막까지 모두 먹을 수 있는 밸런스로 전체를 구성해야 하고, 그만큼 수분량도 신경써야 합니다. 먹어보지 않으면 알 수 없기 때문에 매번 하나를 통째로 먹고 있어요. 그 결과 나와 노모토는 이런 몸매가 되어버렸죠(웃음).

노모토 그럼요, 열심히 일했기 때문에 이런 몸이 된 겁니다(웃음)!

가타요세 처음이 너무 맛있는 햄버거는 나중에 꼭 질려버려요. 따라서 전체 안에서 수분량 조절이 어려운 포인트입니다. 염분에 있어서는, 우리 가게의 모든 메뉴에 들어가는 수제 드라이토마토가 맛이 응축되어 있어 짠맛이 적당합니다.

조립에 대한 생각

요시자와 조립할 때, 미트패티나 채소를 밑에 둘지 위에 둘지 하는 순서는 뭘 기준으로 결정하나요?

노모토 예전에는 맛이 강한 걸 위에 두고 겉보기에도 일체감을 내려고 했지만 밸런스가 깨져버린다는 걸 알고 그만두었습니다. 그래서 맛이 강한 더블패티나 칠리치즈 같은 건 가운데 배치하게 되었죠. 하지만 예외의 경우가 있기 마련인데, 그런 강한 맛을 맘껏 즐기기를 원하는 손님이 있어요. 결국 밸런스를 중시하기보다 반대로 강한 맛과 그런 맛의 존재감을 즐기기 원하는 손님의 취향을 고려하는 게 오히려 손님을 위하는 거라고 생각합니다.

하세가와 먼저 우리 가게에서는 고기를 맛보길 바라는 마음에서 기본적으로 미트패티를 맨 아래 배치합니다. 여기에 가벼움을 더하고 싶을 때는 양상추를 밑에 깔고, 반대로 칠리 등의 소스맛을 내고 싶을 때는 아래에 칠리를 두고 양상추로 1번 가벼움을 더하거나 그때 상황에 맞춰 융통성 있게 작업하고 있습니다.

가타요세 ICON도 기본적으로 고기가 메인이에요. 그래서 미트패티를 아래에 두고 있어요. 이게 기준이기 때문에 아래쪽 미트패티에 어울릴 메뉴만 만들고 있습니다(웃음). 뭐랄까 다른 메뉴는 만들고 싶은 마음이 안 드네요. 개인적으로 비주얼과 맛이 일치하는 걸 만들고 싶거든요. 원래 디자이너이기도 해서 그 부분에 좀 신경을 쓰고 있어요.

하세가와 인스타에서 눈에 띄는 포토제닉한 햄버거?

요시자와 확실히 ICON은 햄버거 조립방법이 색달라서, 인스타에 블로거가 업로드한 사진을 봤을 때 도대체 어떤 사람이 만들었을까 궁금했어요. 그런데 막상 봤더니

「GORO'S★DINER」에서 내가 만들었던 햄버거와 맛 구성이 비슷해서 많이 놀랐던 기억이 있습니다. 가타요세 씨는 디자이너라는 본업이 있으면서 햄버거 가게를 운영하고 있으니까, 세세한 부분까지 신경을 써가며 자기 스타일대로 해나갈 수 있을 거라고 생각하는데 어떤가요?

가타요세 그렇긴 한데 지금은 8:2 정도로 햄버거가 완전히 우세가 됐죠. 햄버거 가게가 본업이 되었습니다. 그렇게 되지 않는 가정하에 레시피를 만들었기 때문에, 드라이토마토처럼 구입이 어려워 대량으로 만들 수밖에 없는 파트들이 정말 필요하게 되어 위험한 단계입니다. 원래 ICON은 디자인 일을 하면서 시간이 나고 때마침 손님이 오면 직접 만들어 파는 이미지로 찬찬히 시작했는데, 이렇게 되고 말았어요(웃음).

하세가와 사치스러운 고민이에요.

가타요세 자신이 만든 햄버거가 높이 평가받는 건 물론 기쁜 일이지만, 레시피라든가 오퍼레이션이라든가 완전히 나만의 스타일로 하고 있기 때문에, 누군가에게 가르쳐줄 수도 도움받을 수도 없어요.

요시자와 노모토 씨 가게에는 직원들도 있던데 매뉴얼 같은 건 어떻게 하고 있나요? 직접 오퍼레이션을 한다면 필요 없겠지만, 직원이 있는 경우 정보를 공유하지 않으면 안 되죠?

노모토 우리는 매뉴얼은 없지만, 햄버거는 레시피대로 철저하게 만들고 있어요. 어디 한군데 바뀌면 꼭 수정합니다. 기본적으로 미트패티 굽는 건 저 혼자 하지만, 기본 개념을 공유해 두지 않으면 안 되죠.

하세가와 저는 동생과 둘이서 하고 있는데, 개그콤비처럼 각자가 생각해낸 아이디어를 매번 공유하고 있어요(웃음). 메인인 미트패티 굽기는 동생 담당이지만, 오퍼레이션은 거의 차이가 없습니다. 레시피는 오픈 때부터 기록해두고 있어요. 근데 처음에 만든 것과 지금 만드는 햄버거가 완전히 달라서, 오랜만에 옛날 레시피로 만들어보려 해도 재료조차 일체 만들 수 없더군요.

가타요세 아, 저도 그래요. 기록은 없는데, 이전 메뉴 레시피로 만들려면 누군가의 인스타를 찾아서 사진을 봐야 생각이 납니다.

일동 역시 포토제닉이 맞네요~.

가타요세 놀리지 마세요!

패티용 고기는 어떻게 고르나요?

요시자와 여러분 가게의 햄버거는 고기의 존재가 중심이라고 했는데, 원산지와 부위를 어떻게 고르고 있는지 알려주세요.

가타요세 고기재료는 미국산 블랙앵거스종 프라임 척아이롤을 냉장육 덩어리로 구입합니다. 처음에는 부채살을 넣거나 행잉텐더(갈비 토시살)를 넣는 등 여러 시도를 해봤지만, 구입량이 적은 부위는 질이 좋지 않은 게 들어오곤 했어요. 그래서 이제는 퀄리티가 안정적인 척아이롤 한 종류만 사용하고 있죠. 가격은 조금 비싸지만 재료에 비용을 들이는 만큼 고기 자체에 신경을 많이 쓰지 않아도 되고요. 블랙앵거스로 조금 편해졌다는 의미에서요. 원래도 손으로 직접 다져 사용했는데, 하면 할수록 점점 미트패티 안에서 그 비율이 올라가고 있습니다.

하세가와 우리 가게에서는 가격도 그렇지만 식감과 고기의 감칠맛이 강하기 때문에 미국산 척아이롤을 덩어리로 구입합니다. ICON의 블랙앵거스종 프라임은, 우리가 사용하는 초이스 그레이드에 비하면 수율이 정말 좋죠. 초이스 그레이드는 때에 따라 퀄리티의 편차가 상당히 큽니다. 지방을 최대한 제거하는데, 좋을 때는 수율이 굉장히 높지만 나쁠 때는 정말 (웃음) 거의 남지 않을 때도 있어요. 하지만 그때 남게 되는 살코기는 압도적으로 맛있죠.

요시자와 덩어리로 구입할 때 장점은 뭔가요? 예전에는 대부분 가게가 다짐육을 구입해 사용하는 게 보통이었다고 생각합니다. 손으로 직접 다지면 번거로우니까요.

하세가와 종합해 보면 다짐육 상태로 구입하는 것보다 결과적으로 훨씬 저렴하고 맛과 식감도 압도적으로 달라집니다. 손으로 직접 다지면, 고기를 자르는 데 힘은 들지만 자신이 좋아하는 식감을 낼 수 있기 때문에 목표로 하는 미트패티를 만드는 가장 빠른 길일지 모릅니다.

노모토 ICON과는 반대입니다만, 저는 손으로 직접 다지는 고기의 비율을 줄여 미트패티 식감에 '부족함'을 만들려고 합니다. 덩어리 고기는 호주산 그래스페드(풀을 먹여서 키운 소)로 냉장 척플랩테일, 이른바 살치살이라 불리는 부위입니다. 다른 굵게 다진 고기도 구입하고 있습니다. 처음에는 그레인페드(곡물을 먹여서 키운 소)를 구입했지만, 스타일을 완성한 후에는 그래스페드가 더 잘 맞는다는 걸 알고 바꿨습니다.

요시자와 예전에는 호주산 그래스페드의 냄새가 싫었는데 지금은 정말 맛있고 쓰기 쉬워졌습니다. 근데 그래스페드가 잘 맞는다는 건 어떤 점에서죠?

노모토 특이할 수 있지만 저희 가게에서는 미트패티를 숙성시켜서 3일째에 사용하는 게 가장 좋다고 생각합니다. 그런데 그래스페드가 아니라 그레인페드를 미트패티로 성형해서 숙성시키면, 산화가 시작되고 2일째 되는 시점에 고기의 감칠맛이 사라져 버리는 걸 알 수 있어요.

요시자와 척아이롤처럼 활동성이 높은 부위는 고기가 좀 질기지만 식감이 뛰어나고, 움직이는 만큼 맛도 진합니다. 다만 힘줄도 많으니까 정육점에서 달가워하지 않아서, 덩어리째 저렴하게 주고 스스로 손질하게 한다고 하네요. 주의할 점은, 덩어리 고기를 손으로 직접 다져 미트패티를 만드는 과정에 보이지 않는 비용이 많이 든다는 거죠. 스스로 혼자 하는 동안에는 괜찮지만, 가게규모가 커져서 직원이 필요해지면 인건비가 갑자기 늘어날 수 있습니다.

노모토 요시자와 씨는 「A&G DINER」 때 어떤 고기를 구입하셨나요?

요시자와 기간 · 수량 한정인 「먼슬리 햄버거」에는 공부도 할 겸 여러 종류의 고기를 사용했어요. 소고기뿐 아니라 지비에 같은 것도요. 보통 영업용으로 사용하는 미트패티는 다짐육 상태로 구입했습니다. 「지방과 살코기의 균형이 좋고 부드러우며 육즙도 풍부한 부위는 없을까?」라는 생각에 정육점을 찾았더니 미국산 브리스킷(Brisket), 호주에서 네이블(Navel)이라고 불리는 부위를 추천해 주더군요. 보통은 소고기 스튜나 조림에 사용하는 부위지만 제 스타일에 딱 맞아서, 이후로 계속 그걸 사용하고 있습니다.

번의 차별화

요시자와 번은 어떻게 선택하고 있습니까?

하세가와 「미네야」에 부탁하고 있는데, 이상적이라고 생각해왔던 「AS CLASSICS DINER」의 사양에 가깝습니다. 100g으로 속은 촘촘하며 무겁게 만들고, 오퍼레이션할 때 조금 많이 구워서 가볍게 마무리합니다. 이상형인 번에 미트패티의 사양을 맞추는 느낌입니다.

노모토 「미네야」의 2대 사장인 겐타 씨에게 프로듀싱 받고 있는 스페셜 스펙입니다. 「노모토 번」이라 불리는데, 미네야는 바로 근처라 상담하면서 조금씩 수정하고 있습니다.

하세가와 가까우면 여러모로 편리하죠.

가타요세 저희는 「바바 FLAT」의 번을 사용합니다. 여러 면에서 비교해보고 차별화를 주기 위해 선택했어요. 햄버거 마니아이자 디자이너라서(웃음). 혼자 집에서 취미로 만들 때는 미네야 번을 사용했는데, 다른 가게와 겹치지 않는 것이 대전제여서 미네야는 선택하지 않았습니다. 산와롤랑으로 외형은 딱 「Baker Bounce」나 「w.p.gold_burger」와 같습니다. 여러 가지 생각해보고 최종적으로 결정했어요. 번 스펙이 하나밖에 없어서 「deli fu cious」, 「HENRY'S BURGER」와 같은 걸로 중량만 바꿔달라고 했죠.

요시자와 「deli fu cious」에서도 먹어봤는데 좀 달달한 느낌이죠?

가타요세 맞아요, 번만 먹으면 굉장히 단맛이 강해요. 근데 저희 햄버거 레시피대로 먹으면 그다지 달지 않습니다. 조금 신맛이 강한 수제 타르타르소스를 넣었기 때문에 균형 있게 완성됩니다.

요시자와 「미네야」 번은 저도 사용하고 있는데, 너무 맛있지만 약간 수분에 약한 게 고민이에요. 번이 다루기 어려워요. 조립할 때 양상추로 접시모양을 만들거나 버터를 바르는 것도, 조금이라도 수분이 아래쪽까지 가지 않게 하는 배려입니다. 게다가 힐을 두껍게 자르는 등 여러 작전을 세우고 있어요. 손님이 조금이라도 더 맛있게 먹었으면 해서요.

이상적인 햄버거란?

요시자와 새로운 메뉴를 개발할 때는 어떤 생각으로 만드나요?

하세가와 여러 가지 시도하고 있지만, 간단히 말해「이걸 레귤러 메뉴로 해야겠어」할 만한 완성도가 아니면 시작하고 싶지 않아요. 그래서 신메뉴가 좀처럼 만들어지지 않네요.「이 가게에 오면 꼭 이걸 다시 먹을 거야」할 정도의 임팩트가 아니면 의미가 없습니다.

노모토 새로 햄버거를 만들 때는 어렴풋하게나마 목표를 세워둡니다. 서서히 형태를 갖춰 가는 동안에도, 이것도 좋네~ 하면서 만드는 방법이 달라지기 때문이죠. 이런 느낌의 고기에는 이런 맛으로, 이 정도의 감칠맛에는 이 정도의 수분량으로…… 이렇게요. 좋은 베이컨이 있다면 그쪽으로 바꿉니다. 베이컨치즈버거가 현재 메뉴에 있기 때문에, 거기에 맞는 BBQ소스를 만들기도 합니다. 연구는 하고 있지만 밖으로 나오지 못하고 잠들어 있는 미완성 아이디어가 수두룩해요. 80% 정도 완성했어도 내 안에서 뭔가 뚫고 나오지 못해서 내놓을 수 없는 것 같아요.

요시자와 여러분 각자가 동경하거나 이상적이라고 생각하는 햄버거가 있나요?

하세가와 마음 속으로 이상적이라고 생각하는 건 아주 예전부터 있었고, 그걸 계속 쫓아가고 있습니다. 스탠스가 줄곧 바뀌지 않아 사실 거의 완성된 단계죠. 하지만 앞으로 햄버거의 폭을 넓혀가고 싶습니다. 틀을 잡은 지점에서 좀 더 파생시킨 메뉴를 만들어가고 싶어요. 소스든 재료든 시험해 보면서 발버둥을 쳐야 조금이라도 올라갈 수 있겠죠. 스팀 컨벡션 오븐을 사용하면 조리도 간단하고 안정적일지 모릅니다만, 그런 햄버거는 먹고 싶지 않으니까 앞으로도 프라이팬으로 미트패티를 구울 겁니다. 불을 안 쓰는 건 제게 있을 수 없는 일입니다.

가타요세 저에게 이상적인 햄버거란 없습니다. 본래「Baker Bounce」의 햄버거를 너무 좋아했고 빠져들어 마니아가 되기는 했지만 쫓아갈 필요는 없어서, 먹고 싶어지면 와타나베의 가게에 먹으러 갑니다. 가게도 햄버거도 그렇지만, 뭔가 전제조건이 있는 걸 좋아합니다. 지금 있는 재료로 가능한 최고의 것을 만들고 싶어요. 가게라면 전 가게에 있던 설비로 가능한 최대한의 일을 하는 거죠. 햄버거라면, 예를 들어 귀한 식재료가 들어오면 그걸로 뭔가 재미있게 만들고 싶어요 그 자리에 있던 악기로 흐름에 맡겨 연주하는 것처럼 말이죠.

노모토 저는 요시자와 씨가「A&G DINER」에서 만든 햄버거를 줄곧 동경해 왔습니다. 따라하지는 않지만 좋아합니다. 먹으러 가고 싶어도 가게가 없어서 먹을 수 없습니다만(웃음).

요시자와 제가 지금 햄버거 가게를 하고 있다면 가타요세씨의 햄버거에 자극받았을 거 같아요. 뭐랄까, 시간이 지나면서 과거의 제가 냈던 맛을 만난 것 같다고 할까요. 그런 이상한 기분이 드네요. 여러분, 오늘 와주셔서 감사합니다. 즐거운 대화였습니다.

See you!

이 책의 촬영은 이곳 「VIBES」에서 진행했습니다.

「이시이군과 함께 주방을 꾸리면 정말 마음이 잘 통하는 콤비가 된다.」 VIBES에서 전체 작업과정의 촬영을 끝낸 후 요시자와가 차분히 입을 연다. 이시이와는 요시자와가 VIBES의 홈타운이기도 한 가시와에 왔을 때부터 알고 지냈다. 동료로서 상담을 받거나 조언을 해주는 사이다. 그런 인연으로 이시이는 이번 촬영장소로 자신의 가게를 제공해 주었을 뿐 아니라 작업 어시스턴트도 맡아주었다. 「임팩트 있고 남들이 흉내낼 수 없는 맛」을 추구하는 복잡한 구성의 요시자와 표 햄버거에 비해, 이시이가 만든 햄버거는 「심플한 표현」이다. 촬영을 통해 요시자와는 자극을 받았고 생각도 바뀌었다고 한다.

요시자와 이번 햄버거 조리과정과 수제파트 제작 촬영을 이시이 씨 가게에서 했는데, 정말 감사드립니다. 모든 기구가 갖춰져 있고, 주방도 깔끔하며 완벽했습니다.
이시이 아닙니다. 업계 레전드 요시자와 선생님의 작업을 직접 볼 수 있어서 공부가 많이 되었습니다. 「GORO'S★DINER」도 「부민 Vinum」도 가본 적이 없어서, 요시자와 선생님이 만든 햄버거는 처음 접해봤습니다.
요시자와 이시이 씨는 원래 요리가 하고 싶었나요?
이시이 아뇨, 그렇지 않습니다. 햄버거에 이르기까지 우여곡절이 있었어요. 고등학교를 졸업하고 2년제 구두전문학교에 들어가, 하이힐을 전공하던 중 유럽연수에 참가했습니다. 그때 런던의 야시장에서 멋진 핫도그 포장마차를 보고 '바로 이거야'라고 생각한 게 그 시작입니다. SUBWAY방식으로 소시지와 핫도그빵에 좋아하는 재료를 넣어주는 거예요. 요리 경험은 없었지만 어딘가 편집숍처럼 느껴져, 이거라면 할 수 있겠다는 직감이 들었습니다.
요시자와 구두전문학교는 어떻게 되었나요?
이시이 유럽에 다녀와서, 일본에서 맞춤제작을 한다는 게 어렵다고 느끼던 차에 핫도그를 만났습니다. 구두에 대한 마음이 꺾이고 「25살까지 가게를 내겠다」는 근거 없는 목표를 이유로, 담임선생님의 설득에도 불구하고 졸업 한 달 전에 자퇴했어요.
요시자와 그때 요리의 길로 들어선 셈이군요.
이시이 조금이라도 빨리 기술을 익히고 싶었기 때문에 독일 음식점에서 허드렛일로 몇 개월, 아자부 영빈관의 프렌치 레스토랑에서 1년 정도 일했습니다. 셰프는 예전 방식 그대로 간장까지 직접 만드는 엄격한 사람이었는데, 처음에는 저를 상대해주지 않았지만 가르쳐 달라고 필사적으로 따라다니면서 여러 가지를 배울 수 있게 되었습니다. 제 결혼식 당일을 빼면 아침부터 밤까지 꼬박 새운 한 해였습니다.
요시자와 그렇군요. 이시이씨는 다른 햄버거 가게 주인과 좀 분위기가 다르구나, 했더니 확실한 프랑스요리 베이스가 있었기 때문이네요. 그럼 프랑스요리 다음에야 햄버거로 넘어오셨나요?
이시이 그렇습니다. 일본에는 성공한 핫도그 가게가 없어서 얼마간 고민하다가 「BROZERS'」를 알고 입사했습니다. 현 「shake tree」의 기무라 오너가 본점 점장일 때였는데, 반년간의 견습으로 오퍼레이션을 몸에 익히게 되었습니다. 그 후 잠시 미국에 체류할 때, 독일 음식점에서 일할 때의 손님인 투자자가 제가 「25살까지 가게를 내겠다」며 큰소리를 쳤던 일을 기억하고 제안을 해줬어요. 덕분에 오너는 아니었지만 예정보다 빨리 23살에 가게를 가질 수 있었습니다. 정확히 2년 만에 계약이 종료되었는데 그 후로 자금에 여유가 없어서, 가시와 레이솔 길에서 찾아낸 20년 정도 사용하지 않은 허름한 창고를 고치고 거기서 3년간 일했습니다. 그 다음 가시와역 근처로 옮겨서 지금에 이르게 되었습니다.

요시자와 이시이 씨의 햄버거는 매일 다른 채소를 사용하거나 매우 심플한 구성으로 제가 할 수 없는 뺄셈 같은 깔끔한 스타일로 생각되는데, 어떤 생각에서 나오는 건가요?

이시이 가시와에 와서, 농협에서는 팔지 않는 독특한 레스토랑 전문 무농약 채소를 기르는 사람들과 알게 되었습니다. 오늘 아침에도 제가 직접 수확을 다녀왔는데, 그 채소를 가능한 잘 살려서 고정된 메뉴가 아닌 그때그때 제철에 맞는 햄버거를 만들고 싶다고 생각했어요.

요시자와 앞으로 VIBES와 이시이 씨는 어떤 미래를 구상하고 있나요?

이시이 지금 서른을 앞두고 있는데, 혼자서 가게를 하기에 좋은 타이밍이어서 30대를 어떻게 보낼 지 여러 가지로 생각하고 있습니다. 카운터 메인에 10석 정도만 두고 캐주얼 코스를 제공하는 곳을 혼자 운영하고 싶은 생각도 있습니다. 전채는 칠리 콘 카르네(chili con carne) 같은 남미 스타일의 조림, 정성껏 만든 튀김, 메인은 풀사이즈와 슬라이더 사이 정도의 햄버거를 내는 거죠. 프랑스요리 견습에서 배운 것과 햄버거에서 배운 것을 종합해서 완성하고 싶어요. 미래에는 가시와에서 알게 된 스페인 오너, 농원 레스토랑 오너, 이탈리아에서 돌아온 셰프들과 즉흥적으로 뭔가 만드는 푸드트럭을 꿈꾸고 있습니다.

Burger / Tex-Mex **VIBES**

주 소	千葉県柏市中央町6-2
전 화	04-7197-3644
영업시간	평일 18:00~23:00(LO) 토 · 일 12:00~23:00(LO) (런치 12:00~14:00)
정기휴일	비정기적
오 픈 일	2017년 4월 15일 이전
좌 석 수	35석(카운터 6석)
평 수	23평

PROFILE

이시이 카즈야

비스포크 구두전문학교 연수에 참가했을 때 런던 야시장에서 발견한 핫도그 포장마차에 감동받아, 음식으로 「25살까지 가게를 내겠다」는 결심을 했다. 「VIBES」라는 이름은 '그곳의 분위기, 감각'이라는 뉘앙스를 가진 속어에서 따왔다.

햄버거 안에는 토마토, 피클, 올리브, 마요네즈가 들어있다. 인근 농가의 그날 추천 채소를 토핑이나 소스에 사용한다.

칠리 콘 카르네 치즈버거

채소_ 쑥갓(대엽종), 디트로이트비트, 노잔루비(홋카이도산 분홍색 감자)
칠리 콘 카르네는 소고기, 토마토, 양파, 강낭콩과 향신료만으로 푹 조린다.

아보카도마시멜로버거

채소_ 코린키(생으로 먹을 수 있는 노란색 호박), 써니레터스
은은하게 녹아내리는 마시멜로가 위화감 없이 독특한 식감을 선사한다. 소스는 BBQ와 허니머스터드를 사용한다.

페퍼로니할라피뇨버거

채소_ 시금치, 이탈리안파슬리, 양상추
소스는 레드핫소스를 사용한다. 매운맛을 좋아하는 사람에게 추천한다.

패티 설명
레시피 보충

패티 레시피와 응용

패티 만드는 방법은 p.34에서 소개한 대로다. 이어 패티 배합은 용도에 따라 몇 가지로 응용할 수 있다. 여기서는 요시자와가 실제로 사용하고 있는 응용 레시피를 소개한다. 또한 지비에패티처럼, 소고기 외의 재료로 만드는 배합도 소개한다.

햄버거 패티①

요시자와가 만드는 패티의 기본 배합이다. p.34 과정에서도 이 배합을 사용하고 있다. 햄버그에 가까운 방식으로 고기 속에서 감칠맛과 시즈닝 맛이 조화를 이루도록 설계했다. 담백한 맛의 소고기나 강한 맛의 소고기에 잘 어울린다.

[재료]
브리스킷 1㎏(8~9㎜ 굵기로 다진 것)
굵은 소금 10g(1%)
갈릭파우더 10tap
검은 후추 적당량
어니언파우더 15tap
너트맥파우더 8tap
씨겨자 20g

햄버거 패티②

요시자와가 「부민 Vinum」에서 사용했던 배합이다. 척아이롤은 살코기와 지방의 밸런스가 좋고 운동량이 많은 어깨 부위라서 감칠맛도 강하다. 누구나 좋아하는 맛이다.

[재료]
척아이롤 1㎏(8~9㎜ 굵기로 다진 것)
굵은 소금 10g(1%)
검은 후추 적당량
어니언파우더 15tap
갈릭파우더 10tap
너트맥파우더 8tap
씨겨자 20g

햄버거 패티③

이 부위를 다짐육으로 만들어주는 정육점이 있다면 이 조합이 최고다. 비교적 저렴한 가격으로 구입할 수 있고, 고기의 감칠맛을 만끽할 수 있는 부위다. 직접 다지면 밑손질이 번거로울 수 있다.

[재료]
브리스킷 500g(8~9㎜ 굵기로 다진 것)
클로드 500g(8~9㎜ 굵기로 다진 것)
굵은 소금 10g(1%)
검은 후추 적당량
어니언파우더 15tap
갈릭파우더 10tap
너트맥파우더 8tap
씨겨자 20g

햄버거 패티④

요시자와가 「부민 Vinum」에서 만든 「다짐육×손으로 직접 다진 고기」 조합이다. 부드럽게 연결해주는 육질인 다진 브리스킷을 사용한다. 직접 손으로 다진 패티에 뒤지지 않으며 작업시간도 줄일 수 있다.

[재료]
브리스킷 500g(8~9㎜ 굵기로 다진 것)
척아이롤 500g(손으로 다진 덩어리)
굵은 소금 10g(1%)
검은 후추 적당량

햄버거 패티⑤

비교적 밑손질이 적게 들어가고, 사용하기 편한 부위이며 연한 부위여서 굵게 다질 수 있다. 100% 손으로 직접 다져서 식감을 내고 싶을 때 사용한다.

[재료]
척롤 1㎏(손으로 다진 덩어리)
굵은 소금 10g(1%)
검은 후추 적당량

p.51, 108_양고기패티

양고기를 좋아하는 사람을 위한 핫아이템이다. 양고기는 신선도가 생명이다.

[재료]
양고기 1㎏(8~9㎜ 굵기로 다진 것)
굵은 소금 10g(1%)
검은 후추 적당량
어니언파우더 15tap
갈릭파우더 10tap
너트맥파우더 8tap
씨겨자 20g

p.98_반반패티

사용하고 남은 베이컨을 활용한다. 다짐육 같은 이미지로, 소고기와 같은 크기의 입자로 만든다.

[재료]
척아이롤 500g(8~9㎜ 굵기로 다진 것)
베이컨 500g(푸드프로세서)
굵은 소금 5~7g(0.5~0.7%)
검은 후추 적당량
어니언파우더 15tap
갈릭파우더 10tap
너트맥파우더 8tap
씨겨자 20g

p.102_칠면조패티

[재료]
칠면조 가슴살(다짐육) 약 700g
굵은 소금 7g
흰 후추 적당량
갈릭파우더 적당량

p.110_포크살시치아 패티

정통 수제소시지의 배합이다. 내장을 넣으면 살시치아가 된다. p.110의 비프살시치아를 응용했다.

[재료]
돼지고기 어깨등심 500g(8~9㎜ 굵기로 다진 것)
굵은 소금 5g
검은 후추(굵게 간 것) 5g
간 마늘 1~2쪽 분량
갈릭파우더 10tap
레드와인 40cc
다진 생로즈마리 1작은술
다진 생세이지 1/2작은술

p.110_비프살시치아 패티

배합은 포크살시치아와 같다. 고기 차이는 확실히 나지만 둘 다 개성 있는 햄버거 패티다.

[재료]
척아이롤 500g(8~9㎜ 굵기로 다진 것)
굵은 소금 5g
검은 후추(굵게 간 것) 5g
간 마늘 1~2쪽 분량
갈릭파우더 10tap
레드와인 40cc
다진 생로즈마리 1작은술
다진 생세이지 1/2작은술

p.112, 114_지비에패티

사슴만으로는 너무 단단하고 퍼석퍼석하기 때문에 소고기 브리스킷을 섞어주는 부분이 포인트다. 덩어리로 구입한 경우 부드러운 부위는 손으로 다지고, 단단한 부위는 핸드프로세서로 갈아도 좋다.

[재료]
사슴고기 다짐육 1㎏(8~9㎜ 굵기로 다진 것)
브리스킷(네이블) 500g(8~9㎜ 굵기로 다진 것)
굵은 소금 15g(1%)
검은 후추 적당량
어니언파우더 20tap
갈릭파우더 15tap
너트맥파우더 12tap
씨겨자 30g

만드는 방법(보충)

p.80~90에서 소개한 만드는 방법을 보충한다.

p.80
응용A-1_베이컨치즈버거

[만드는 방법]
1 양상추와 토마토슬라이스를 준비해둔다.
2 구운 양파_ 그리들에 버터를 적당량 바르고 양파슬라이스를 올린다. 양파슬라이스 표면에도 버터를 적당량 바르고 소금, 검은 후추, 카레파우더를 적당량 뿌린다. 약 2분 후에 뒤집고 총 4분 정도 굽는다.

3 번 굽기_ 크라운과 힐 모두, 자른 면을 그리들에 굽는다. 꺼내기 전에 겉면도 살짝 굽는다.
4 비프패티를 그리들에 올리고 소금, 검은 후추, 카레파우더, 케이준스파이스를 적당량 고르게 뿌린다. 구워진 상태를 확인하고 뒤집은 후 뚜껑을 덮어 총 3분 정도 굽는다. 미디엄으로 굽는다.
5 베이컨슬라이스 2장을 그리들에 올려 굽는다. 구워진 상태를 확인하며 약 2분 후 뒤집는다. 뒷면도 2분 정도 굽는다. 반으로 자른다.
6 비프패티에 체다 치즈를 2장 엇갈리게 올리고 그 위에 구운 베이컨슬라이스를 겹쳐 올린다. 뚜껑을 덮고 구운 후, 버너로 그을려서 치즈에 구운 색이 들 때까지 녹인다.
7 구운 번의 힐 전면에 버터, 타르타르소스를 고르게 바른다. 크라운 전면에 마요네즈를 고르게 바른다.
8 번의 힐에 준비해둔 양상추와 토마토슬라이스를 올린다.
9 구운 양파, 체다 치즈와 베이컨슬라이스를 얹은 비프패티를 그리들에서 옮겨 **8**에 올린다.
10 곱게 간 검은 후추를 1번 뿌려 맛을 낸다.
11 베이컨슬라이스 위에 크라운을 올리고, 살짝 눌러 모양을 다듬으면 완성.

p. 81
응용A-2_하와이안치즈버거
[만드는 방법]
1 양상추와 토마토슬라이스를 준비해둔다.
2 구운 양파_ 그리들에 버터를 적당량 바르고 양파슬라이스를 올린다. 양파슬라이스 표면에도 버터를 적당량 바르고 소금, 검은 후추, 카레파우더를 적당량 뿌린다. 약 2분 후에 뒤집고 총 4분 굽는다.
3 파인애플 굽기_ 구운 양파와 같은 방법으로 양면을 굽는다.
4 번 굽기_ 크라운과 힐 모두, 자른 면을 그리들에 굽는다. 꺼내기 전에 겉면도 살짝 굽는다.
5 비프패티를 그리들에 올리고 소금, 검은 후추, 카레파우더, 케이준스파이스를 고르게 적당량 뿌린다. 구워진 상태를 확인하고 뒤집은 후 뚜껑을 덮어 총 3분 정도 굽는다. 미디엄으로 굽는다.
6 비프패티 전면에 BBQ소스를 얇게 바른다. 그 위에 구운 파인애플을 올리고, 다시 BBQ소스를 살짝 뿌린다. 고다 치즈를 얹고 뚜껑을 덮어가며 구운 후, 버너로 그을려서 치즈에 구운 색이 들 때까지 녹인다.
7 구운 번의 힐 전면에 버터, 타르타르소스를 고르게 바른다. 크라운 전면에 마요네즈를 고르게 바른다.
8 번의 힐에 준비해둔 양상추, 토마토슬라이스를 올린다.
9 그 위에 구운 양파, 고다 치즈와 구운 파인애플을 올린 비프패티를 그리들에서 옮겨 균형 있게 올린다.
10 고다 치즈 위에 크라운을 올리고, 살짝 눌러 모양을 다듬으면 완성.

p. 82
응용A-3_아보카도치즈버거
[만드는 방법]
1 양상추와 토마토슬라이스를 준비해둔다.
2 구운 양파_ 그리들에 버터를 적당량 바르고 양파슬라이스를 올린다. 양파슬라이스 표면에도 버터를 적당량 바르고 소금, 검은 후추, 카레파우더를 적당량 뿌린다. 약 2분 후에 뒤집고 총 4분 정도 굽는다.
3 아보카도_ 그리들에 굽는다. 카레파우더와 케이준스파이스를 적당량 뿌린다.
4 번 굽기_ 크라운과 힐 모두, 자른 면을 그리들에 굽는다. 꺼내기 전에 겉면도 살짝 굽는다.
5 비프패티를 그리들에 올리고 소금, 검은 후추, 카레파우더, 케이준스파이스를 적당량 뿌린다. 아보카도가 두껍게 겹쳐지는 중심 부분은 싱겁지 않도록 간을 약간 세게 한다. 구워진 상태를 확인하고 뒤집은 후 뚜껑을 덮어가며 총 3분 정도 굽는다. 미디엄으로 굽는다.
6 비프패티 위에 구운 아보카도슬라이스를 올린다. 체다 치즈를 2장 엇갈리게 올리고, 뚜껑을 덮어가며 구운 후 버너로 그을려서 치즈에 구운 색이 들 때까지 충분히 녹인다.
7 구운 번의 힐 전면에 버터, 타르타르소스를 고르게 바른다. 크라운 전면에 마요네즈를 고르게 바른다.
8 번의 힐에 준비해둔 양상추와 토마토슬라이스를 올린다.
9 구운 양파, 체다 치즈와 아보카도슬라이스를 올린 비프패티를 그리들에서 옮겨 **8**에 올린다.
10 체다 치즈 위에 크라운을 올리고, 살짝 눌러 모양을 다듬으면 완성.

p. 83
응용A-4_스페셜버거
[만드는 방법]
1 양상추와 토마토슬라이스를 준비해둔다.
2 구운 양파_ 그리들에 버터를 적당량 바르고 양파슬라이스를 올린다. 양파슬라이스 표면에도 버터를 적당량 바르고 소금, 검은 후추, 카레파우더를 적당량 뿌린다. 약 2분 후에 뒤집고 총 4분 정도 굽는다.
3 파인애플 굽기_ 구운 양파와 같은 방법으로 양면을 굽는다.
4 아보카도_ 그리들에 굽는다. 카레파우더와 케이준스파이스를 적당량 뿌린다.
5 달걀프라이_ 번의 지름에 맞는 크기로 구워 준비한다.
6 베이컨슬라이스를 2장 그리들에 올려 굽는다. 구워진 상태를 확인하며 약 2분 후 뒤집고, 뒷면도 2분 정도 굽는다.
7 번 굽기_ 크라운과 힐 모두, 자른 면을 그리들에 굽는다. 꺼내기 전에 겉면도 살짝 굽는다.
8 비프패티를 그리들에 올리고 소금, 검은 후추, 카레파우더, 케이준스파이스를 고르게 적당량 뿌린다. 구워진 상태를 확인하고 뒤집은 후 뚜껑을 덮어 총 3분 정도 굽는다. 미디엄으로 굽는다.
9 비프패티 전면에 BBQ소스를 얇게 바른다. 그 위에 구운 파인애플을 올리고, 다시 BBQ소스를 살짝 뿌린 후 구운 아보카도를 올린다. 버너로 가볍게 그을리고 BBQ소스를 살짝 뿌린다. 체다 치즈와 고다 치즈를 엇갈리게 올리고, 뚜껑을 덮어가며 구운 후 버너로 그을려서 치즈에 구운 색이 들 때까지 녹인다. 구운 베이컨 2장을 반으로 접어 올린다. 마지막으로 달걀프라이를 얹는다.
10 구운 번의 힐 전면에 버터, 타르타르소스를 고르게 바른다. 크라운 전면에 마요네즈를 고르게 바른다.
11 번의 힐에 준비해둔 양상추와 토마토슬라이스를 올린다.
12 그 위에 구운 양파, 달걀프라이, 구운 베이컨, 체다 치즈, 고다 치즈, 구운 아보카도와 구운 파인애플을 올린 비프패티를 그리들에서 옮겨 균형 있게 올린다.
13 달걀프라이 위에 크라운을 올리고, 살짝 눌러 모양을 다듬으면 완성.

p. 84
응용A-5_살사버거
[만드는 방법]
1 양상추와 토마토슬라이스를 준비해둔다.
2 구운 양파_ 그리들에 버터를 적당량 바르고 양파슬라이스를 올린다. 양파슬라이스 표면에도 버터를 적당량 바르고 소금, 검은 후추, 카레파우더를 적당량 뿌린다. 약 2분 후에 뒤집고 총 4분 정도 굽는다.
3 번 굽기_ 크라운과 힐 모두, 자른 면을 그리들에 굽는다. 꺼내기 전에 겉면도 살짝 굽는다.
4 비프패티를 그리들에 올리고 소금, 검은 후추, 카레파우더, 케이준스파이스를 고르게 적당량 뿌린다. 구워진 상태를 확인하고 뒤집은 후 뚜껑을 덮어가며 총 3분 정도 굽는다. 미디엄으로 굽는다.
5 비프패티에 체다 치즈를 2장 엇갈리게 올리고, 버너로 그을려 치즈에 구운 색이 들 때까지 녹인다. 그 위에 살사소스를 뿌리고 뚜껑을 덮어가며 굽는다. 치즈에 구운 색이 들고 살사소스에서 향이 날 때까지 버너로 그을린다.
6 구운 번의 힐 전면에 버터, 타르타르소스를 고르게 바른다. 크라운 전면에 마요네즈를 고르게 바른다.
7 번의 힐에 준비해둔 양상추와 토마토슬라이스를 올린다.
8 구운 양파, 살사소스, 체다 치즈를 올린 비프패티를 그리들에서 옮겨 **7**에 올린다.
9 살사소스 위에 크라운을 올리고, 살짝 눌러 모양을 다듬으면 완성.

p. 88
응용B-1_캐리비안서머버거
[만드는 방법]
1 양상추, 토마토슬라이스, 생양파슬라이스를 준비해둔다.
2 번 굽기_ 크라운과 힐 모두, 자른 면을 그리들에 굽는다. 꺼내기 전에 겉면도 살짝 굽는다.
3 비프패티를 그리들에 올리고 소금, 검은 후추, 카레파우더, 케이준스파이스를 적당량 뿌린다. 구워진 상태를 확인하고 뒤집은 후 뚜껑을 덮어 총 3분 정도 굽는다. 미디엄으로 굽는다.
4 베이컨슬라이스 1.5장 분량을 그리들에 올려 굽는다. 구워진 상태를 확인하며 약 2분 후 뒤집고, 뒷면도 2분 정도 굽는다.
5 할라피뇨슬라이스가 비프패티 전면을 덮도록 올리고, 하바네로소스를 뿌린다. 그 위에 고다 치즈를 2장 올리고, 버너로 그을려 충분히 녹인다. 마지막으로 구운 베이컨 1.5장 분량을 겹치지 않게 올린다.
6 구운 번의 힐 전면에 버터, 마요네즈를 고르게 바른다.
7 번의 힐에 준비해둔 양상추, 토마토슬라이스, 생양파슬라이스를 올린다. 구운 베이컨, 고다 치즈, 하바네로소스, 할라피뇨슬라이스를 얹은 비프패티를 그리들에서 옮겨 올린다.
8 베이컨슬라이스 위에 크라운을 올리고, 살짝 눌러 모양을 다듬으면 완성.

p. 89
응용B-2_리오 de 버거
[만드는 방법]
1 양상추와 토마토슬라이스를 준비해둔다.
2 번 굽기_ 크라운과 힐 모두, 자른 면을 그리들에 굽는다. 꺼내기 전에 겉면도 살짝 굽는다.
3 비프패티를 그리들에 올리고 소금, 검은 후추, 카레파우더를 적당량 뿌린다. 구워진 상태를 확인하고 뒤집은 후 뚜껑을 덮어 총 3분 정도 굽는다. 미디엄으로 굽는다.
4 칼라브레자 1/2개 분량을 슬라이스해서 그리들에 굽는다. 구운 색이 들면 뒤집고, 뒷면도 굽는다.
5 베이컨슬라이스 2장을 그리들에 올려 굽는다. 구워진 상태를 확인하며 약 2분 후 뒤집고, 뒷면도 2분 정도 굽는다.
6 달걀프라이_ 번의 지름에 맞는 크기로 구워 준비해둔다.
7 비프패티에 구운 칼라브레자를 겹쳐 올리고, 그 위에 고다 치즈 2장을 올린다. 구운 베이컨을 올리고, 치즈가 녹을 때까지 버너로 그을린다. 마지막에 달걀프라이를 올린다.
8 구운 번의 힐 전면에 마요네즈를 고르게 바르고, 케첩을 원을 그리듯이 짠다. 크라운 전면에 마요네즈를 고르게 바른다.
9 번의 힐에 준비해둔 양상추와 토마토슬라이스를 올린다.
10 달걀프라이, 구운 베이컨, 고다 치즈, 칼라브레자를 얹은 비프패티를 그리들에서 옮겨 9에 올린다.
11 달걀프라이 위에 크라운을 올리고, 살짝 눌러 모양을 다듬으면 완성.

p. 90
응용B-3_클래식버거
[만드는 방법]
1 양상추, 토마토슬라이스, 생양파슬라이스를 준비해둔다.
2 번 굽기_ 크라운과 힐 모두, 자른 면을 그리들에 굽는다. 꺼내기 전에 겉면도 살짝 굽는다.
3 비프패티를 그리들에 올리고 소금, 검은 후추를 적당량 뿌린다. 구워진 상태를 확인하고 뒤집은 후 뚜껑을 덮어 총 3분 정도 굽는다. 미디엄으로 굽는다.
4 수제베이컨슬라이스 1장을 그리들에 올려 굽는다. 구워진 상태를 확인하며 약 2분 후 뒤집고, 뒷면도 2분 정도 굽는다.
5 구운 번의 힐 전면에 마요네즈를 고르게 바른다. 크라운 전면에 마요네즈를 고르게 바른다.
6 번의 힐에 준비해둔 양상추, 토마토슬라이스, 생양파슬라이스, 피클슬라이스를 올린다.
7 비프패티에 에멘탈 치즈 2장을 올리고, 완전히 녹을 때까지 버너로 그을린다. 그 위에 구운 베이컨을 겹쳐 올리고, 곱게 간 검은 후추를 1번 뿌려 맛을 낸다.
8 구운 베이컨 위에 크라운을 올리고, 살짝 눌러 모양을 다듬으면 완성.

p.56, 92~136에서 소개한 버거의 파트, 소스 레시피를 소개

요시자와는 3종류의 BBQ소스를 나누어 만든다. 그중 하나를 p.56에서 소개했다. 나머지 2가지를 소개한다.

BBQ소스(TYPE 2) : 숯불조리나 조림용
[재료]
마늘 20쪽
다이스드토마토(통조림) 1캔(2.5㎏)
양파 1㎏ 이상
상백당(또는 삼온당) 150g
맛술 200cc
우스터소스 250cc
돈가스소스 500cc
코카콜라 1병
꿀 150cc(마지막에 넣는다)
전분가루 4큰술
물 적당량
[만드는 방법]
1 푸드프로세서에 마늘을 넣어 다지고, 양파를 넣어 다시 다진 후 냄비에 담는다. 꿀 외의 재료를 모두 넣고 센불에 올린다. 끓으면 중불로 줄이고, 냄비바닥을 저어가며 1/2 분량이 될 때까지 조린다.
2 꿀을 넣고 불을 세게 하여 나무주걱으로 섞는다. 끓어오르면 약불로 줄인다.
3 물에 전분가루를 녹여 물전분을 만들고 냄비에 둘러 넣는다. 센불에 올려 거품기로 섞고, 끓어오르면 불을 끈다.
4 핸드믹서 등으로 부드러워질 때까지 간다.

BBQ소스(TYPE 3) : 스페어립, 풀드포크 등
[재료]
다진 양파 500g
사과식초 100g
케첩 800g
설탕 100g
리앤페린스소스(또는 우스터소스) 50g
칠리파우더 25g
검은 후추(굵게 간 것) 15g
갈릭파우더 25g
소금 15g
[만드는 방법]
1 다진 양파를 프라이팬 또는 냄비에 넣고, 노릇한 색을 띨 때까지 볶는다.
2 소금 외의 시즈닝을 넣어 살짝 끓이고, 맛을 보면서 소금으로 간을 한다.

p. 96_슬로피 조
[재료]
소고기 다짐육 500g
마늘 10쪽
양파 400g
피망 140g
셀러리 1~2줄기
다이스드토마토 1㎏
다진 스위트피클 80g
삼온당 1큰술
프렌치머스터드(Heinz) 1큰술
케첩(Heinz) 175g
큐민파우더 1/8작은술
주노소스 3큰술
우스터소스 2큰술
꿀 2큰술
소금 적당량
검은 후추 적당량
퓨어올리브오일 적당량
[만드는 방법]
1 푸드프로세서로 마늘, 양파, 피망, 셀러리 순으로 갈아 볼에 담는다.
2 퓨어올리브오일을 적당량 두른 냄비에 마늘을 넣고 약불로 볶는다. 마늘향이 나면 다짐육을 넣고, 중불 정도에서 나무주걱으로 풀면서 볶는다.
3 고기 색이 하얗게 변하면 1의 채소를 넣고, 불의 세기를 조절하면서 채소가 익을 때까지 볶

는다.
4 다이스드토마토, 피클, 삼온당, 프렌치머스터드, 케첩, 큐민파우더, 주노소스, 우스터소스를넣고 센불로 조린다. 끓으면 불 조절을 해가며 수분이 알맞게 줄어들 만큼 조린다(냄비바닥에 눌어붙지 않도록, 나무주걱으로 가끔 냄비바닥을 긁듯이 섞어준다).
5 꿀을 넣고 소금, 검은 후추로 간을 한다.

p.106, 124, 134_타르타르소스

p.54에서 소개한 타르타르소스는 햄버거용「불완전한 맛」레시피다. 아래의 타르타르 소스는 일반적인 버전이다. 피시&딥 등에는 이 소스를 곁들인다.

[재료]
A | 삶은 달걀 2개
다진 양파 1/2개 분량
다진 SO스위트피클(또는 스위트렐리쉬) 1~2병
마요네즈 150~200g
레몬즙 2~3작은술
다진 파슬리(또는 취향에 맞는 허브) 1~2큰술
소금 적당량
흰 후추 적당량
꿀(취향에 따라) 적당량

[만드는 방법]
1 A의 삶은 달걀은, 흰자는 굵게 다지고 노른자는 으깬다. 달걀, 양파, SO스위트피클을 볼에 담고, 소금과 흰 후추를 뿌려가면서 전체를 섞는다.
2 마요네즈, 레몬즙, 파슬리를 넣어 섞고, 소금과 흰 후추로 간을 한다.
※ 이탈리안파슬리, 타라곤, 딜, 처빌, 부추 등을 넣을 때 다진 케이퍼와 양파 대신 다진 샬롯을 사용하면 프렌치 스타일의 타르타르소스가 된다.
※ 코리앤더를 사용할 때는, 스위트칠리소스와 라임즙을 더하면 에스닉 스타일의 타르타르소스가 된다.

p.108_라타투이

[재료]
굵게 썬 양파 1/2개 분량
주키니호박 3개(1㎝ 두께로 둥글게 썰기)
가지 3개(가로세로 1㎝ 로 깍둑썰기)
파프리카 빨강, 노랑 2개씩
다진 마늘 2쪽 분량
퓨어올리브오일 적당량
튀김기름 적당량
다이스드토마토 500g
소금 적당량
흰 후추 적당량
월계수잎 1장
생타임 3~4줄기

[만드는 방법]
1 파프리카는 180~200℃로 달군 튀김기름에 튀겨서, 볼에 담고 비닐랩을 씌워 뜸들인다. 식으면 껍질을 벗기고 가로세로 1㎝ 정도로 네모나게 썬다.
2 가지와 주키니호박을 180~200℃로 달군 튀김기름에 넣고, 표면이 노릇해질 때까지 튀긴다.
3 냄비에 마늘과 퓨어올리브오일을 넣고 약불로 볶다가, 향이 나면 양파를 넣어 볶는다. 양파가 투명해지면 나머지 채소, 다이스드토마토, 월계수잎, 타임을 넣고 가볍게 소금으로 간을 한다. 뚜껑을 덮어 약불로 조린다.
4 10분 정도 조려서 토마토의 붉은색이 연해지면 소금과 흰 후추로 간을 한다.

p.112_멧돼지베이컨

[재료]
멧돼지 삼겹살 1㎏
A | 굵은 소금 50g
삼온당 50g
검은 후추(굵게 간 것) 1/2작은술
시나몬파우더 3tap 정도
세이지파우더 3tap 정도
처빌파우더 3tap 정도

[만드는 방법]
1 멧돼지 삼겹살을 상온에 둔다→물로 씻은 후 종이로 물기를 닦아내고 큼직한 트레이 등에 넣는다.
2 지방 쪽에 털이 없는지 점검하고, 포크로 위아래 표면 전체에 골고루 구멍을 뚫는다.
3 A를 볼에 담아둔다.
4 고기 위아래에 **3**을 골고루 펴 바르고, 상온에 약 3시간 재워둔다.
5 재우는 시간이 끝날 때에 맞춰 스모커를 65~70℃ 정도로 예열해둔다.
6 멧돼지 삼겹살을 살짝 물로 씻어내고 종이로 닦아 스모커에 매단 후, 접시모양으로 만든 알루미늄포일에 스모크우드 1/2개를 넣는다. 버너에 불이 붙으면 스모커에 넣고, 뚜껑을 덮어 65~70℃를 유지하며 8시간 정도 저온으로 훈연한다.
7 약 8시간이 지나면 불을 끄고, 그대로 스모커 안에서 식혀 훈연향이 배도록 숙성시킨다.

p.114_뒥셀소스

[재료]
표고버섯(또는 포르치니) 2팩(200g)
땅찌만가닥버섯 1팩(100g)
양송이버섯 300g
새송이버섯 1팩(100g)
다진 양파 1개 분량
다진 마늘 3쪽 분량
버터(또는 퓨어올리브오일) 50g
청주(또는 마데이라주) 200㏄
생크림(35%) 200㏄
퐁드보(또는 비프콘소메) 90㏄
소금 적당량
검은 후추 적당량

[만드는 방법]
1 냄비에 버터를 넣고 마늘을 약불로 볶다가, 마늘향이 나면 양파를 넣고 노릇한 색을 띨 때까지 볶는다.
2 굵게 다진 버섯류를 넣고, 수분이 나오며 숨이 죽으면 청주를 붓고 알코올을 날린다. 퐁드보를 넣고 살짝 끓인다.
3 수분이 없어지면 생크림을 넣어 살짝 끓이고, 걸쭉해지면 소금과 검은 후추로 간을 한다.

p.131_멕시칸라이스

[재료]
밥(흰밥) 700g
강낭콩 통조림 1캔(432g)
병아리콩 통조림 1캔(439g)
양파 1개
치킨콘소메 2큰술
검은 후추 조금
갈릭파우더 조금
파프리카파우더 1작은술
카이엔파우더 조금
케첩 2~3큰술

[만드는 방법]
1 치킨콘소메를 미지근한 물에 100㏄(분량 외) 녹인 후 식힌다.
2 굵게 다진 양파를 노릇한 색을 띨 때까지 볶은 후 식힌다.
3 볼에 물기를 제거한 병아리콩을 넣고, 스푼으로 으깬 후 모든 재료를 넣어 섞는다.

p.135_레드핫칠리소스

[재료]
A | 간 마늘 2쪽 분량
양조식초 500㏄
카이엔파우더 1~2큰술
소금 1/2~1큰술
치킨콘소메 1큰술
B | 전분가루 적당량
물 적당량
꿀(취향에 따라) 적당량

[만드는 방법]
1 A의 재료를 모두 냄비에 넣고 센불로 끓인다.
2 끓으면 약불로 줄이고, 거품기로 저어가며 B의 물전분을 넣는다. 걸쭉해지면 센불에서 다시 한번 끓인 후 불을 끈다.

이 책의 구체적인 구상을 요시자와 세이타와 이야기한 지 정확히 1년이 지났다. 가게를 운영하는 사람들에게, 손님들에게, 수제버거를 사랑하는 모두에게 박수갈채를 받을 만한 책이 완성되었다. 「GORO'S★DINER」의 햄버거가 마침내 책으로 나온 것이다.
인연이 닿아, 일본 햄버거 업계의 레전드 요시자와 세이타와 2년 정도 함께 일할 기회가 있었다. 햄버거에 대한 그의 노력을 옆에서 지켜보니 진심으로 「자신의 햄버거 이론을 실천하는 모범적인 오퍼레이션」이라는 생각이 들었다. 나 또한 「30년가량 몸담아온 햄버거 업계의 수준을 향상하는 데 어떻게든 기여하고 후배들에게 도움을 주고 싶다」는 생각에서, 「기본 기술부터 응용까지 수제버거의 모든 것을 알려주는 기술책」을 기획하게 되었다.
요시자와 세이타가 노포격 패스트푸드 햄버거 기업인 「롯데리아」로 이적했다는 이야기를 들었을 때, 「체인비즈니스 기반으로는 솔직히 요시자와의 기술을 살리지 못할 텐데, 아깝지 않나」라는 생각을 했다. 아주 최근 일인데, 이 책의 내용을 논의하는 자리에서 대화를 나누다가 요시자와가 「확고한 미션을 갖고 롯데리아로 이적한 것」을 알았다. 롯데리아의 수량한정 기간메뉴인 「일품 시리즈」가 실은 「GORO'S★DINER」의 메인 메뉴였던 「킬러버거」를 벤치마킹해 개발되었다는 사연이다. 그런 연유로 요시자와도 「일품 시리즈」에 은근히 애정을 갖고 있어서, 발매 10주년인 올해에 한층 더 가다듬고 시리즈를 발전시키고 싶다는 강한 마음을 미션으로 삼고 있었던 것 같다. 패스트푸드 상품 개발은 상상을 초월하는 고도의 세계다. 300엔짜리 상품을 개발하더라도 수제버거 수준으로 세부까지 꼼꼼히 만들고, 핵심은 남기면서 크기를 줄여 가격대를 맞춰가는 과정을 거친다. 처음부터 300엔짜리로 개발하면 좋은 햄버거가 나올 수 없다. 그런 면에서 보면 섬세한 요시자와에게는 지극히 좋은 세상인 것 같다. 이번 겨울에 요시자와가 처음부터 모두 디자인한 상품이 등장한다. 거기에는 레전드다운 메시지가 담겨있을 것이다. 앞으로 패스트푸드 햄버거 세계를 바꿔줄 것 같아 기대가 크다.

이 책의 미션으로 처음부터 내걸고 있는 점은 미슐랭가이드의 수제버거 가게 등재다. 이만큼 친근한 음식이 없을 텐데도 미슐랭가이드에는 햄버거 카테고리가 없다. 이상한 일이지만「햄버거에 확립된 식문화」가 없다는 부분이 원인일지도 모른다. 그런 의미에서「햄버거란 무엇인가」를 확실히 제안하기 위해 지금부터 이 책이 활약할 것이다. 첫걸음은 가성비 좋은 추천 가게인「빕 구르망」에 선정되는 것이다. 이 책에서 소개하고 있는 뛰어난 가게들 수준이라면 이미 충분하다고 생각한다. 그 실현에 이 책이 조금이라도 기여할 수 있기 바란다.

이 책과의 인연을 맺어준 야마켄의 야마모토 겐지는 처음부터 요시자와 세이타 작품의 가치를 알아보고 있었다. 고기에 대해 자타가 공인하는 전문가다. 편집을 맡아준 가키모토 레이코는 제로에서 시작해 며칠 만에 햄버거전문가가 되어버린 모습을 보고, 편집자의 굉장한 능력을 실감할 수 있었다. 디자이너 요시이 시게카츠는 정확한 어레인지로 디자인 안에 메시지를 담아내는 절묘한 구성력을 보여줬다. 책 전반에 걸쳐 촬영을 맡아준 카메라맨 우라베 히데후미의 (상품은 물론) 인물 사진은 정말 행복해보이고 감동적이었다. 촬영 때 매장을 내준 VIBES 이시이에게는 감사하다는 말이 부족할 정도다. 취재 협조를 해준 모든 수제버거 가게들에게, 응원해준 햄버거 블로거들에게 고마움을 전한다. 마지막으로 출간의 기회를 주신 성문당신광사의 나카무라 도모키에게 요시자와 세이타와 함께 진심으로 감사드립니다.

시라네 도모히코

지은이 **TOMOHIKO SHIRANE**

햄버거 연구가, 푸드이노베이션 프로듀서.
주식회사 옐로즈 대표이사.
1968년 사이타마현 구마가야시에서 태어나, 가쿠슈인 대학을 졸업한 후 음식업계에서 상품과 업계 프로듀싱 경험을 쌓은 후 독립했다. 일본에서 유일한 햄버거 연구가로 알려졌으며, 국내외를 불문하고 1년에 100곳 이상의 가게를 방문한 결과, 시식한 햄버거가 통산 4000개 이상이다. 「혁신자는 바로 이런 것!」이라는 철학 아래 스스로 선례가 되어 길을 개척하겠다는 자세다. TV나 잡지 등에서 독자적인 햄버거론을 전개하는 한편, 와인 비스트로 「부민 Vinum」 매장을 도쿄에서 3곳 운영 중이다. 음식을 통해 도시의 잠재력을 이끌어내는 전문가이기도 하다.

기술감수 **SEITA YOSHIZAWA**

아메리칸푸드 전문 연구가.
1968년 오카야마현 구라시키시에서 태어났으며, 전설적인 가게 「GORO'S★DINER」의 전 오너 셰프다. 수제버거 업계의 선구자이며, 현재 표준이 된 여러 기술과 스타일의 조립방법을 만들어냈다. 일본에서 햄버거 장인이자 거장으로 존경받고 있다. 확실한 이론에 근거한 오퍼레이션을 통해 선보이는 햄버거는 아름다움과 맛을 겸비한 압도적인 균형감을 보여준다. 2015년 버거킹 재팬의 상품개발 책임자로 취임해 3년간 홀로 모든 개발을 담당했다. 현재 롯데리아에서 차세대를 준비하는 상품개발 책임자로 일하고 있다.

옮긴이 **용동희**

다양한 분야를 넘나들며 활동하는 푸드디렉터. 메뉴 개발, 제품 분석, 스타일링 등 활발한 행보를 이어가고 있다. 현재 콘텐츠 그룹 CR403에서 요리와 스토리텔링을 담당하고 있다. 또한 일본 요리책을 한국에 소개하는 요리 전문 번역가로도 활동하고 있다. 저서로는 『살림의 기술』, 『아이와 함께하는 행복한 요리』, 『당신에게 드리는 도시락 선물』, 『찬국수』 등이 있으며, 역서로는 『플레이팅의 기술』, 『샌드위치, 어떻게 조립해야 하나?』, 『튀김의 기술』, 『고기굽기의 기술』, 『소스의 기술』, 『치즈 소믈리에가 되다』, 『봄, 여름, 가을, 겨울 과일을 맛있게 사랑하는 114가지의 방법』, 『마리네이드의 기술』 등이 있다.

STAFF
편집 Reiko Kakimoto / 촬영 Hidefumi Urabe / 장정·디자인 Shigekatsu Yoshii(MOKA STORE) / 제작협력 주식회사 Zakkaworks(http://www.zakkaworks.com/)

햄버거, 어떻게 조립해야 하나?

펴낸이 유재영
펴낸곳 그린쿡
지은이 TOMOHIKO SHIRANE
기술감수 SEITA YOSHIZAWA
옮긴이 용동희
기 획 이화진
편 집 이준혁
디자인 임수미

1판 1쇄 2021년 2월 10일
1판 2쇄 2023년 11월 30일

출판등록 1987년 11월 27일 제10-149
주소 04083 서울 마포구 토정로 53(합정동)
전화 02-324-6130, 324-6131
팩스 02-324-6135
E-메일 dhsbook@hanmail.net
홈페이지 www.donghaksa.co.kr / www.green-home.co.kr
페이스북 www.facebook.com/greenhomecook
인스타그램 www.instagram.com/__greencook

ISBN 978-89-7190-770-2 13590

• 이 책은 실로 꿰맨 사철제본으로 튼튼합니다.
• 잘못된 책은 구매처에서 교환하시고, 출판사 교환이 필요할 경우에는 사유를 적어 도서와 함께 위의 주소로 보내주세요.